核能科学与工程系列译丛

两流体模型的稳定性、模拟与混沌

Two-Fluid Model Stability, Simulation and Chaos

［美］马丁·洛佩兹·德·贝托达诺（Martín López de Bertodano）
［美］威廉·福尔莫（William Fullmer）
［阿根廷］亚历杭德罗·克洛斯（Alejandro Clausse）
［美］维克托·H. 兰塞姆（Victor H. Ransom）

著

孟兆明　张楠　周艳民　译

国防工业出版社

·北京·

著作权合同登记　图字:军-2020-020号

图书在版编目(CIP)数据

两流体模型的稳定性、模拟与混沌/(美)马丁·洛佩兹·德·贝托达诺等著;孟兆明,张楠,周艳民译.—北京:国防工业出版社,2022.1

(核能科学与工程系列译丛)

书名原文:Two-Fluid Model Stability,Simulation and Chaos

ISBN 978-7-118-12396-8

Ⅰ.①两… Ⅱ.①马… ②孟… ③张… ④周… Ⅲ.①二流体模型-研究 Ⅳ.①O512

中国版本图书馆 CIP 数据核字(2021)第245160号

First published in English under the title
Two-Fluid Model Stability, Simulation and Chaos
by Martín López de Bertodano, William Fullmer, Alejandro Clausse and Victor H. Ransom
Copyright © Springer International Publishing Switzerland, 2017
This edition has been translated and published under licence from
Springer Nature Switzerland AG.
All Rights Reserved.

本书简体中文版由 Springer 出版社授权国防工业出版社独家出版发行。
版权所有,侵权必究。

※

国防工业出版社出版发行
(北京市海淀区紫竹院南路23号　邮政编码100048)
三河市腾飞印务有限公司印刷
新华书店经售

*

开本710×1000　1/16　插页4　印张20¾　字数368千字
2022年1月第1版第1次印刷　印数1—2000册　定价158.00元

(本书如有印装错误,我社负责调换)

国防书店:(010)88540777　　书店传真:(010)88540776
发行业务:(010)88540717　　发行传真:(010)88540762

译者序

两相流相关科学存在于自然界和工业中的各个方面,如暴风雨与河床运动、火箭燃料燃烧与舰船航行等,在民用和军事国防领域皆离不开两相流相关科学。许多先进技术及重要现象皆需要对其最根本的科学原理有深入的理解,以便可以用数学语言对这些复杂的技术及现象进行描述,进而加速技术的成熟、应用与发展,由此衍生出了两相流模型。本书对两相流模型中最先进的两流体模型进行了详细的探究,介绍了一维两流体模型的线性和非线性不稳定性。两流体模型动力学稳定性由于涉及两相拓扑结构和湍流问题,多年以来一直是一大难题。本书通过简化的一维定通量模型和著名的漂移流模型分别分析了KH不稳定性和密度波不稳定性,并且证明了定通量模型和漂移流模型假设分别是处理两相局部和全局稳定性的两流体模型的简化形式,进一步通过适定的定通量模型和漂移流模型证明了混沌和李雅普诺夫稳定性。此外,本书评估了包含不适定的一维两流体模型的工业软件的正则化,并通过一维稳定性分析进一步得到适定的 CFD 两流体模型。

本书可为相关学术研究及产业应用提供关于两流体模型最具创新性、最有意义的研究内容,这些宝贵的知识将会极大提升我国在两相流流动与换热方面的研究水平,改善现有两相流相关技术及理论的固有缺陷,如两相流模型适用范围窄且精度低、对重要现象的预测失真度较高等,进而推动两相流相关技术及理论在核能、火箭、航天、材料等技术领域的应用,并在能源、动力、石油、化工等领域得到成熟应用。原著得到了两相流领域学术泰斗 Ishii 等多位知名教授的推荐。本书的翻译出版有助于推动我国两相流领域的研发水平。本书主要读者对象为在核能、航天、化工等领域从事两相流数值模拟研究工作的相关学者和研究生。

参与本书翻译的人员有孟兆明、张楠、周艳民,丁铭教授负责全书的审校工作,边浩志、温济铭、郭泽华几位老师以及周剑博士负责全书的整理工作。由于本书学术思想新颖,理论研究较深,本书的翻译与审校工作持续了近 2 年时间。鉴于译者水平有限，书中难免存在翻译不妥之处，恳请各位读者给予批评指正。

孟兆明
于哈尔滨
2021 年 1 月

序

  现代工业进步所涉及的诸多重要技术需要深刻理解其中的科学原理,并且能够对一些难以描述的物理过程建立有效的模型。基于这样的需求,逐步形成了两相流体动力学这一工程学科。最初的两相流动与换热技术是一门基于经验的科学,随着20世纪中叶苏联、欧洲国家和美国开展的大量研究(如漂移流理论的发展)及一些经典著作的出版,促进了这一新兴学科在理论和求解方法上的发展。两相流模型具有非常有趣的特征:过度简化的模型往往会导致解不适定(见第3章),使得误差会以指数的方式增长。本书将介绍有关两流体模型(TFM)的基本知识并深入探究该模型的当前研究进展。

  本书所涉及的一些工程力学和应用数学领域的概念,可能大多数两相流研究者与设计人员并不熟悉,但是,这些数学概念对于建立一个可靠并具有物理意义的多维度两流体模型是不可或缺的。因此,本书给出许多重要的数学概念,包括两相流适定数学模型、色散关系、不同模型的特征值(色散关系根的高频极限量)及其与线性稳定的关系、过去常用的两相流数学模型中由于物理原理不完备而采用的数值解决方法(如数值黏度和迎风)、一些可能发生的非线性不稳定性(包括导致极限环的超临界霍普夫(Hopf)分岔以及在扰动足够大情况下,具有潜在危险的,并在达到线性稳定值前可能导致增幅振荡和混沌振荡的倍周期分岔的次临界分岔)、这些不稳定性与莱迪内格(Ledinegg)不稳定和密度波不稳定(density-wave oscillations,DWO)的关系,以及由于在多维两流体模型中忽略重要的非曳力项(如升力和色散力)而引发的多维横向相分布现象。

  本书提出更加符合物理意义的方法(如在模型中引入界面压力模型和相间碰撞力)使两相流模型适定。这种方法对于两相流的研究非常有意义,通过进一步的发展可以用来解决更多的问题,例如:若能通过空泡波(即守恒方程系统的运动学波或连续波)不稳定性对流型过渡展开有效的分析,那么就可以舍弃精度较差的流型图,这无疑将会是热工水力在相变研究领域巨大的进步。

  本书还对漂移流公式进行了总结,包括漂移流模型与两流体模型的关系,以及在实际应用中如何使用代数封闭方程实现稳健的守恒方程。而且,这两种方法在两相流偏微分方程的固有不稳定性和离散数值逼近中的固有不稳定性表达存在着不同,而这些内容也是美国 NRC 安全分析程序(如 RELAP5 和 TRACE)中所采用的数值方法的缺点,即数值方法并不能弥补模型中重要物理过程的缺失所带来的问题和潜在风险。

然而,本书没有有效地处理两流体模型的验证问题,仅给出相关方法的基本要点。尤其对于有效的两流体模型,数学公式必须满足连续介质力学的经典介质假设,如客观性(在坐标系平移和旋转情况下恒定不变)以及数学公式必须是适定的。此外,这些模型中需要增加的基于实际物理意义的曳力项和非曳力项能够独立地进行实验验证(如利用声速和临界流实验验证虚拟质量力公式),但仍需进一步与两相流的实验结果进行分析比对来验证模型在诸如相分离与分布等问题上的适用性。

此外,对于影响相分布预测的两相湍流公式,在湍流建模问题上仍然有很多研究工作需要开展;本书所呈现的结构允许未来进一步合并、评估更加先进的模型(如近来文献中出现的光谱湍流模型)。

作者成功地编著、讨论了两相流领域许多重要的、不同的主题,这是值得祝贺的。我们相信本书是一本非常有用的著作,将会成为两相流领域研究者和从业者的重要参考资料。我们强烈建议本领域同行参考和使用本书。

纽约州特洛伊　　Donald A. Drew

佛罗里达州圣奥古斯丁　　Richard T. Lahey, Jr.

2016 年 8 月 5 日

目 录

	主要符号表 ………………………………………………… 1
第1章	绪论 …………………………………………………… 6
	1.1 引言 ……………………………………………… 6
	1.2 章节安排 ………………………………………… 10
	参考文献 ……………………………………………… 12

第1部分 水平与近似水平波状流 ___15

	定通量模型 ……………………………………………… 17
第2章	2.1 引言 ……………………………………………… 17
	2.2 可压缩两流体模型 ……………………………… 19
	2.2.1 一维模型方程 …………………………… 19
	2.2.2 特征值 …………………………………… 20
	2.3 不可压缩两流体模型 …………………………… 23
	2.3.1 一维模型方程 …………………………… 23
	2.3.2 定通量模型的推导 ……………………… 24
	2.4 线性稳定性 ……………………………………… 28
	2.4.1 KH 不稳定性的色散关系($F=0$) …… 28
	2.4.2 SWT 不稳定性的色散关系($F\neq 0$) … 33
	2.4.3 掩蔽效应 ………………………………… 37
	2.5 数值稳定性 ……………………………………… 39
	2.5.1 获得适定的数值模型 …………………… 39

  2.5.2 一阶半隐式格式(非黏性流) ………………………… 39
  2.5.3 一阶半隐式格式(含黏性项) ………………………… 45
  2.5.4 一阶全隐式格式(含黏性项) ………………………… 47
  2.5.5 二阶半隐式格式 ……………………………………… 49
 2.6 验证 ………………………………………………………… 51
  2.6.1 Kreiss-Yström 方程 ………………………………… 51
  2.6.2 特征分析 ……………………………………………… 52
  2.6.3 色散关系 ……………………………………………… 53
  2.6.4 虚构解方法 …………………………………………… 55
  2.6.5 水龙头问题 …………………………………………… 59
 2.7 KH 不稳定性 ……………………………………………… 61
 2.8 总结与讨论 ………………………………………………… 63
 参考文献 ………………………………………………………… 64

第3章 两流体模型 …………………………………………………… 67

 3.1 引言 ………………………………………………………… 67
 3.2 不可压缩两流体模型 ……………………………………… 68
 3.3 线性稳定性 ………………………………………………… 70
  3.3.1 特征值 ………………………………………………… 70
  3.3.2 色散分析 ……………………………………………… 71
  3.3.3 KH 不稳定性 ………………………………………… 73
 3.4 数值稳定性 ………………………………………………… 74
  3.4.1 TFIT 两流体模型 …………………………………… 75
  3.4.2 交错网格结构 ………………………………………… 76
  3.4.3 一阶半隐式格式 ……………………………………… 78
  3.4.4 隐式压力泊松方程 …………………………………… 79
  3.4.5 冯·诺依曼分析 ……………………………………… 80
  3.4.6 数值正则化 …………………………………………… 83
  3.4.7 二阶半隐式格式 ……………………………………… 84
 3.5 验证 ………………………………………………………… 87
  3.5.1 正弦波 ………………………………………………… 87
  3.5.2 水龙头问题 …………………………………………… 88
  3.5.3 修正的水龙头问题 …………………………………… 90

3.5.4　收敛性 ··· 92
3.6　非线性模拟 ·· 93
　　　3.6.1　Thorpe 实验 ··· 93
　　　3.6.2　黏性应力 ··· 94
　　　3.6.3　壁面剪切力 ·· 95
　　　3.6.4　界面剪切力 ·· 96
　　　3.6.5　单一非线性波 ··· 96
　　　3.6.6　Thorpe 实验验证 ·· 97
　　　3.6.7　收敛性 ··· 99
3.7　总结与讨论 ·· 101
参考文献 ·· 102

第 4 章　定通量模型中的混沌 ·· 106

4.1　引言 ·· 106
4.2　混沌与 Kreiss–Yström 方程 ··· 107
　　　4.2.1　非线性模拟 ··· 107
　　　4.2.2　初值敏感性 ··· 109
　　　4.2.3　李雅普诺夫指数 ·· 110
　　　4.2.4　分形维数 ·· 113
　　　4.2.5　导致混沌的路径 ·· 114
　　　4.2.6　数值收敛性 ··· 118
4.3　定通量模型的混沌状态 ·· 120
　　　4.3.1　FFM 的非线性模拟 ·· 120
　　　4.3.2　Thorpe 实验对应的混沌状态 ·· 120
　　　4.3.3　圆管中充分发展流动对应的 FFM ······································ 122
　　　4.3.4　KH 不稳定性 ··· 125
　　　4.3.5　非线性模拟 ··· 127
　　　4.3.6　李雅普诺夫指数 ·· 129
　　　4.3.7　数值收敛性 ··· 130
　　　4.3.8　分形维数 ·· 130
4.4　总结与讨论 ·· 131
参考文献 ·· 133

第 2 部分　垂直泡状流　135

第 5 章　定通量模型 ……………………………………… 137

5.1　引言 ………………………………………………………… 137
5.2　可压缩两流体模型 ………………………………………… 138
    5.2.1　可压缩模型方程 …………………………………… 138
    5.2.2　虚拟质量力 ………………………………………… 138
5.3　不可压缩两流体模型 ……………………………………… 140
    5.3.1　界面压力 …………………………………………… 141
    5.3.2　定通量模型的推导 ………………………………… 141
5.4　线性稳定性 ………………………………………………… 143
    5.4.1　特征分析 …………………………………………… 143
    5.4.2　碰撞力 ……………………………………………… 144
    5.4.3　色散关系:运动学不稳定性 ……………………… 146
    5.4.4　曳力 ………………………………………………… 147
5.5　非线性模拟 ………………………………………………… 150
    5.5.1　稳定波演变 ………………………………………… 150
    5.5.2　Guinness 运动学非稳定波 ………………………… 153
5.6　总结与讨论 ………………………………………………… 155
参考文献 …………………………………………………………… 156

第 6 章　漂移流模型 …………………………………………… 158

6.1　引言 ………………………………………………………… 158
6.2　空泡传输方程 ……………………………………………… 160
6.3　空泡传输方程的应用 ……………………………………… 162
    6.3.1　液位肿胀 …………………………………………… 162
    6.3.2　排水 ………………………………………………… 164
    6.3.3　物质激波的传播 …………………………………… 166
6.4　动态漂移流模型 …………………………………………… 167
    6.4.1　混合物动量方程 …………………………………… 167
    6.4.2　积分动量方程 ……………………………………… 169
6.5　延迟漂移流模型 …………………………………………… 172

6.6 流量漂移 ·············· 176
    6.6.1 均相平衡模型 ·············· 176
    6.6.2 漂移流模型 ·············· 178
6.7 密度波不稳定性 ·············· 179
    6.7.1 均相平衡模型 ·············· 179
    6.7.2 传递函数 ·············· 181
    6.7.3 漂移流模型 ·············· 183
6.8 总结与讨论 ·············· 184
参考文献 ·············· 184

第7章 漂移流模型的非线性动力学特性与混沌 ·············· 186

7.1 引言 ·············· 186
7.2 沸腾通道动力学的非线性映射 ·············· 188
7.3 沸腾通道的移动节点模型 ·············· 192
7.4 含绝热立管的沸腾通道的动态特性 ·············· 198
    7.4.1 通道-立管系统的 MNM 方程简述 ·············· 200
    7.4.2 含绝热立管的加热通道中低 Fr 数下的小功率振荡 ·············· 202
    7.4.3 准周期振荡的实验验证 ·············· 207
7.5 总结与讨论 ·············· 210
参考文献 ·············· 210

第8章 RELAP5 两流体模型 ·············· 212

8.1 引言 ·············· 212
8.2 物质波 ·············· 213
    8.2.1 RELAP5 绝热两流体模型 ·············· 213
    8.2.2 特征值 ·············· 214
    8.2.3 Bernier 实验 ·············· 216
8.3 TFM 的低通滤波正则化 ·············· 219
    8.3.1 色散分析 ·············· 221
    8.3.2 数值黏度 ·············· 222
    8.3.3 人工黏度模型 ·············· 225
    8.3.4 水龙头问题 ·············· 227
8.4 总结与讨论 ·············· 228

参考文献 ·· 229

第9章　两流体模型 CFD ·· 231

9.1　引言 ·· 231
9.2　不可压缩多维 TFM ·· 232
 9.2.1　模型方程 ·· 232
 9.2.2　界面间动量传递 ·· 233
 9.2.3　曳力 ·· 233
 9.2.4　升力 ·· 234
 9.2.5　壁面力 ·· 234
 9.2.6　管道层流流动 ·· 235
9.3　RANS 两流体模型 ·· 236
 9.3.1　雷诺应力稳定性 ·· 236
 9.3.2　单相 $k-\varepsilon$ 模型 ·· 237
 9.3.3　两相 $k-\varepsilon$ 模型 ·· 239
 9.3.4　栅格生成湍流的衰减 ·· 239
 9.3.5　管道湍流流动 ·· 243
 9.3.6　湍流扩散力 ·· 246
 9.3.7　泡状流喷射 ·· 249
9.4　近壁面两流体模型 ·· 251
 9.4.1　壁面边界条件 ·· 251
 9.4.2　Marie 等(1997)提出的两相壁面对数定律 ·· 252
 9.4.3　近壁面均值 ·· 253
 9.4.4　管道层流流动修正 ·· 255
 9.4.5　泡状湍流流动边界层 ·· 256
 9.4.6　管道内湍流流动修正 ·· 258
9.5　URANS 两流体模型 ·· 260
 9.5.1　稳定性 ·· 260
 9.5.2　本构关系 ·· 261
 9.5.3　平面气泡羽流 ·· 261
9.6　总结与讨论 ·· 267
参考文献 ·· 268

附录 A **一维两流体模型** ·········· 272

A.1 一维两流体模型的推导 ·········· 272

附录 B **数学背景** ·········· 277

B.1 引言 ·········· 277

B.2 线性稳定性 ·········· 278
    B.2.1 单向波动方程 ·········· 278
    B.2.2 特征方程和色散关系 ·········· 280

B.3 非线性模型 ·········· 282
    B.3.1 Burgers 方程 ·········· 282
    B.3.2 漂移流空泡传输方程 ·········· 285

B.4 计算的稳定性 ·········· 286
    B.4.1 一阶显式迎风格式 ·········· 286
    B.4.2 一阶隐式迎风格式 ·········· 290
    B.4.3 二阶显式格式 ·········· 292
    B.4.4 二阶隐式格式 ·········· 294

B.5 浅水理论 ·········· 295
    B.5.1 色散关系 ·········· 295
    B.5.2 在溢洪道上的滚动波 ·········· 296
    B.5.3 运动激波 ·········· 297
    B.5.4 非线性浅水理论 ·········· 299
    B.5.5 水龙头问题 ·········· 300
    B.5.6 运动学不稳定性 ·········· 302

B.6 非线性动力学和混沌 ·········· 303
    B.6.1 谐波振荡器 ·········· 303
    B.6.2 Van der Pol 振荡器 ·········· 304
    B.6.3 Rössler 振荡器 ·········· 306
    B.6.4 Poincaré 映射 ·········· 308
    B.6.5 Logistic 映射 ·········· 309
    B.6.6 李雅普诺夫指数 ·········· 311
    B.6.7 分形维数 ·········· 314
    B.6.8 嵌入维数 ·········· 316

参考文献 ·········· 316

主要符号表

英 语

A	横截面
$\boldsymbol{A}$	惯性项系数矩阵
$\boldsymbol{B}$	对流项系数矩阵
C	在 SWT 和 FFM 中空泡梯度项系数
c	波速,特征值
C_0	漂移流分布参数
C_D	阻力系数
C_L	升力系数
Co	Courant – Friedrichs – Lewy 数(Courant 数)
C_p	界面压力系数
C_S	Smagorinsky 模型常数
C_{TD}	湍流弥散系数
C_{VM}	虚拟质量系数
C_{wall}	壁面力系数
C_μ	$k-\varepsilon$ 模型常数
D	直径
$\boldsymbol{D}$	扩散项系数矩阵
$\boldsymbol{E}$	刚度项系数矩阵
f	摩擦因数
F	动量方程中的代数源项
Fr	弗劳德数

F_u	关于 u 的代数源项的导数
g	重力加速度
$\mathbf{G}$	增长矩阵
H	通道高度
$\mathbf{I}$	单位矩阵
i	虚数单位($\sqrt{-1}$)
j	容积流密度
k	湍流动能，波数
$\mathbf{M}$	单位体积矢量的界面力
N_{SUB}	过冷数
N_{PCH}	相变数
p	压力
r_ρ	密度比
Re	雷诺数
S	源
t	时间
u^*	摩擦速度
$\mathbf{u}$	u 速度矢量，x 方向速度
$\mathbf{u}'$	速度脉动矢量
u^+	在壁面单元的无量纲速度
V_{gj}	漂移速度
v_w	运动学波速
x	x 轴
y	y 轴
y^+	在壁面单元的无量纲距离

希 腊 语

α	空泡份额
β	两相摩擦速度缩比因子
δ	扰动
Δ	滤波器尺寸
Δt	有限差分时间步长
Δx	有限差分空间间隔

ε	湍流涡耗散,空泡份额扩散系数
θ	通道的倾斜角度
k	冯·卡门常数
λ	波长,长度尺度
μ	动力黏度
υ	运动黏度
ρ	密度
σ	表面张力
τ_t	时间常数
τ	剪切力
ϕ	因变量
ω	增长率
ω_L	李雅普诺夫指数

上　标

coll	碰撞
D	曳力
e	出口
L	升力
n	时间层
T	湍流部分
TD	湍流扩散
VM	虚质量
W	壁面
x	两相
Δ	有限差分格式
*	无量纲

下　标

B	气泡
BI	气泡诱导的
i	界面,单元中心点,入口

j	节点
k	k 相
L	左
LLE	最大李雅普诺夫指数
m	混合
n	过冷节点
p	压力
R	右,相对速度,立管
r	比例,立管节点
s	过冷的
SI	剪切诱导的
VM	虚质量
w	波
x	x 方向
y	y 方向
0	初始条件
1,l	液相
2,g	气相
2ϕ	两相
∞	自由流

缩　写

1D	一维
2D	二维
3D	三维
CFD	计算流体动力学
CFL	柯朗－弗里德里希斯－列维(Courant－Friedrichs－Lewy)准则
DFM	漂移流模型
DW	密度波
FDE	有限差分方程
FFM	定通量模型
FFT	快速傅里叶变换
FOU	一阶迎风

HEM	均相平衡模型
KH	开尔文-亥姆霍兹(Kelvin-Helmholtz)
KY	克赖斯-于斯特伦(Kreiss-Yström)
LES	大涡模拟
MMS	虚构解方法
MNM	移动节点模型
MUSCL	守恒定律的单调迎风格式
PDE	偏微分方程
QUICK	对流项二次迎风插值
RANS	雷诺平均纳维-斯托克斯
RDF	径向分布函数
RELAP5	两流体模型核反应堆安全程序
RHS	右侧
SGS	亚网格尺度
SMART	针对实际输运的、犀利的且单调的算法
SWT	浅水理论
TFIT	两流体模型研究程序
TFM	两流体模型
TVD	总变差递减
URANS	非稳态雷诺平均纳维-斯托克斯

第 1 章
绪　　论

1.1 引　　言

两流体模型(two fluid model,TFM)的稳定性问题一直是近40多年来的突出问题,其难点源于流场内和界面结构动力学中以及两者非线性现象中存在湍流的综合挑战。本书提出了一维(1D)TFM 物质波的线性和非线性两相流体动力学稳定性以及一些数值方法来解决这一问题。目的是分析两相线性和非线性物理稳定性以及人工正则化,进而将两相流结构与湍流分开。

TFM 首次是由 Landau(1941)在他的 He-4 超流性 Nobel 理论中提出的。第一本介绍用于两相流分析中 TFM 方法的书籍当属 Wallis(1969)的著作,Wallis 也使用了大量的稳态一维漂移流模型(drift-flux model,DFM)。第一本关于通过第一原理严格数学推导 TFM 的书籍是 Ishii(1975)的著作,在他的著作中也包括了从 TFM 到动态 DFM 的推导过程。动态一维 DFM 早前已经被 Ishii 用于密度波(density wave,DW)不稳定性的分析中。一维 TFM 的早期应用是在 Ransom 等(1982)针对核反应堆失水事故模拟所编写的 RELAP5 程序中。Lahey 与 Moody(1977)在针对沸水堆的热工水力稳定分析中首次应用 DW 分析。最后,Kocamustafaogullari(1985)第一个采用了完整的一维 TFM 形式对带有界面剪切力的薄下降液膜进行了稳定性分析,并且结果与由 Orr-Sommerfeld 方程所得的结果非常相似。本书试图将早期显著的 TFM 方面的进展与近来的研究相结合,目的是对 TFM 流体动力学稳定性呈现出一个连续的、完整的展现。

TFM 在工程与科学中有广泛的应用。从工程角度来看,它最初被推广是美国核管会为了轻水反应堆的安全设计,特别是失水事故分析。从那以后,它被应用到了电力工业、石油工业、化学工业、传热、制冷设备等领域中的沸腾和冷凝系统中以及两相流传输系统中。此外,在一个由科学家们和工程师们组成的、蓬勃发展的粒子输运交流社区中，TFM 理论与实践的发展远超早期的应用。

在公开文献中，基于第一原理的 TFM 的严格推导已经进行了许多次，并且目前有 3 本专著采用了基于 Navier-Stokes 方程的不同的平均方法：Drew 和 Passman(1999) 提出的统计平均，Ishii 和 Hibiki(2006) 提出时间平均，以及 Morel(2015) 提出的体积平均。此外，粒子物理社区通过运动学理论建立了自己的 TFM，具体详见 Garzó 等(2012)近来的研究和对早期工作的综述。考虑到有这么多的相关研究，不需要再次推导 TFM，并且假设读者在一定程度上熟悉这些 TFM 的推导。所以，本书主要关注 TFM 物质波的稳定性和最佳简化分析的近似值。该方法关注的是原理而不是数学运算，为了阐明复杂的 TFM 稳定性行为，模型被尽量地简化。虽然已经采用了最大可能的简化，并且数学软件(Wolfram Research, Inc.(2016))也提供了很大的便利，但在 TFM 偏微分方程的线性稳定性分析中大量的数学运算也是不可避免的。基于数值模拟，进行了非线性稳定性分析。

由于去掉了声学特征，仅留下了物质波，所以首先进行一维近似，然后下一步是简化，认为物质是不可压缩的。依据 DFM，虽然 TFM 物质波的全局稳定性可以被很好地理解，但局部稳定性则不易理解。这是由于不完整的 TFM 平均所带来的，并且在一维模型情况下是最严重的，因为不完整的 TFM 平均去掉了物理学上稳定的短波机理，例如，表面张力和黏度。尤其是开尔文-亥姆霍兹(Kelvin-Helmholtz, KH)不稳定性使得欧拉一维 TFM 的重要部分变成线性不适定或椭圆函数型(Gidaspow(1974))，即便模型声学部分是适定的或是像单相一维欧拉方程一样是双曲线函数型的。不适定的问题源自 TFM 的两个不同速度场的物质波的 KH 不稳定性所引起的。KH 不稳定性在 Drazin 和 Reid(1981) 著作的第 4 章被严格地定义为一种仅发生在涡层或单相流涡线上的速度的横向不连续，并且对于非黏性流动是不适定的。为了与剪切层不稳定性有所区分，我们一般称其为 KH 不稳定性。对于 KH 不稳定性，速度在有限宽度内发生改变并且是不适定的。TFM 的一个根本问题是 KH 不稳定性在全区域内发生，除非两相的速度相等。对于单相流动，换句话说，仅在非黏性流动中 KH 不稳定性是可以忍受的，因为黏性会立即将涡层转变为剪切层。当然，对于两相流动，在密度上也有一个突然的变化，但是这并不是造成不适定情况的源头。为了解决这一问题，经常通过人工正则化去掉 KH 不稳定性，例如，通过增加包含了空泡梯度项的人工界面力或者利用人工黏度抛物线化，TFM 可能会变成双曲线型。虽然正则化很方便，但并不是那么必要。换句话说，物理稳定原则上不仅是可取的，实际上也是可行的。

本书主要关注两种流型，即水平/近似水平分层波状流和垂直泡状流。讨论

3种不稳定性,即局部浅水理论(shallow water theory,SWT)、KH不稳定性和全局DW不稳定性。Ledinegg不稳定性被视为一种SW不稳定性的特殊形式,也被讨论。本书中仅包含了所有可能的一维TFM不稳定性中的一部分,并且甚至仅是所有可能的两相不稳定性中的一小部分,例如,黏性、传热与传质的不稳定性并没有被包括,任何非平衡态热力学也不考虑。虽然如此,本书中所选择的不稳定性足够用来阐明一定波长范围内TFM的行为,这一波长范围涵盖了工程中的局部和全局现象。此外,本书直接提出了不适定的稳定性问题,并使用了4种稳定性方法,即特征值法、色散分析、拉普拉斯变换和非线性数值模拟。冯·诺依曼分析虽然作为色散分析的数值等效,被用于数值方法中,但是我们仍然保留色散分析的术语,以便可以将数值稳定性与微分模型稳定性进行直接对比。

首先,本书关注的是在近似水平分层流动中物质波的局部稳定性。尤其是黏性项和表面张力项促进了模型线性适定。但是,线性稳定性仅仅是阻止立即的放大,并且不稳定的适定的线性模型仍会呈现指数的放大。因此,下一步是研究非线性稳定性,即使一维TFM仅对长波现象严格有效,我们仍将外推法应用到针对一维SWT Whitham(1974)提出的短波中。为了支持这一假设,研究结果表明,对于水平分层流,稳定的或运动学不稳定的TFM通过使用定通量条件可以被精确地简化为SWT,因此TFM的短波非线性行为导致了相同的物质激波和膨胀波,如同Whitham的SWT。我们称这种方法为定通量模型(fixed-flux model,FFM)。在过去,虽然TFM的这种简化已经被使用过,但是在KH以及FFM和DFM稳定性理论出现之后,完整的稳定性分析还是初次被提出。

虽然,在某些工作条件下,FFM和SWT是类似的,但是两者的两相稳定性行为不同。因为,FFM包含了KH不稳定性,相当于引入了独一无二的TFM不适定条件。短波理论将补救这种情况,并且得到一个适定的不稳定模型。然而,实际上波的线性增长在演变成非线性之前会持续很短的时间,并且在KH之后FFM的非线性行为几乎仍然是未知的,除了Kreiss和Yström(2002)、Keyfitz等(2004)以及近年来Fullmer等(2014)开创性的数学研究。本书将这些研究成果应用到近似水平流动的情况。我们的分析表明:KH不稳定的黏性一维TFM会造成表面波混沌;在关键的非线性机理中涉及黏性会使得FFM李雅普诺夫稳定,即能量在由净非线性输运的波长转移到短尺度波长的过程中耗散了,这一点与单相湍流十分相似。最大李雅普诺夫指数相应的估算会引起一个比线性形式小一个量级的增加,并且最终发散的轨迹变得有了界限。由于稳定性的讨论主要以不适定情况为中心,所以TFM的这种典型的非线性行为以前从没有被分析过。例如,Drew和Passman(1999)进行了具有低黏度的不稳定的TFM线性稳定性分析,其结果表明短波长具有快速的指数增长,故模型实际上是不适定的。即使表面张力和其他界面力会减缓这一增长,但是由于表面波在被阻断或者达到最高点时会自然停止增长,故线性稳定性分析并不够。因此,最根本的问题并不是模型不适定与否,而是不稳定的适定 TFM 是否处于李雅普诺夫稳定,即是否具有非线性的机理限制波的增长。因此,为了利用现代的非线性稳定性理论来分析 TFM,需要去除过去不适定的问题。

　　针对分层波状流的分析也许可以用于垂直波状流。引入虚拟质量力和界面压力以便获得带有附加条件的适定 FFM。然后,考虑由压力诱发的碰撞,并且采用源自 Enskog 动力学方程中的界面碰撞力来完全消除 KH 型不稳定性,则得到一个无条件的适定模型。研究证实,这些机理也与声波和物质波的速度有关,并且它们对模型的保真度有影响。因此,追求完整的 TFM 也许是不实际的,但至少可能得到一个具有正确波速度的适定模型。此外,模型可能变得 SWT 不稳定,并且表现出与分层波状流相似的非线性行为。

　　其次,就 DFM 而言,本书回顾了泡状流物质波的全局稳定性情况。结果表明,替代定通量假设,将运动学假设应用于 TFM 会自动消除 SWT 和 KH 不稳定性,并且导致适定的且双曲线的 DFM,所以这会是局部稳定但全局不稳定。分析了两种全局不稳定性,即流量漂移和密度波振荡。结果表明,DFM 是分析泡状流中全局物质波不稳定性的 TFM 的最佳近似,这恰恰是由于它抑制了 FFM 所解决的局部不稳定性。因此,FFM 和 DFM 模型是相互印证的,可以在统一框架内分别进行两相局部和全局不稳定性分析。此外,结果表明,同时应用定通量假设和运动学假设会导出 Wallis(1969)提出的稳定 DFM,其是由泡状流的非线性空泡传输方程组成的。当不存在不稳定性时,稳定的 DFM 由于其具有简便且准确的特点,故在工程上具有相当重要的意义。

　　然后,本书回顾了用于 TFM 的一些简化的有限差分格式的稳定性问题,因为这对于将数值稳定性从差分模型稳定性中分离出来是很重要的。通常两者是混淆不清的,尤其是当对不适定的 TFM 进行数值正则化时更是如此。本书分析了数值黏性(人工黏性)的影响,这是因为其不仅可以正则化 TFM,也提供了可以使非线性波的增长饱和并且通常可以完全抑制它们的人工耗散。然而,这是有代价的,即由于数值黏性随着网格尺寸的增加而下降,故随着网格的精细化,波增长率增加,超出了 KH 不稳定性,难以达到数值收敛。考虑到当今的重点在验证上,故数值收敛的问题是非常重要的。本书回顾了最简单的有限一阶迎风差分方法,并且建立了一个适用于后面各章节中所描述的计算的二阶有限差分格式。更高阶的或更先进的数值方法,如拉格朗日法和谱格式,此处并不包含,这是因为它们并没有对我们所关注的差分 TFM 稳定性的理解起到很大的作用。使用其他方法的用户和开发者也可以在本书中找到适合于他们研究工作的分析讨论。

本书通篇使用了一维 TFM 假设,因为这会带来最简单的稳定性分析。同时,也可以将两相不稳定性(SWT、KH、DW)从湍流理论中分离出来,湍流理论无法用于一维。其他研究者(Kocamustafaogullari(1985),Barmak 等(2016))的研究表明,对于特殊情况下的分层两相流,一维 TFM 和 Orr-Sommerfeld 稳定性分析可以给出相似的结果,即两者有重叠之处,所以一维稳定性分析不仅是恰当的,而且也相当准确。此外,相比于一维 TFM,对于 TFM CFD,TFM 混沌分析在计算方面有更高的要求。并且,一维 TFM 可以对不适定条件进行数学定义与分析,这也是撰写本书的主要动机之一。最后,倘若 TFM 包含了足够的短波理论,一维假设是足够支持 TFM 是不适定的。当前的一维分析表明,多维方法本身并不能使得 TFM 适定。简而言之,一维假已被证明可以比以往更大限度地探究不适定问题以及 TFM 非线性行为。

最后,本书主要关注短波现象被一维 TFM 所解决的情况,例如,超出理论有效性斜率区的物质激波。毕竟,一维 TFM 和 SWT 是长波理论,并且对 $L \gg D$ 有效。我们通过 Whitham(1974)针对一维 SWT 提出的外推法来处理这个问题:"然而,必然的(波)阻断确实会发生,并且在某些情况下,并不会距离给定的(一维 SWT 方程)描述太远;此外,涌潮、阻断和水跃有时被(一维方程)相当好地描述。但是浅水理论却不行,它预测高度不断增加的所有波会阻断。然而,观察结果早已发现,一些波并没有阻断"。这意味着短波外推对某些情况也许是可行的,并且我们利用这一点,针对相似于 Whitman 表面波的情况,可能可以证明,非线性一维 TFM 是李雅普诺夫稳定的且混沌的。

1.2 章节安排

图 1.1 给出了本书中涉及的各种一维 TFM 简化形式。其中的两种类似于单相 SWT 和欧拉(或纳维-斯托克斯(Navier-Stokes))方程,而其他的两种,即超越 KH 准则的 DFM 和 FFM,是不同的两相流理论。区分 TFM 不同稳定性方面的数学假设用箭头标示。首先,均匀流假设直接导出均相平衡模型(homogeneous eguilibrium model,HEM),即单相流欧拉方程的 TFM 等效。而其他假设可以被用来分析声波,例如,冻结流假设,重点在于一维 TFM 的声学部分是双曲线型的,如同一维欧拉方程一样。另外,不可压缩假设剔除了声波,从而与可能并不是严格双曲线型的物质波相区别。正如前面提到的,对于物质波分析有两种途径。运动学假设导出了双曲线型动态 DFM,然而定通量假设导出了 FFM,它是非双曲线型的,超出 KH 假设,但是若它是适定的(即双曲-抛物线型的),则变得李雅普诺夫稳定。

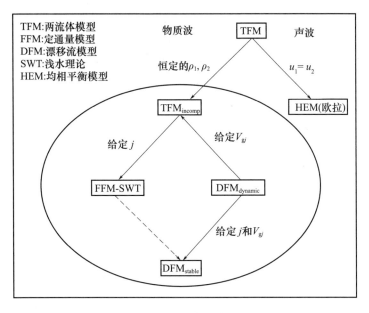

图 1.1 源于 TFM 的简化模型的流程图

本书的章节安排围绕着图 1.1 椭圆中的内容，遵从大致逆时针的轨迹。第 2 章以源自不可压缩 TFM 的 FFM 开始，随后是针对水平和近似水平波状流的局部线性稳定性分析。在第 3 章，先讲述 KH 不稳定的不可压缩 TFM，然后回到正轨进行 FFM 的非线性分析，这部分分析在第 4 章混沌中结束。第 5 章，另一个 FFM 方法应用到泡状垂直流中。在第 6 章和第 7 章推导 DFM 并用于垂直泡状流的全局线性和非线性稳定性分析。最后，前面章节进行的不可压缩 TFM 稳定性分析被扩展到两种泡状流的应用中，即第 8 章中一维 RELAP5 程序和第 9 章中 TFM CFD 的一些示例。除此以外，本书被分成两部分：第 2 章~第 4 章为水平和近似水平的波状流，第 5 章~第 9 章为垂直泡状流。第 1 章~第 7 章主要关心 TFM 和 FFM 的分析及 DFM 的近似。一个宽广的流型谱可以在 Wallis(1969)的研究中找到。每一章的开头都给出了本章的摘要。

本书有两个附录。附录 A 是针对近似水平分层流的一维 TFM 的形式推导，其源自 Ishii 和 Hibiki(2006)的 TFM。然后，由于本书读者对象为工程流体动力学读者，他们可能并不熟悉一些理论。附录 B 主要回顾了单方程波动模型和 SWT 的稳定性，目的是介绍应用于各章中的分析。附录 B 以带有外加黏性和源项的单向波动方程(Strang(2006))开始，介绍了特征值的基本线性方法和色散稳定性分析。然后，借助 Burgers 方程，介绍了非线性运动激波的形成，这也是一种单向波动方程模型。之后，介绍了漂移流空泡传输方程，它与 Burgers 方程十分相似。

对于数值方法,给出了离散单向波动方程的冯·诺依曼分析,并且与各种数值格式的色散分析进行对比,目的是阐明差分稳定性和数值稳定性之间的关系。紧接着,介绍了一维 SWT 方程(Whitham(1974))色散分析,以便确定运动学不稳定性条件。这部分也包括 Ransom(1984)提出的水龙头问题,其为一维 TFM 的一个传统标准题。最后,简单介绍了本书中用到的混沌理论的一些特殊数学工具。

致谢

首先,感谢我们的家人、朋友以及那些为本书提供支持、审阅本书手稿和给予建议的人。

我们想对 Mamoru Ishii、Richard Lahey 和 Donald Drew 教授表达诚挚的感激。这些年来,他们通过辅导、指导以及讨论的方式为本书贡献了许多想法。以前的合作者 Min Chen 教授、Deoras Prahbudarwadkar 博士和以前的学生们 Raj Krishnamurthy 博士、Himanshu Pokharna 博士、Brahma Nanda Reddy Vanga 博士,以及 Raúl Marino 博士同样做出了重要的贡献。现在的学生 Trevor Kyle 和 Krishna Chetty 在作图和计算方面提供了帮助。我们尤其要感谢 Avinash Vaidheeswaran 博士,他对本书贡献很大,特别是在第 5 章和第 9 章。

特别感谢 Marta Moldvai 编辑,帮助我们出版本书。最后,我们十分感谢对本方向研究支持的人、赞助商及资助机构:贝蒂斯(Bettis)原子能实验室的 Stephen Beus 博士和 John Buchanan 博士、美国能源部的核能研究计划(NEUP)、普渡大学,以及阿根廷的国家原子能委员会(CNEA)和国家科学与技术研究理事会(CONICET)。

参考文献

Barmak, I. , Gelfgat, A. , Ullmann, A. , Brauner, N. , & Vitoshkin, H. (2016). Stability of stratified two-phase flows in horizontal channels. *Physics of Fluids*, 28, 044101.

Drazin, P. G. , & Reid, W. H. (1981). *Hydrodynamic stability*. Cambridge: Cambridge University Press.

Drew, D. A. , & Passman, S. L. (1999). *Theory of multicomponent fluids* (Applied mathematical sciences). Berlin: Springer.

Fullmer, W. D. , Lopez de Bertodano, M. A. , & Clausse, A. (2014). Analysis of stability, verification and chaos with the Kreiss-Yström equations. *Applied Mathematics and Computation*, 248, 28 – 46.

Garzó, V. , Tenneti, S. , Subramaniam, S. , & Hrenya, C. M. (2012). Enskog kinetic theory for monodisperse gas-solid flows. *Journal of Fluid Mechanics*, 712, 129 – 168.

Gidaspow, D. (1974). Round table discussion (RT – 1 – 2): Modeling of two-phase flow. In *Proceedings of the 5th International Heat Transfer Conference*, Tokyo, Japan, September 3 – 7, 1974.

Ishii, M. (1971). *Thermally induced flow instabilities in two-phase thermal equilibrium.* Ph. D. Thesis, School of Mechanical Engineering, Georgia Institute of Technology.

Ishii, M. (1975). *Thermo-fluid dynamic theory of two-phase flow.* Paris: Eyrolles.

Ishii, M. , & Hibiki, T. (2006). *Thermo-fluid dynamics of two-phase flow* (1st ed.). New York: Springer.

Keyfitz, B. L. , Sever, M. , & Zhang, F. (2004). Viscous singular shock structure for a non-hyperbolic two-fluid model. *Nonlinearity, 17,* 1731 – 1747.

Kocamustafaogullari, G. (1985). Two-fluid modeling in analyzing the interfacial stability of liquid film flows. *International Journal of Multiphase Flows, 11,* 63 – 89.

Kreiss, H. – O. , & Yström, J. (2002). Parabolic problems which are ill-posed in the zero dissipation limit. *Mathematical and Computer Modelling, 35,* 1271 – 1295.

Lahey, R. T. , Jr. , & Moody, F. J. (1977). *The thermal-hydraulics of a boiling water nuclear reactor.* Chicago, IL: American Nuclear Society.

Landau, L. (1941). Theory of superfluidity of helium Ⅱ. *Physical Review, 60,* 356 – 358.

Morel, C. (2015). *Mathematical modeling of disperse two-phase flows.* New York: Springer.

Ransom, V. H. (1984). Benchmark numerical tests. In G. F. Hewitt, J. M. Delhay, & N. Zuber (Eds.), *Multiphase science and technology.* Washington DC: Hemisphere.

Ransom, V. H. , Wagner, R. J. , Trapp, J. A. , Carlson, K. E. , & Kiser, D. M. (1982). *RELAP5/MOD1 code manual, NUREG/CR-1826-V1.* Washington, DC: Nuclear Regulatory Commission.

Strang, G. (2007). *Computational Science and Engineering.* Wellesley-Cambridge Press, Wellesley, Massachussetts.

Wallis, G. B. (1969). *One-dimensional two-phase Flow.* New York: McGraw-Hill.

Whitham, G. B. (1974). *Linear and nonlinear waves.* New York: Wiley.

Wolfram Research, Inc. (2016). *Mathematica*, Version 10. 4, Champaign, IL.

第 1 部分

水平与近似水平波状流

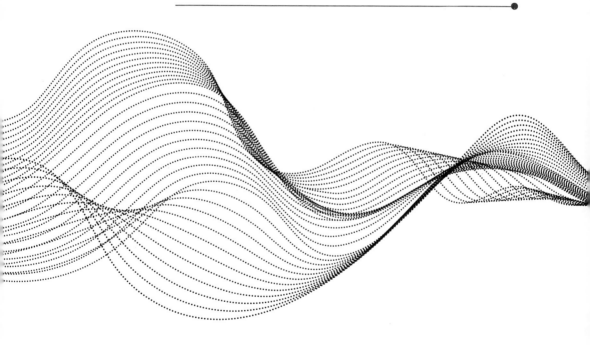

第 2 章
定通量模型

摘要: 本章首先介绍了用于两相分层流动的可压缩、一维两流体模型(TFM)。对于实际情况,特征分析证明声学根总是实数,并且模型的不适定(或适定)的原因在于其物质根。因此,不考虑可压缩性,通过假设通量恒定,利用不可压缩模型推导出一个简化的两方程模型,这是研究封闭条件下局部物质波的关键,称作定通量模型(FFM)。研究表明,定通量模型在某些条件下可以被简化为浅水理论(SWT)。然而,定通量模型并不能涵盖分层流中所有可能的局部不稳定性,我们比较感兴趣的两种情况是浅水理论和 KH 不稳定性,即运动学和动力学的不稳定性。

此外,我们通过局部线性物质的稳定性分析来处理由 KH 不稳定性引起的不适定的 TFM 问题,KH 不稳定性也能准确地区分 FFM 和 SWT。FFM 的色散性分析展示了我们所熟知的结论:静水压力弥补了 KH 不稳定性,使得两流体模型稳定,而表面张力使得不稳定模型更加适定(Ramshaw(1978))。然而,适定的 FFM 依旧是李雅普诺夫不稳定的,并且基于 SWT 物质激波(Whitham(1974)),边界非线性黏性机理将在第 4 章分析。最后,数值稳定性问题以及用于模拟 TFM 的一些有限差分格式的收敛性问题也将通过 FFM 的冯·诺依曼稳定性分析方法而得到解决。

2.1 引 言

Gidaspow(1974)是第一个进行了不可压缩势流两流体模型特征分析的人,并证明了这个问题是不适定的。然而,对于可压缩流体,特征分析证明声学根总是实数,不适定 TFM 的根源在于物质根。

首先,介绍针对可压缩分层两相流的一维特性。然后,基于定通量假设,一个不可压缩 TFM 被用来推导得到一个简化的两方程模型,这是研究封闭条件下局部物质波的关键。此外,简化的定通量模型(FFM)可以在某些情况下化简为浅水理论(SWT)。

水平分层波状流体是最简单的两相流的拓扑之一。海洋和河流中的波浪是最早被分析的现象,并成为许多研究的载体。它们是分析 TFM 物质波局部稳定性的很好的出发点。但是,我们并不试图讨论分层流动中所有的局部不稳定性,其中包括伴随着传热传质不稳定性的、Orr – Sommerfeld 方程的一些可能的变形形式(Barmak 等(2016))。我们比较感兴趣的是两种重要的流体动力学特性:SWT 和 KH 不稳定性。关于运动学波(也被称为连续波)和动力波的基本原理和相关不稳定性的讨论可参看 Wallis(1969)。

局部物质的稳定性分析使我们可以解决不适定的 TFM 问题,这来自于移除一些短波长物理机理求平均值,并且在一维模型中更是如此。这一问题可通过如下最简单的方式来说明:只要 FFM 超过 KH 不确定性,问题便不再是双曲线型函数,它可能是不适定的椭圆型函数或者可能是适定的抛物 – 双曲线型函数。有时候不适定 TFM 可以通过添加重要的数值扩散的方法使其正则化,在这种情况下,抛物线型行为抑制不稳定性,或者通过添加一个人工界面力使得 TFM 回归到双曲线型,在这种情况下不存在不稳定性。因此,正则化的作用就是修正 TFM 的局部线性动态。

本章的核心是获得不适定 TFM 的准确定义。首先,值得注意的是不适定条件是一个线性稳定性的概念,并且在目前的情况下,它只局限于 KH 不确定性。然而,KH 不稳定性并不能使 TFM 不适定。实际上,只有当 TFM 没有充分完成时,问题才出现,即可能出现一个不稳定的适定 TFM,并伴随有与 KH 力相平衡的短波长物理机理。在水平分层流动中,有一些机理早已被定义:补偿 KH 不稳定性,使得模型稳定的静水压力和表面张力(Ramshaw 和 Trapp(1978))或是黏性(Arai(1980)),这些使得不稳定的模型更加适定。然而,不稳定的适定 TFM 仍然是李雅普诺夫不稳定的,或是几乎不适定的(Drew 和 Passman(1999),第 20 章),这一问题留到第 4 章进行讨论。

首先,针对水平分层 – 波状流,基于不可压缩等温四方程 TFM,推导得到一个两方程不可压缩 FFM。研究表明,在低于 KH 不稳定性极限下,对于小密度比情况,FFM 可以精确地简化为 SWT。人们所熟知的线性稳定性分析(即特征值和色散关系),可能适用于与稳定的和运动学上不稳定的情况。这些结果与定义了分层流运动学不稳定性的 Barnea 和 Taitel(1993)的 TFM 线性稳定性分析一致,Brauner 和 Maron(1993)通过考虑波掩蔽效应改进了这一分析。最终,这些分析可以利用非线性 SWT 分析(Whitham(1974))扩展到稳定和运动学不稳定情况下的物质激波与膨胀波。

其次，本书对于一些有限差分数值格式的稳定性也进行了讨论。一种数值格式的形成是十分复杂的，很难区分物理的、非物理的和(或)数值的不稳定性。众所周知，一个数值格式必须满足冯·诺依曼稳定性条件。特别是，任何一个数值格式在最短波长($2\Delta x$)时必须是稳定的，否则离散化噪声会被放大直到影响方程的解。所以，我们需要为一个适定性模型构建一个二阶有限差分格式来进行合理准确的非线性仿真。

然而，当 TFM 不适定时，例如在很多工业程序中，非常需要一个在短波长时有足够阻尼效果的数值方法来抑制差分模型的不稳定性趋势，这就是我们回顾一阶迎风差分格式的原因，它有着重要的数值(虚拟)黏性。

2.2 可压缩两流体模型

2.2.1 一维模型方程

一种针对可压缩两相流模型的波速分析被应用到相似于 Wallis(1969) 分相流模型的 TFM 上，以证明 TFM 的声学特征总是实数的，同时也用于证明 TFM 的不适定行为只与物质波有关，这是本书剩余部分主要讨论的内容。对于特征分析，我们只需要考虑分层流情况——一个简化的一维的 TFM，可参见附录 A。

一般说来，基于状态方程，知道压力和温度可以确定密度。我们假设为等熵情况，所以可压缩流体的物质导数可以表示为

$$\frac{D_k \rho_k}{Dt} \equiv \frac{\partial}{\partial t}\rho_k + u_k \frac{\partial}{\partial x}\rho_k = \frac{1}{c_k^2} \frac{D_k p_{2i}}{Dt}, \quad k = 1,2 \tag{2.1}$$

为了涵盖可压缩性的声速，引入 $c_k = \sqrt{\partial p_k / \partial \rho_k}$，需要推导各相的密度物质导数，其中假设 $p_k = p_{2i}$。将其代入连续性方程，得

$$\frac{D_1 \alpha_1}{Dt} + \alpha_1 \frac{\partial u_1}{\partial x} + \frac{\alpha_1}{\rho_1 c_1^2} \frac{D_1 p}{Dt} = 0 \tag{2.2}$$

$$-\frac{D_2 \alpha_1}{Dt} + \alpha_2 \frac{\partial u_2}{\partial x} + \frac{\alpha_2}{\rho_2 c_2^2} \frac{D_2 p}{Dt} = 0 \tag{2.3}$$

对于分层流情况下的简化 TFM，动量方程中只包含静水压力，即只包含一阶导数，即

$$\rho_1 \frac{D_1 u_1}{Dt} = -\frac{\partial p}{\partial x} + \rho_1 g_y H \frac{\partial \alpha_1}{\partial x} \tag{2.4}$$

$$\rho_2 \frac{D_2 u_2}{Dt} = -\frac{\partial p}{\partial x} + \rho_2 g_y H \frac{\partial \alpha_1}{\partial x} \tag{2.5}$$

式中:α,ρ,u,p,c 分别为时间和空间平均空泡份额、密度、速度、压力和声速。

这些动量方程和附录 A 中相同,因为它们是不守恒的所以不存在密度的导数。空泡份额有如下关系 $\alpha_1 + \alpha_2 = 1$,并且 $g_y H$ 是横向万有引力常数和通道高度的乘积。

毫无疑问,对可压缩一维 TFM 的分析十分广泛,本节只是考虑了最简单的情况。对于一个最新的完整的 TFM 气体动力学方面的分析,读者可以查阅 Stadtke(2006)的相关研究。

2.2.2 特征值

特征分析可以参考文献 Gidaspow(1974)和 Stadtke(2006)。扩展式(2.2)~式(2.5),偏微分方程可以转化为如下矢量方程形式:

$$A \frac{d}{dt}\underline{\phi} + B \frac{d}{dx}\underline{\phi} = 0 \tag{2.6}$$

式中:$\underline{\phi} = [\alpha_1, u_1, u_2, p]^T$ 为自变量的矢量。

由式(2.2)~式(2.5)得到的系数矩阵如下:

$$A = \begin{bmatrix} 1 & 0 & 0 & \dfrac{\alpha_2}{\rho_2 c_2^2} \\ -1 & 0 & 0 & \dfrac{\alpha_1}{\rho_1 c_1^2} \\ 0 & \rho_2 & 0 & 0 \\ 0 & 0 & \rho_1 & 0 \end{bmatrix} \tag{2.7}$$

$$B = \begin{bmatrix} u_2 & \alpha_2 & 0 & \dfrac{\alpha_2 u_2}{\rho_2 c_2^2} \\ -u_1 & 0 & \alpha_1 & \dfrac{\alpha_1 u_1}{\rho_1 c_1^2} \\ -\dfrac{1}{2}\rho_2 gH & \rho_2 u_2 & 0 & 1 \\ -\dfrac{1}{2}\rho_1 gH & 0 & \rho_1 u_1 & 1 \end{bmatrix} \tag{2.8}$$

要想存在非平凡解,这个方程组必须满足 $\det[\boldsymbol{B}-c\boldsymbol{A}]=0$。忽略静水压力并使得 $u_1=u_2=0$,所对应的解是 $c=0,0,+c_{2\phi},-c_{2\phi}$,其中前两个特征值是空泡波速,后两个特征值是(等熵的)声学波速:

$$c_{2\phi}=\sqrt{\dfrac{\alpha_2\rho_1+\alpha_1\rho_2}{\dfrac{\alpha_2\rho_1}{c_1^2}+\dfrac{\alpha_1\rho_2}{c_2^2}}} \tag{2.9}$$

这就是大家熟知的没有相对速度的分层流声速(Wallis(1969))。

对于目前的讨论,具有最重要意义的是包含静水压力的特征多项式。考虑完整的特征多项式:

$$\det[\boldsymbol{A}-c\boldsymbol{B}]=\dfrac{1}{2}\alpha_1\alpha_2\left\{\alpha_2\rho_1\left[\alpha_1 gH-2(u_1-c)^2\right]+\dfrac{(u_2-c)^2\{c_1^2[2\alpha_2\rho_1(u_1-c)^2-\alpha_1\rho_2 c_2^2-\alpha_1\alpha_2\rho_1 gH]-2\alpha_1\rho_2 c_2^2(u_1-c)^2\}}{c_1^2 c_2^2}\right\} \tag{2.10}$$

图 2.1 所示为特征多项式与波速的比较,其适用条件为大气环境下气液两相分层流:$\rho_1=1000\text{kg/m}^3$, $\rho_2=1\text{kg/m}^3$, $c_1=1500\text{m/s}$, $c_2=300\text{m/s}$, $\alpha=0.5$, $u_1=u_2=0$, $H=0.03\text{m}$。图 2.1 中最重要的是特征方程 $\det[\boldsymbol{A}-c\boldsymbol{B}]=0$,根据方程组是否是适定的,可能有 4 个或 2 个实特征值。2 个声学根约为 $\pm 300\text{m/s}$,并且物质波的速度约为 $\pm 0.3\text{m/s}$。图 2.1 也展示了坐标原点处的放大图,从中可以看出,当气体速度 u_2 从 0 上升到 10m/s 时,多项式不再与 x 轴相交,此时由于超出了 KH 准则,所以物质波速是虚数(不适定的)。另外,声波速度总是实数。因此,当考虑可压缩性时,一维 TFM 经常是声学双曲线型的,像一维欧拉方程一样。TFM 物质波不同,它仅在除 KH 不稳定性以外情况发生。这是 TFM 的物质波区别于欧拉方程的地方,并且它可以更好地被表面波动模型所描述,与浅水理论相关联的 FFM 将会在第 3 章讨论。

为了验证模型,将最大的特征值与 Henry 等(1971)的数据进行比较,如图 2.2 所示。水平管道内两相速度为 $u_1=2\text{m/s}$, $u_2=11\text{m/s}$, $H=0.05\text{m}$。由图可知,特征分析与数据符合较好。这并不奇怪,众所周知,对于分层流情况,由式(2.6)得到的声速与 Wallis(1969)的冻结分离声速模型吻合得很好。

在进入到下一个不可压缩模型的讨论之前,值得注意的是,应用一阶迎风数值格式的工业 TFM 程序可以非常准确地预测声波。因为这些程序对于声传播有近乎二阶的准确性,当时间步长足够小的时候,声学 Courant 数显著小于 1(Tiselj(2000))。这是必要的,因为这些程序采用的是压力泊松方程来处理隐式压力,参考 3.4.3 节,不然更易于波色散。

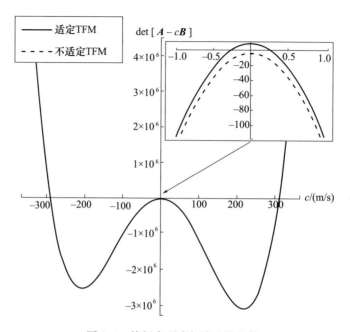

图 2.1 特征多项式与波速的比较

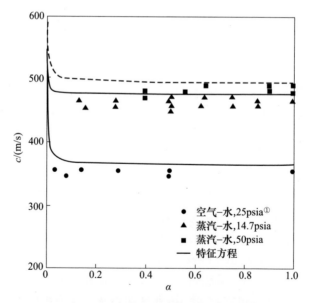

图 2.2 声速模型与 Henry 等(1971)数据的对比

---

① 1psia = 6.89kPa。

2.3 不可压缩两流体模型

2.3.1 一维模型方程

利用不可压缩模型开展不适定 TFM 分析，由于不可压缩模型早已建立，声学模型是无条件适定的，并且只有物质波会导致方程组不适定。因此，后续章节将主要分析不可压缩 TFM，这样分析就大大简化了。不可压缩等温一维 TFM 是一个由 4 个偏微分方程（partial differential equations，PDE）组成的方程组，其推导可参照附录 A。这一模型并不包含可压缩性，但是在其他方面比式(2.2)～式(2.5)更完整。这是由于它包含了额外的项，如重力、表面张力、摩擦力，其中有一些项对于模型的稳定性起到很关键的作用。另外一个简化就是速度分布参数，即形状因子，被假设为 1，对应均匀速度分布。这一约束条件将在第 4 章被解除。最后，忽略黏度项。应用于两个平行平板之间的流动且忽略黏性项的质量和动量守恒方程式(A.22)～式(A.25)简化为

$$\frac{D_1 \alpha_1}{Dt} + \alpha_1 \frac{\partial u_1}{\partial x} = 0 \tag{2.11}$$

$$-\frac{D_2 \alpha_1}{Dt} + \alpha_2 \frac{\partial u_2}{\partial x} = 0 \tag{2.12}$$

$$\rho_1 \frac{D_1 u_1}{Dt} = -\frac{\partial p_{2i}}{\partial x} - \rho_1 g_y H \frac{\partial \alpha_1}{\partial x} + \sigma H \frac{\partial^3 \alpha_1}{\partial x^3} + \rho_1 g_x + \frac{1}{\alpha_1 H} \frac{f_i}{2} \rho_2 (u_2 - u_1)^2 -$$
$$\frac{1}{\alpha_1 H} \frac{f_1}{2} \rho_1 |u_1| u_1 \tag{2.13}$$

$$\rho_2 \frac{D_2 u_2}{Dt} = -\frac{\partial p_{2i}}{\partial x} + \rho_2 g_y H \frac{\partial \alpha_2}{\partial x} + \rho_2 g_x - \frac{1}{\alpha_2 H} \frac{f_i}{2} \rho_2 (u_2 - u_1)^2 -$$
$$\frac{1}{\alpha_2 H} \frac{f_2}{2} \rho_2 |u_2| u_2 \tag{2.14}$$

式中：$\alpha_k, \rho_k, u_k, p_{2i}$ 分别为平均空泡份额、密度、速度和较轻相的界面压力；下标 $k=1,2$ 分别为较重相和较轻相，如图 2.3 所示；空泡份额 $\alpha_1 + \alpha_2 = 1$；g, H, σ 分别为重力、通道高度和表面张力；f_1, f_2, f_i 分别为相位壁面摩擦因数和界面范宁摩擦因数。

动量方程中右边第一项是压力梯度，下一项是静水压力，其推导过程见附录 A。在任何工业一维 TFM 程序中，相间压力假设是处于平衡状态的，并且出现在式(2.13)和式(2.14)中的项是区域平均压力，而此处假设各相有不同的压力，

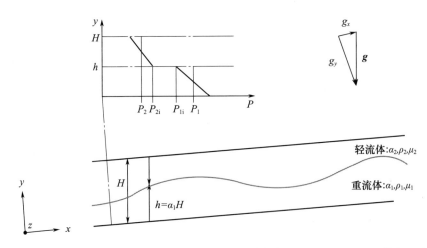

图 2.3 倾斜管道内流动的几何与横向压力分布(转载自 Lopez de Bertodano 等(2013),经 Begell House 许可)

而且这压力与受到静水压力以及表面张力影响的参考压力相关,如图 2.3 所示。表面张力对于 TFM 影响首次讨论是在 Ramshaw 和 Trapp(1978)的公开著作中,并且它使得模型即使是在 KH 不稳定性条件下也能有很好的适定性。

2.3.2 定通量模型的推导

在前面的章节中尽管做了简化,以便推导 4 个 PDE,但它们依旧存在很难的数学问题,即使包含不可压缩性和等温假设。在这一小节,我们引入了定通量假设,并按照 Holmås 等(2008)的方法将模型简化为两个 PDE。根据低密度比假设,模型可以被进一步简化为浅水理论(SWT)方程,这已经是 Whitham(1974)重要的非线性稳定性研究目标。当前的推导源于 Lopez de Bertodano 等(2013)。

第一个 PDE 是两个连续方程式(2.11)和式(2.12)的和,即

$$\frac{\partial}{\partial t}(\rho_1 \alpha_1 + \rho_2 \alpha_2) + \frac{\partial}{\partial x}(\rho_1 \alpha_1 u_1 + \rho_2 \alpha_2 u_2) = 0 \tag{2.15}$$

第二个 PDE 是两个动量方程式(2.13)和式(2.14)的差,其中去掉了压强:

$$\frac{\partial}{\partial t}(\rho_1 u_1 - \rho_2 u_2) + \frac{\partial}{\partial x}\left[\frac{1}{2}\rho_1 u_1^2 - \frac{1}{2}\rho_2 u_2^2 + (\rho_1 - \rho_2) g_y H \alpha_1\right] - \sigma H \frac{\partial^3 \alpha_1}{\partial x^3}$$
$$= (\rho_1 - \rho_2) g_x - \frac{1}{\alpha_1 H} \frac{f_1}{2} \rho_1 u_1^2 + \frac{1}{\alpha_2 H} \frac{f_2}{2} \rho_2 u_2^2 + \left(\frac{1}{\alpha_1 H} + \frac{1}{\alpha_2 H}\right) \frac{f_i}{2} \rho_2 (u_2 - u_1)^2 \tag{2.16}$$

在这个模型中动量方程相减非常重要,因为这在某种程度上使得局部不稳

定性和相对速度联系起来。还需要两个额外方程方能使得方程组封闭。第一个是空泡份额条件：

$$\alpha_1 + \alpha_2 = 1 \tag{2.17}$$

第二个是由空泡份额条件结合连续性方程的时间导数得到的容积流密度条件：

$$\frac{\partial}{\partial t}(\alpha_1 + \alpha_2) + \frac{\partial j}{\partial x} = 0 \tag{2.18}$$

其中，考虑到式(2.17)，式(2.18)最终只是时间的函数，$j = \alpha_1 u_1 + \alpha_2 u_2$ 为总容积流密度。

我们进一步假设其是不随时间改变的常数，故 $j(x,t)$ = 常数。这是最基本的定通量假设，将极大地简化 TFM 方程，因为它代替了由 TFM 动量方程之和所组成的混合物的动量 PDE。从工程角度来看，这么做限制了模型。除此之外，这么做消除了特长波系统的不稳定性。由于总通量动力学的原因，如流量漂移和密度波振荡，仍保留了局部不稳定性。从我们的角度出发，好处是单一结果的动量方程符合相对速度动力学，这将导致 TFM 不适定。

我们依照 Holmås(2008) 的思路，根据原始变量 $\underline{\phi} = [\alpha_1, u_1]^T$，重新推导这个模型。首先，式(2.15)和式(2.16)被重新写为矩阵形式，即

$$\frac{\partial}{\partial t}\underline{\psi} + \frac{\partial}{\partial x}\underline{\varphi} + E\frac{\partial^3}{\partial x^3}\underline{\phi} = \underline{\varsigma} \tag{2.19}$$

其中

$$\underline{\psi} = \begin{bmatrix} \rho_1\alpha_1 + \rho_2\alpha_2 \\ \rho_1 u_1 - \rho_2 u_2 \end{bmatrix}, \quad \underline{\varphi} = \begin{bmatrix} \rho_1\alpha_1 u_1 + \rho_2\alpha_2 u_2 \\ \frac{1}{2}\rho_1 u_1^2 - \frac{1}{2}\rho_2 u_2^2 + (\rho_1 - \rho_2)g_y H\alpha_1 \end{bmatrix},$$

$$E = \begin{bmatrix} 0 & 0 \\ -\sigma H & 0 \end{bmatrix} \tag{2.20}$$

并且，源项如下：

$$\underline{\varsigma} = \begin{bmatrix} 0 \\ (\rho_1 - \rho_2)g_x - \frac{1}{\alpha_1 H}\frac{f_1}{2}\rho_1 u_1^2 + \frac{1}{\alpha_2 H}\frac{f_2}{2}\rho_2 u_2^2 + \left(\frac{1}{\alpha_1 H} + \frac{1}{\alpha_2 H}\right)\frac{f_i}{2}\rho_2(u_2 - u_1)^2 \end{bmatrix}$$

$$\tag{2.21}$$

然后转化方程组为原始变量形式,即

$$A\frac{\partial}{\partial t}\underline{\phi} + B\frac{\partial}{\partial x}\underline{\phi} + E'\frac{\partial^3}{\partial x^3}\underline{\phi} = \underline{F} \qquad (2.22)$$

其中,运用链式法则,即

$$A = I, \quad B = \left[\frac{\partial \underline{\psi}}{\partial \underline{\phi}}\right]^{-1} \frac{\partial \underline{\varphi}}{\partial \underline{\phi}},$$

$$E' = \left[\frac{\partial \underline{\psi}}{\partial \underline{\phi}}\right]^{-1} E, \quad F = \left[\frac{\partial \underline{\varphi}}{\partial \underline{\phi}}\right]^{-1} \underline{\varsigma}$$

通过空泡份额条件(式(2.17)和容积流密度条件,j 为常数),可以得到链式法则导数矩阵 $\frac{\partial \underline{\psi}}{\partial \underline{\phi}}$ 和 $\frac{\partial \underline{\varphi}}{\partial \underline{\phi}}$,所以有

$$\frac{\partial \underline{\psi}}{\partial \underline{\phi}} = \begin{bmatrix} \rho_1 - \rho_2 & 0 \\ -\frac{\rho_2(j - u_1)}{\alpha^2} & \rho_1 + \frac{(1-\alpha)\rho_2}{\alpha} \end{bmatrix} \rightarrow \left[\frac{\partial \underline{\psi}}{\partial \underline{\phi}}\right]^{-1}$$

$$= \begin{bmatrix} \frac{1}{\rho_1 - \rho_2} & 0 \\ \frac{\rho_2(j - u_1)}{\alpha(\rho_1 - \rho_2)[\alpha(\rho_1 - \rho_2) + \rho_2]} & \frac{\alpha}{\alpha(\rho_1 - \rho_2) + \rho_2} \end{bmatrix} \qquad (2.23)$$

并且

$$\frac{\partial \underline{\varphi}}{\partial \underline{\phi}} = \begin{bmatrix} u_1(\rho_1 - \rho_2) & (1-\alpha)(\rho_1 - \rho_2) \\ \frac{g_y H \alpha^3 (\rho_1 - \rho_2) - \rho_2(j - u_1)[j - u_1(1-\alpha)]}{\alpha^3} & \rho_1 u_1 + \frac{\rho_2(1-\alpha)[j - u_1(1-\alpha)]}{\alpha^2} \end{bmatrix}$$

$$(2.24)$$

基于这些方程,可得到矩阵 B 的元素:

$$B_{11} = u_1 \qquad (2.25)$$

$$B_{12} = \alpha_1 \qquad (2.26)$$

$$B_{21} = \frac{(1-r_\rho)(1-\alpha_1)g_y H - r_\rho(u_2 - u_1)^2}{1 - \alpha_1 + \alpha_1 r_\rho} \qquad (2.27)$$

$$B_{22} = \frac{(1-\alpha_1)u_1 + r_\rho \alpha_1 (2u_2 - u_1)}{1 - \alpha_1 + \alpha_1 r_\rho} \tag{2.28}$$

为了进一步简化,根据密度比率 $r_\rho = \rho_2/\rho_1$ 可以方便地使用这些元素的泰勒级数展开式,因此,有

$$B_{21} = g_y H - \frac{(u_2 - u_1)^2}{1 - \alpha_1} r_\rho + O(r_\rho^2) \tag{2.29}$$

$$B_{22} = u_1 + \frac{\alpha_1}{(1 - \alpha_1)}(2u_2 - u_1)r_\rho + O(r_\rho^2) \tag{2.30}$$

现在假设 $r_\rho \ll 1$,如气液两相流在大气压条件下,所以在 B_{22} 中的 r_ρ 项可以忽略。反之,因为我们对 KH 不稳定性感兴趣,即 $r_\rho \frac{(u_2 - u_1)^2}{1 - \alpha_1} > g_y H$,故在 B_{21} 中,与 r_ρ 成正比的项就要被保留。在第 4 章中,假设低密度比将会被去除,FFM 包括式(2.27)和式(2.28)将会被使用,但对于本章,使用简化矩阵 $\boldsymbol{B}$ 是很方便的:

$$\boldsymbol{B} \cong \begin{bmatrix} u_1 & \alpha_1 \\ g_y H - \frac{r_\rho (u_2 - u_1)^2}{1 - \alpha_1} & u_1 \end{bmatrix} \tag{2.31}$$

最终,表面张力的张量是 $\boldsymbol{E}' \cong \frac{1}{\rho_1} \boldsymbol{E}$,并且简化的源项为

$$\underline{\boldsymbol{F}} = \begin{bmatrix} 0 \\ F \end{bmatrix} \cong \begin{bmatrix} 0 \\ g_x - \frac{1}{\alpha_1 H} \frac{f_1}{2} u_1^2 + \frac{1}{\alpha_2 H} \frac{f_2}{2} r_\rho u_2^2 + \left(\frac{1}{\alpha_1 H} + \frac{1}{\alpha_2 H}\right) \frac{f_i}{2} r_\rho (u_2 - u_1)^2 \end{bmatrix}$$

$$\tag{2.32}$$

因此,FFM 可以写为包括表面张力的 SWT 形式,表明张力并不常用,但是在下面的稳定性分析中起到一定作用:

$$\frac{\partial \alpha_1}{\partial t} + u_1 \frac{\partial \alpha_1}{\partial x} + \alpha_1 \frac{\partial u_1}{\partial x} = 0 \tag{2.33}$$

$$\frac{\partial u_1}{\partial t} + u_1 \frac{\partial u_1}{\partial x} - C \frac{\partial \alpha_1}{\partial x} = \frac{\sigma H}{\rho_1} \frac{\partial^3 \alpha_1}{\partial x^3} + F \tag{2.34}$$

其中

$$C = r_\rho \frac{(u_2 - u_1)^2}{1 - \alpha_1} - g_y H \tag{2.35}$$

如果 C 是负数并且忽略表面张力,两方程模型将变成我们所熟知的一维

SWT 方程。此外，$C = 0$ 是近似的 KH 准则，根据 Ishii 和 Hibiki(2006) 提出的式(2.147)，在 r_ρ 无限趋近于 0 的极限情况下，有

$$(u_2 - u_1)^2 > \frac{1-\alpha_1}{r_\rho} g_y H \tag{2.36}$$

因此，如果 C 为正值，式(2.33)和式(2.34)代表 KH 不稳定情况，不需要考虑 SWT，即对于 TFM，C 是独一无二的。现在可以定义几种 TFM 波和不稳定性，在本章中将会被分析讨论。

根据 Wallis 的研究，运动学波与运动学条件相关联，即 $F(\alpha_1, u_1) = 0$，其中运动学波速的推导见 B.5.1 节，由 $v_w = -\alpha_1 \frac{\partial F/\partial \alpha_1}{\partial F/\partial u_1}$ 来表示。如果 KH 条件满足，那么动力学波将会发生，并带有波速，相关推导见 B.5.1 节，由 $c = \sqrt{-\alpha_1 C}$ 表示。各自的不稳定条件是 $v_w > c$ 和 $C > 0$。第一，与运动学波有关，在本书中称为 SWT 不稳定性。第二，与动力学 KH 波有关，是 KH 不稳定性。这些便是文献 Barnea 和 Taitel(1993) 中所述的黏性的和非黏性的 KH 不稳定性。在 2.4.2 节中，将说明 SWT 不稳定性比 KH 不稳定性出现在更低的流速中。由于 FFM 方程式(2.33)和式(2.34)与 SWT 的相似性，依照 SWT，稳定的以及运动学不稳定的 FFM(即 $C < 0$)的线性与非线性行为将会被理解。例如，参见文献 Whitham(1974)。如果 $C = 0$ 并且 $F = 0$，方程组将变成 2.7 节的水龙头问题(Ransom(1984))，这已经被用于核反应堆安全程序中 TFM 的验证。尤其是 $C > 0$ 的情况，对应着 KH 不稳定的 TFM，与通用和工业程序中的两相流分析有关。然而，KH 不稳定的 TFM 非线性行为的探索已经超出了 Keyfitz 等(2004)和 Kreiss 和 Yström(2002) 的开创性的数学分析。在这一章中，这些成果被延伸到与物理相关的两相流分层流动中。

不得不着重强调的是，现在对于局部不稳定的分析是在定通量的基础之上。这些近似会在第 6 章被去除，在那一章，将利用漂移流模型分析全局不稳定性。值得一提的是被运用推导 DFM 的运动学假设并不考虑局部不稳定性。

2.4 线性稳定性

2.4.1 KH 不稳定性的色散关系($F=0$)

迄今为止，我们已经将 TFM 简化为一组与 SWT 方程特别相似的两方程。由于大量的现有工作是利用 SWT 对表面波开展分析，故 FFM 和 SWT 相似是很有好处的。KH 不稳定性如图 2.4 所示。在文献 Drazin 和 Reid(1981) 的第 4 章

中，KH 不稳定性严格地定义为一种速度的横向不连续，其仅仅发生在涡层或者单相流的涡线上，并且对于非黏性流体是不适定的。我们应该区分开后者的不稳定性与剪切层不稳定性。在经典流体力学中的应用，KH 不稳定性通常是指速度在有限宽度内改变，而且并不是不适定的。换句话说，这是核心问题，TFM 的基本问题就是 KH 不稳定性在整个流场内一直持续地出现，除非两相的速度相等。对于单相流动，换句话说，KH 不稳定性仅在非黏性流动中是可持续的，因为黏性将使得涡层迅速变成剪切层。当然，对于两相流动来说，也将有一个突然的密度变化，但那不是造成不适定的原因。

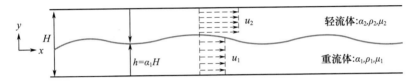

图 2.4　两相 KH 不稳定性（见彩图）

人工黏性项和物理黏性项以一个特别的、恰当的方式，分别添加到式(2.23)和式(2.24)中。一个更严密的处理方法将会在第 4 章介绍。运动黏度是 TFM 动量方程中合理的一部分，而人工黏度在连续性方程中并不是合理的。然而人工黏度包含在本模型中，这是因为它类似于在工业程序中的数值黏度，用来解决不适定问题，并对于模型的稳定性有重要意义。此时式(2.33)和式(2.34)可以写为

$$\frac{\partial \alpha_1}{\partial t} + u_1 \frac{\partial \alpha_1}{\partial x} + \alpha_1 \frac{\partial u_1}{\partial x} = \varepsilon \frac{\partial^2 \alpha_1}{\partial x^2} \tag{2.37}$$

$$\frac{\partial u_1}{\partial t} + u_1 \frac{\partial u_1}{\partial x} - C \frac{\partial \alpha_1}{\partial x} = v \frac{\partial^2 u_1}{\partial x^2} + \frac{\sigma H}{\rho_1} \frac{\partial^3 \alpha_1}{\partial x^3} + F \tag{2.38}$$

动量方程中的黏性项可能包括了物理黏度和人工黏度两项。

首先，我们认为模型中无摩擦项，即 $F=0$。根据 Lopez de Bertodano 等(2013)的分析，式(2.37)和式(2.38)如下：

$$A \frac{\partial}{\partial t} \underline{\phi} + B \frac{\partial}{\partial x} \underline{\phi} + D \frac{\partial^2}{\partial x^2} \underline{\phi} + E' \frac{\partial^3}{\partial x^3} \underline{\phi} = 0 \tag{2.39}$$

其中 $\underline{\phi} = [\alpha, u]^T$ 写成带下标形式，如 $u = u_1$ 和 $\alpha = \alpha_1$。矩阵 D 包括了连续性方程和动量方程中人工黏度项和物理黏度项，即

$$D = \begin{bmatrix} -\varepsilon & 0 \\ 0 & -v \end{bmatrix} \tag{2.40}$$

由 $\det[\boldsymbol{B} - c\boldsymbol{A}] = 0$ 给出的特征值，与 B.2.2 节相比，所描述的非黏性系统行为如下：

$$\begin{cases} c = u \pm \sqrt{|C|\alpha}, & C < 0 \\ c = u, & C = 0 \\ c = u \pm i\sqrt{|C|\alpha}, & C > 0 \end{cases}$$

前两种情况是适定的或者是双曲线型的，这很好理解。然而，最后一种情况是不适定的椭圆曲线，这导致难以计算（Barnea 和 Taitel（1993）），下一步将会利用色散关系进行分析。

色散关系使得特征分析结果从 0 波长扩展到全光谱波长范围，详见 B.2.2 节。B.5.1 节的分析在此重现，只是现在 $F=0$，但是黏性和表面张力的影响也包括在其中。首先利用 $\underline{\boldsymbol{\phi}} = \underline{\boldsymbol{\phi}}_0 + \underline{\boldsymbol{\phi}}'$ 将由两个方程组成的方程组线性化，并且只保留关于 $\underline{\boldsymbol{\phi}}'$ 的一阶项。然后，将一个傅里叶解用于 $\underline{\boldsymbol{\phi}}' = \hat{\underline{\boldsymbol{\phi}}}' e^{i(kx - \omega t)}$，使方程线性化，其中 k 和 ω 为波数和角频率。解必须满足：

$$\det[-i\omega \boldsymbol{A} + ik\boldsymbol{B} + (ik)^2 \boldsymbol{D} + (ik)^3 \boldsymbol{E}'] = 0 \quad (2.41)$$

为了有一个非平凡解，色散关系为

$$\omega = uk - \frac{i}{2}(\varepsilon + v)k^2 \pm k\sqrt{-C\alpha - \left[\frac{1}{4}(\varepsilon - v)^2 - \frac{\sigma}{\rho_1}\alpha H\right]k^2} \quad (2.42)$$

物质波速度然后由 $c_w = \omega/k$ 得到，即

$$c_w = u - \frac{i}{2}(\varepsilon + v)k \pm \sqrt{-C\alpha - \left[\frac{1}{4}(\varepsilon - v)^2 - \frac{\sigma}{\rho_1}\alpha H\right]k^2} \quad (2.43)$$

对于非黏性情况且不考虑表面张力，波速简化为与波长无关的特征值。然而，如果考虑黏性或者表面张力，不同的波长以不同的波速传播，即模型变得耗散或色散。分别基于 $\omega_i = 0$ 和 $\dfrac{\partial \omega_i}{\partial k} = 0$，可以得到临界点和最大增长率（最危险的波）。当黏性可以被忽略时，截止波数简化为 $\sqrt{\dfrac{\rho_1 C}{\sigma H}}$，而最危险波数为

$$k_{\max} = \sqrt{\frac{\rho_1 C}{2\sigma H}} \quad (2.44)$$

相应的波增长率为

$$\omega_{i,\max} = \sqrt{-\frac{\alpha \rho_1 C^2}{\sigma H}} \quad (2.45)$$

值得一提的是,当保留 g 的符号且 $u_1 = u_2 = 0$,一维理论也正确地预测了临界泰勒波数,并且式(2.44)预测了最危险的泰勒波数在 $\sqrt{2/3}$ 倍以内。

KH 稳定条件($C \leqslant 0$)是有效的,直至气流速度低于 KH 限值。在很小的波长限制下($k = 0$),波速是由式(2.43)得到的特征速度,是实数,所以稳定性模型是双曲线型的。双曲线型是适定的稳定波传播模型的属性,如 B.2.2 节。稳定波以特征速度传播但并不增长。

忽略表面张力的非黏性方程式(2.37)和式(2.38)是众所周知的具有线性稳定特征的 SWT 方程。然而,非线性行为会导致物质激波,这等同于 B.3.1 节 Burgers 方程中的物质激波。整本书中我们都在处理这一非线性行为。

有限波长的结果保留了这一特征行为,但是黏性和表面张力的影响会分别导致整个方程组耗散和色散。如果忽略短波扩散和弥散,那么有

$$\frac{\omega}{k} = u \pm \sqrt{-C\alpha} \tag{2.46}$$

这便是特征方程。

SWT 和 FFM 的主要区别是 SWT 不考虑第二相的速度。一旦超出了 KH 条件便产生偏差。对于 KH 不稳定条件 $H = 0.1\text{m}, \alpha = 0.5, u_1 = 1\text{m/s}, u_2 = 7\text{m/s}$,$r_\rho = \frac{1}{50}$ 和 $\frac{\sigma H}{\rho_1} = 7 \times 10^{-6}\text{m}^4/\text{s}^2$,FFM 的色散分析如图 2.5 所示,包括了人工黏度、运动黏度和表面张力。基于式(2.37)和式(2.38),通过假设 $\varepsilon = \nu = 0$ 和 $\sigma = 0$,可以得到一维 TFM。超过 KH 限值,波增长率无限增加,在波长降为 0 处存在奇点。这一奇点虽然在欧拉方程中也存在,但是只有在涡层的条件下出现。不适定的严谨的数学定义为,在 0 波长时,对于任何非零相对速度,波增长率是无限的。除此之外,包括壁面和界面摩擦力,甚至是无穷大的系数值,在零波长时动力不稳定性的不适定性并不会改变。

这一点的分析同带有欧拉稳定性的不适定 TFM 与单相流动 Navier-Stokes 方程的对比息息相关。首先,一维欧拉方程与一维 Navier-Stokes 方程都是适定的而且也是稳定的。除此之外,多维欧拉涡层是不适定单相流动问题的唯一实例(Draiz 和 Reid(1981)),但是一旦剪切层厚度变得有限,它会很快消失,即问题变成一个适定的不稳定性问题。因此 Navier-Stokes 方程从这层意义上来说更加物理化,因为涡层由于黏性的影响很快变成一个剪切层,所以问题从一开始就是适定的。因此,与 Navier-Stokes 方程相比,TFM 有一个独有的情况,界面的平均值反映了 KH 不稳定性,即两个不同速度分别表现出固有的和永久的涡层特征。从这个意义上讲,适定的 TFM 问题是相关的,并且在本章和后续章节,将采用依附于流型的各种短波物理稳定机理做出补偿。虽然如此,适定性模

型的线性增长率依然很高。然而,应该意识到的是,对于 TFM 稳定性的线性不适定问题的关心,有时考虑得过于深入,而弱化了更重要的非线性稳定性问题。在下面两章中,通过非线性仿真与分析可以表明,即使波初始增长率很高,黏性机理仍会阻止非线性波的增长。

图 2.5 展示了表面张力使得模型适定,并提出了截止波长。在气液相流的条件下,即 $\sigma = 0.07\text{N/m}$,这一截止波长大约为 20mm。Ramshaw 和 Trapp(1978) 很早就提出了表面张力稳定化,通过包含恰当的短波物理,对于不稳定 KH 流动,TFM 可以呈现为适定的。然而,波的最大增长率很高。

除此之外,图 2.5 展示了一个非常大的动力黏度 $0.01\text{m}^2/\text{s}$ 使得模型适定,但是没有截止,即增长率最大且在零波长处很大,$\omega_i = \dfrac{\alpha_1 c}{\nu}$,这一点并不符合物理规律并且几乎是不适定的。

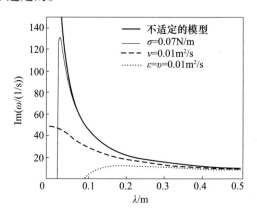

图 2.5　FFM 色散关系,$F = 0$(转载自 Lopez de Bertodano 等(2013),经 Begell House 出版社许可)

最终,通过加入数值黏度,工业 TFM 程序呈现出适定性。图 2.5 展示了通过任意设置一个高人工黏度,$\varepsilon = \nu = 0.01\text{m}^2/\text{s}$,一阶迎风有限差分离散的影响。选择人工黏度的数值,以便获得代表性管径($D = 0.1\text{m}$)的截止波长。此时,除了模型变得适定以外,设定一个较小的扰动幅度的限值,当流动不稳定时,对于波增长情况,截止波长允许增加。这么做的最终目的是,当 TFM 是不稳定时,数值黏度可以使其有很好的适定性。然而,截止波长可能任意改变,以便适应变化的时间和空间离散。当解的短波长组成部分没有用时,经常使用数值正则化方法,但其并不能解决 TFM 物理意义上的基本不适定行为,并且还会妨碍超出 KH 准则的收敛,这将在 2.5.2 节证明。

不适定 TFM 和不稳定 TFM 的区别说明如下:从图 2.5 可以清晰看出一旦

超出了 KH 条件，TFM 会变得不适定。其物理原因是求平均使得界面及其剪切层被去除，保留了 KH 不适定性条件，即涡层，与适定的剪切层的不稳定性恰好相反。除此之外，TFM 在这个过程中失去了双曲性。然而，问题仍然存在：TFM 变得不可接受是因为不再是双曲线的吗？答案依赖于稳定化的选择，图 2.5 也展示了短波物理现象的加入，特别是黏度和表面张力，使得模型呈现适定性，并且当考虑非线性稳定性时，呈现良态。此外，在 Navier-Stokes 方程中，涡层转变成剪切层的物理机理是黏性扩散，这是一个抛物线过程，并且众所周知 Navier-Stokes 方程除了是适定的以外，还是双曲-抛物线型的。所以无论是对于不适定的模型还是人工双曲 TFM，双曲-抛物线型黏性 TFM 都将是一个很好的选择。

下一个且更重要的问题是，一个适定但是不稳定的 TFM 是否是足够的。在本章中所定义的那样，适定性即为线性稳定性。Drew 和 Passman(1999)认为，一个适定的黏性 TFM 实际上仍是不适定的，这是由于波增长率依旧很高并且模型呈指数型增长。的确，如果表面波动持续无限制地增长，TFM 将不可被接受。但是线性稳定性分析结果是不充分的，因为本质上不稳定的表面波或是突破或是达到顶点，这些现象都是非线性的。所以最终的问题是，TFM 是否是李雅普诺夫稳定的，即是否存在一个非线性机理约束波的增长。结果是，在一个重要的非线性机理中，黏性被牵扯其中，这使得波状分层流最大的李雅普诺夫指数比最大的线性增长率小一个量级，这些将在第 4 章中证明，并且在某个点之后约束了波动增长。

2.4.2　SWT 不稳定性的色散关系（$F \neq 0$）

在前面的章节中，已经考虑了动力学 KH 不稳定性。本节将考虑由于壁面和界面摩擦所引起的运动学不稳定性，即 SWT 不稳定性，这将遵循着 Lopez de Bertodano 等(2013)的分析。针对受界面剪切力作用的薄的下降液膜情况，Kocamustafaogullari(1985)首次采用了完整 TFM 方程。在他的分析中，不包括蒸发和冷凝的影响，这不在本书考虑范围内，包括了液膜的速率形状因数项，其得到的结果与 Anshus 和 Goren(1966)利用 Orr-Sommerfeld 方程的结果十分相似。后来，针对管道内同向绝热两相流动，Barnea 和 Taitel(1993)开展了 TFM 分析，他们定义这种不稳定性为黏度 Kelvin-Helmholtz 不稳定性。它与 Lighthill 和 Whitham(1955)所描述的运动学波相关，也被 Wallis(1969)称为空泡波或者连续波。

在开展稳定性分析之前，对于一维 FFM，有必要定义运动学波。为了考虑在两方程模型中导致运动学不稳定性的数学问题，在动量方程中包括摩擦力和曳力(黏性力)F，并且从式(2.37)和式(2.38)中忽略黏性和表面张力以便得到 SWT 方程，详见 B. 5.1 节。

$$\frac{\partial \alpha}{\partial t} + u \frac{\partial \alpha}{\partial x} + \alpha \frac{\partial u}{\partial x} = 0 \qquad (2.47)$$

$$\frac{\partial u}{\partial t} + u \frac{\partial u}{\partial x} - C \frac{\partial \alpha}{\partial x} = F \qquad (2.48)$$

式中，F 的定义见式(2.32)。在色散关系中，结果由式(B.56)给出。此时，利用 Lighthill 和 Whitham(1955)的运动学稳定性条件，即 $v_w = c$。对于 TFM 摩擦力的特定情况，用 $F = F(\alpha_1, u_1, u_2)$ 代替 $F = F(\alpha_1, u_1)$ 来推导运动学波速。然后利用 B.5 节中介绍的运动学波速(Wallis 1969)的定义，有

$$v_w = u + \alpha_1 \left(\frac{\partial u_1}{\partial \alpha_1}\right)_F \qquad (2.49)$$

同时考虑定通量条件，可以得出

$$v_w = u - \alpha_1 \frac{(1-\alpha_1)\frac{\partial F}{\partial \alpha_1} + (u_2 - u_1)\frac{\partial F}{\partial u_2}}{(1-\alpha_1)\frac{\partial F}{\partial u_1} - \alpha_1 \frac{\partial F}{\partial u_2}} \qquad (2.50)$$

结合式(2.49)和式(2.50)，得到运动学波速的代数公式，这使得运动学不稳定性条件(即 $c - v_w = 0$)，能够用数学的方式定义。但是首先，依据两个自变量 α_1、u_1，很方便地得到了动力学不稳定性条件。从运动学条件开始，$F = 0$ 和 $g_x = 0$，有

$$-(1-\alpha_1)\frac{f_1}{2}u_1^2 + \alpha_1 \frac{f_2}{2}r_\rho u_2^2 + \frac{f_i}{2}r_\rho (u_2 - u_1)^2 = 0 \qquad (2.51)$$

根据 $\alpha = \alpha_1$ 和 $u = u_1$，得

$$u_2 = \frac{f_i r_\rho u + \sqrt{-r_\rho u^2 [f_2 f_i r_\rho \alpha - f_1(f_i + f_2 \alpha)(1-\alpha)]}}{r_\rho (f_i + f_2 \alpha)} \qquad (2.52)$$

可以看出，在 α 趋近于 0 时，式(2.51)中包含了 f_2 的项可以忽略，这对应着 j_1 取较小的值。忽略 f_2 项极大地简化了分析。动力学稳定性条件 $C = 0$，C 被式(2.35)定义，得到如下针对动力学不稳定情况的临界液体速度：

$$u_{\text{dyn}} = \pm \sqrt{\frac{f_i}{f_1} g_y H} \qquad (2.53)$$

运动学稳定性条件 $c = v_w$，简化为关于 u 的二次方程式，有

$$f_i g H \bar{f} - f_1 \left[\bar{f} + f_i \frac{9}{4}(1-\alpha)\alpha\right] u^2 = 0 \qquad (2.54)$$

其中
$$\bar{f} = (\sqrt{f_1(1-\alpha)^3} + \sqrt{f_i r_\rho})^2 \tag{2.55}$$

最终,通过式(2.54)可以得到运动学不稳定情况的临界液体速度,即

$$u_{\text{kin}} = u_{\text{dyn}} \sqrt{\frac{1}{1 + \frac{9}{4}\frac{f_i}{\bar{f}}\alpha(1-\alpha)}} \tag{2.56}$$

这个简化的分析结果会引出一些对于气液两相流的简单见解:①无条件的 $u_{\text{kin}} \leqslant u_{\text{dyn}}$;②当 $\frac{f_i}{\bar{f}} \to 0$ 时,$u_{\text{kin}} \to u_{\text{dyn}}$。例如,考虑当 $r_\rho = 0.001$,$f_1 = 0.005$,$f_i = 0.014$(Cohen 和 Hanratty(1965))和 $H = 50\text{mm}$,如图 2.6 所示。这些数值与 Barnea 和 Taitel(1993)的分层流 TFM 的分析相似,如图 2.7 所示,结果中存在的不同主要是由于几何尺寸不同造成的(例如,平行的平板和管道)。此外,Barnea 和 Taiael(1994)针对平行平板间的流动,利用 FFM 方程式(2.47)和式(2.48)开展了分析,但与式(2.35)的形式有轻微差别,即 $C = r_\rho \frac{u_2^2}{1-\alpha_1} - (1-r_\rho)g_y H$,在他们的研究中,假设气体速度比液体速度大得多。对于一个圆管,他们实际上得到了图 2.7 所示的相同结果,证明了由式(2.47)和式(2.48)所代表的简化的 FFM 分析可以替代 TFM 分析。

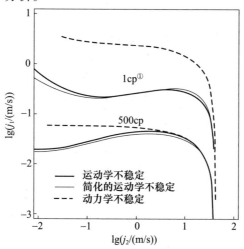

图 2.6　水平平行平板间分层流动稳定性图(转载自 Lopez de Bertodano 等(2013),经 Begell House 许可)

---

① 1cp = 0.001Pa·s。

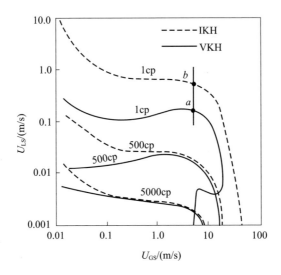

图 2.7 水平管道内分层流动稳定性图(转载自 Barnea 和 Taitel(1993),经 Elsevier 许可)

大幅度增加液体黏度,从 $1 \times 10^{-6} \text{m}^2/\text{s}$ 到 $500 \times 10^{-6} \text{m}^2/\text{s}$, 由于 $\frac{f_i}{f} \to 0$, 使得运动学和动力学不稳定性彼此接近,如式(2.56)所示。因此,对于非常黏稠的液体流,如油 – 气流与水 – 气流,两者稳定性边界的差别是可以忽略的。

对于包含 f_2 的完整公式(2.52),可以得到稳定性结果,而对于得到一个比式(2.56)更复杂的解析解的关于 u 的二次方程,在这里将不详细说明。然而,图 2.6 展示了 $f_2 = 0.005$ 时的结果,并且它们非常接近 $f_2 = 0$ 时的简化结果。

最后,当流动是动态不稳定的情况下,本书希望证明源项 F 可以在分析中忽略,以便在 2.4.1 节中进行动力学稳定性分析。也就是说,当超过 KH 条件时,运动学不稳定性变得可以忽略。这一推导过程遵从了 Barnea 和 Taitel(1993)关于气液两相流的运动学与动力学波增长率对比的数值结果。结果表明,当动力学与运动学不稳定性同时发生时,动力学不稳定性的增长率至少比运动学不稳定性的增长率大一个数量级,所以后者可以忽略。

动力学不稳定性的波动增长率如式(2.45)所示,有

$$\omega_{\text{dyn,max}} = \sqrt{\frac{\alpha \rho_1}{\sigma H}\left[\frac{\rho_2}{\rho_1}\frac{(u_2 - u_1)^2}{\alpha_2} - gH\right]^2} \sim \sqrt{\frac{\alpha \rho_1}{\sigma H}[g_y H]^2} \qquad (2.57)$$

运动学不稳定性的色散关系如式(B.56)所示,有

$$\omega_{1,2} = uk + i\frac{F_u}{2} \pm \sqrt{\left(i\frac{F_u}{2} - ck\right)^2 + iF_u(c - v_w)k} \qquad (2.58)$$

基于 $c-v_w$ 项,有以下近似泰勒展开式:

$$\omega_1 \cong \frac{F_u}{2}\left[\mathrm{i}\frac{\dfrac{4c(c-v_w)k^2}{F_u^2}}{\dfrac{8c^2k^2}{F_u^2}+2} - \frac{2k(c-v_w)}{\dfrac{8c^2k^2}{F_u^2}+2}\right] + (u+c)k \quad (2.59)$$

当 k 趋于无穷时,最大波动增长率出现,如下:

$$\omega_{\mathrm{kin,max}} = \mathrm{i}\frac{F_u}{4}\frac{c-v_w}{c} \sim -\mathrm{i}\frac{F_u}{4} \quad (2.60)$$

对式(2.32)求导,并假设 $f_2=0$,则有

$$F_u = -\left[\frac{1}{\alpha}\frac{f_1}{f_i r_\rho} + \left(\frac{1}{1-\alpha}+\frac{1}{\alpha}\right)\sqrt{(1-\alpha)\frac{f_1}{f_i r_\rho}}\right]f_i r_\rho \frac{u}{H} \sim -\frac{f_1 u}{H\alpha} \quad (2.61)$$

因为,当 r_ρ 趋近于 0 时,括号里的第二项可以忽略,联立式(2.60)和式(2.61),得出近似运动学波增长率为

$$\omega_{\mathrm{kin,max}} \approx \frac{1}{4}\frac{f_1 u}{H\alpha} \quad (2.62)$$

那么,运动学与动力学波增长率的比值为

$$\frac{\omega_{\mathrm{dyn,max}}}{\omega_{\mathrm{kin,max}}} \approx 4\alpha \frac{g_y H^2}{f_1 u}\sqrt{\alpha \frac{\rho_1}{\sigma H}} \quad (2.63)$$

对于水的流动,$\alpha=0.2$,$v=1\times10^{-6}\mathrm{m^2/s}$,$j_1=0.1\mathrm{m/s}$,这个比值近似是 1400,对于油,$v=500\times10^{-6}\mathrm{m^2/s}$,比值近似为 14。因此,在大多数实际情况下,一旦达到动力学不稳定性,在一维 TFM 范围内,摩擦对波增长率基本没有影响。这并不意味着摩擦项对于模型的动态不重要,因为摩擦项决定了是否流动达到 KH 不稳定性,但是摩擦项与波增长率变得毫不相干并且满足式(2.42)。因此,不需要在两者联合作用下发展色散关系。取而代之,当液体流速达到运动学不稳定性流速时,即式(2.56),色散关系由式(2.58)给出,当液体流速增加超过了 KH 速度,即式(2.52),色散关系由式(2.42)给出。

2.4.3 掩蔽效应

虽然前述章节介绍的 FFM 定性上对于气液流动的描述是正确的,然而它并不能准确地预测向波状流的过渡。为了弥补偏差,Benjamin(1959)提出了一个更完整的界面力描述。在波的迎风和背风侧,存在着流线的压缩和扩张,这分别导致了界面剪切的增大和减小。Brauner 和 Maron(1993)通过在界面剪切力中加入空泡梯度,将此并入一维 TFM 中:

$$\tau_i = \frac{f_i}{2}\rho_2(u_2-u_1)^2 + C_h\rho_2(u_2-u_1)^2 H\frac{\partial \alpha_1}{\partial x} \quad (2.64)$$

其中 RHS 中的第一项是最初的稳定曳力部分,第二项代表带有系数的掩蔽效应:

$$C_h = C_{h0}\left(\frac{Re_1}{Fr_1^2}\right)^m, \quad m = \min[1, 1.565 - 0.072\ln(Re_1)] \quad (2.65)$$

最近,Kushnir 等(2014)进行了 Orr–Sommerfeld 分析,并证实这一假说,特别是对于气液分层流。除此之外,他们发现壁面应力有一个同相位的组成部分并伴有波陡。这个掩蔽模型如今被纳入了 FFM(Lopez de Bertodano 等(2013))。

式(2.65)中系数 C_h 是由 Brauner 和 Maron(1993)在与实验数据广泛对比之后而确定的。根据不同的流动几何特性,即 Vallee(2010)的矩形通道 HAWAC 数据与 Branuner 和 Maron(1993)所使用的管道流动数据,在当前模型中,首项系数 C_{h0} 在 0.000245 到 0.0004 间调整。

式(2.64)和式(2.65)加入了 FFM,并且前面章节介绍的线性稳定性分析在这里被重复。改良的 KH 准则(可与式(2.36)对比)为

$$(u_2-u_1)^2 = \frac{1}{r_\rho}\frac{gH}{\dfrac{1}{1-\alpha_1} + C_h\left(\dfrac{1}{\alpha_1}+\dfrac{1}{\alpha_2}\right)} \quad (2.66)$$

源自于特征分析。

掩蔽力有一个相当大的减稳效果。图 2.8 所示为有无掩蔽效应的 SWT 稳

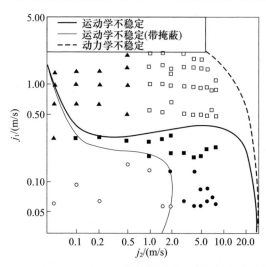

图 2.8　Vallee 等(2010)的 HAWAC 实验的稳定性图(转载自 Lopez de Bertodano 等 (2013),经 Begell House 出版社许可)

○—光滑分层流;●—分层波状流;■—流型过渡;▲—细长的泡状流;□—弹状流。

定性条件与 Vallee(2010)的 HAWAC 数据的比较,其中 $j_k = \alpha_k u_k (k=1,2)$,稳定区域在左下角,实线以下流动是 SWT 稳定的,虚线以上流动是 KH 不稳定的。可以发现,之前在稳定区的所有的波状-分层流数据转入了不稳定区域。因此,在稳定曳力(阻力)中包括波掩蔽影响,标志着在预测不稳定的气水分层流动数据方面一个很重要的提高。

2.5 数值稳定性

2.5.1 获得适定的数值模型

一个不完整的 TFM 的不适定本质,导致了使用不同的方法来得到一个适定的数值模型。第一个方法是寻求额外的模型细节使得微分模型适定。这种方法背后的基本逻辑是,由于物理问题和 Navier-Stokes 方程都是适定的,所以在 TFM 求平均以获得宏观描述的过程中,一定有什么地方是不对的。通常人为的额外的微分模型是虚拟的,并且其目标是使 TFM 双曲线化。虽然这种方法也许在物理上并不正确,但如果有实验数据支持的话,这也许是一种很好的方法,代价是失去普遍性,这在第 8 章中将会给出例子。

第二种方法是简单地运用数值黏度抑制数值求解中的短波长部分。这个方法与用于湍流模拟的方法类似,在这种方法中造成黏性耗散的小比例的旋涡并没有直接解决,并且通过起到类似于滤波器作用(提供耗散和稳定性)的黏性方程,施加对中级波长的抑制。在这种情况下,将选择足够短的中级波长,以至于大尺度的运动不会被影响。这种方法能够成功的基本原因是湍流"能量级串"的存在,它并不是控制着能量耗散比率的短波长现象,而是受控于这一比率,在这一比率中通过长波的运动使得能量注入级串。因此,只需要在足够小范围内模拟耗散过程,以便平均运动不受影响。虽然不完整的 TFM 稳定性并没有那么简单,但目前我们可以运用这个想法,并在日后不断改进。

2.5.2 一阶半隐式格式(非黏性流)

对于第 3 章中 TFM-TFIT 程序所使用的 FFM,选择半隐格式。这种半隐式格式是显式(见 B.4.1 节)和隐式(见 B.4.2 节)格式的结合。有限差分方程如下:

$$\frac{\alpha_i^{n+1} - \alpha_i^n}{\Delta t} + \frac{u_R^{n+1} \hat{\alpha}_R^n - u_L^{n+1} \hat{\alpha}_L^n}{\Delta x} = 0 \tag{2.67}$$

$$\frac{u_j^{n+1} - u_j^n}{\Delta t} + u_j^n \frac{u_j^n - u_{j-1}^n}{\Delta x} - C \frac{\alpha_R^n - \alpha_L^n}{\Delta x} = 0 \tag{2.68}$$

首先求解式(2.68),以便更新的速度可用于式(2.67)。对于交错网格,如图2.9所示,有一些"R"和"L"数据是可用的,但是 $\hat{\alpha}_R^n = \alpha_{i+1/2}^n$ 并不存在且它是被"赋值的",即对于正的SWT波速,$c = u + \sqrt{-C\alpha}$,对于FOU,$\hat{\alpha}_R^n = \alpha_i^n$。

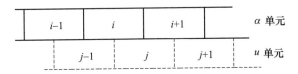

图2.9 交错连续网格单元和动量节点

这种格式阐明了交错网格对一致性和稳定性是有影响的。式(2.67)和式(2.68)可以被重新整理以便说明,交错的思想相当于对有限的网格间距引入了更高阶差分项。然而,这些项并不总是产生阻尼作用。我们将用"单元"这一术语表示质量控制体的中心,用"节点"表示需要评估速度的动量控制体的中心,在节点处评估速度(质量单元的边界)。

数值格式的稳定性与数值解和精确解之间的发散情况有关。在线性系统情况下,是可能解析地建立解的发散,并发展必要且充分的条件以确保稳定性。在更广泛的非线性系统情况下,对于微分和差分方程,需要使方程线性化以便得到解析解。因此,一般说来,无法获得既不必要也不充分的条件,来保证一种特殊的"精确解"与数值解间的发散。经验表明,冯·诺依曼局部稳定性(Richtmeyer 和 Morton(1967))在大多数情况下是必要的,并在许多情况下也是充分的。冯·诺依曼稳定性准则(详见B.4节)要求,放大矩阵 G 的特征值的大小满足不等式(B.30),即

$$|G|_{max} \leq 1 + O(\Delta t) \quad (2.69)$$

式中,$|G|_{max}$ 为 G 的最大特征值。对于差分格式,增长矩阵 G 由递推公式定义,即

$$\underline{\phi}^{n+1} = G\underline{\phi}^n \quad (2.70)$$

式(2.69)称为稳定性条件,但是事实上,它是差分问题适定的必要条件,即波增长率仍然被限制在一定范围内,就像网格精细化到0。这与适定性准则一致,即对于全波长情况,微分模型的增长率必须是有限的。

$$|G|_{max}^N \equiv e^{-i\omega_1 \Delta t_n} \cong \prod_{n=0}^{N}(1 \pm |\omega_1^\Delta||\Delta t_n|) \quad (2.71)$$

其中,正负号取决于微分问题稳定与否。G 的特征值是傅里叶分量波长及空间波长(对于给定的节点网络,其范围从$2\Delta x$到无穷)的函数。差分格式是无条件

稳定的,如果对于所有时间步长 Δt 式(2.69)得到满足。对于无源项的双曲方程组,稳定性判据,即式(2.69),可以被化简成 $|G|_{\max} \leq 1 + O(\Delta t)^m$,其中,$m$ 是截断误差的阶,并且对于任何实际的数值格式,$m \geq 2$。只有当源项存在时,例如 2.4.2 节讨论的运动学不稳定性,才有必要简化稳定性需求为式(2.69)。只要源项在差分格式中近似一致,那么便不会影响稳定性。

为了阐明数值格式与微分方程组的关系,假设图 2.4 所示情况。对于不适定 $(\varepsilon = v = 0)$ 情况和适定 $(\varepsilon > 0, v > 0)$ 情况,绘制了微分方程 $-i\omega_I^A > 0$ 在固定时间以及感兴趣的波长范围内的增长系数。对于所有方程组,仅仅由于 KH 不稳定的缘故,长波长增加近似为 1。然而,对于不适定情况,短波长发生了额外的无限增长。但对于抛物线情况下,由于色散关系式(2.42)中有 $e^{-\frac{1}{2}(\varepsilon+v)k^2 t}$ 项的原因,增加则减缓。因此,如果微分方程是双曲线型或者抛物线型,增长率是有限的,并且问题是适定的。任何满足式(2.69)的数值格式将得到适定的数值问题。

相反,如果微分方程是不适定的,则不清楚数值格式应该满足什么样的条件。当一些真实的物理过程被忽略或者由于忽略了某些相关机理导致建模并不恰当时,如一个不完整的 TFM,这种情况是可能出现的。一旦确定被不适定方程组描述的长波行为是基本正确的,并且短波行为并不重要,那么方程组在短波范围内可以任意地修正,以便得到有限增长。为了修正微分方程组,数值格式需要满足式(2.69),进而变成一个适定的数值问题。在这种情况下,微分方程可以通过添加能够稳定短波长的导数项来修正。

在短波方面,物理和人工稳定性的包容具有两种效果。首先,如前所述,给予了短波有限的增长率。第二个效果体现在非线性方程中,并且不会在线性分析中体现;然而,非线性项可能导致色散,产生一个比 1 大的增长率,分散为更短的或更长的波长部分。最终,能量级联成一个短波长,其增长率小于 1 并且被耗散掉。因此,能量从不稳定解的部分中移除。通过这一过程,短波长的损耗可以限制其增长为更长的波长。如附录 B.3.1 所述,位于激波样前沿的一维 Burgers 波消散能量。

针对单程波方程的冯·诺依曼分析方法(见附录 B.4.1)现在被扩展到 FFM。对于一个两层差分格式,其增长矩阵由式(2.70)定义。对于一个特定的差分格式,依据典型的傅里叶分量,放大矩阵的显式形式可以通过关于点 ϕ_j^n 的 ϕ 的空间变化表达式得到,即

$$\phi_l^n = \phi_j^n e^{ik(l-j)\Delta x} \tag{2.72}$$

式中:k 为相应的波数。

利用式(2.72)、式(2.67)、式(2.68),方程可以写为
$$M\underline{\phi}^{n+1} = N\underline{\phi}^n \tag{2.73}$$

相应的 FOU 增长矩阵则变为 $G = M^{-1}N$。其中

$$M = \begin{bmatrix} e^{\frac{ik\Delta x}{2}} & \dfrac{\alpha \Delta t (e^{ik\Delta x} - 1)}{\Delta x} \\ 0 & 1 \end{bmatrix} \tag{2.74}$$

$$N = \begin{bmatrix} e^{\frac{ik\Delta x}{2}} - \dfrac{2iu\Delta t \sin\frac{k\Delta x}{2}}{\Delta x} & 0 \\ \dfrac{2ic\Delta t \sin\frac{k\Delta x}{2}}{\Delta x} & 1 - \dfrac{u\Delta t(1 - e^{-ik\Delta x})}{\Delta x} \end{bmatrix} \tag{2.75}$$

并且特征值如下:

$$|G| = 1 - \frac{\Delta t(1 - e^{-ik\Delta x})}{2\Delta x^2} \Big\{ C\alpha \Delta t(e^{ik\Delta x} - 1) + 2u\Delta x \pm$$

$$\sqrt{C\alpha} \sqrt{C\alpha \Delta t^2 (e^{ik\Delta x} - 1)^2 - 4\Delta x [u\Delta t + (\Delta x - u\Delta t)e^{ik\Delta x}]} \Big\} \tag{2.76}$$

通过评估一定波长范围内增长矩阵的特征值来对比数值格式的稳定性与微分模型的稳定性。差分格式增长率由式(B.32)定义:

$$\omega_I^\Delta = -i \frac{\ln |G|_{\max}}{\Delta t} \tag{2.77}$$

即有限差分增长率与偏微分方程式(2.42)的色散关系增长率的比值。数值虚波速度对应于波增长速度,也可以被认为是

$$c_I^\Delta = -i \frac{\ln |G|_{\max}}{k\Delta t} \tag{2.78}$$

稳定模型($C<0$)

对于 SWT,Courant – Friedrichs – Lewy(CFL)准则 $Co \equiv (u + \sqrt{-C\alpha})\Delta t/\Delta x = 1$ 决定了 FOU 数值方法的稳定性极限。对于稳定的适定模型,并且 $Co = 0.5$,1.0,$C = -1$,$\alpha = 0.5$,$u = 1.0$,半隐式格式的行为如图 2.10 所示。增长率绘制在虚平面 $0 < k\Delta x < 2\pi$ 内。增长率曲线有两个特征值,且此图最重要的特征是当 $Co = 0.5$ 时 $|G| \leq 1$,而 $Co = 1.0$ 时 $|G| = 1$,即波动幅度是定值。这是我们所

熟知的稳定的数值格式的稳定性条件。图 2.10 和图 2.11 以增长率与波长为坐标展示了冯·诺依曼的分析结果。当 $Co = 0.5$ 时,正如带有数值黏度的格式期望的那样,对于短波长,其增长率小于 0,但当 $Co = 1.5$ 时,增长率变得大于 0,因此数值格式是不稳定的,即超过了 CFL 条件。下一个问题是,当方程不稳定时发生了什么,以至于增长首先发生在微分模型中?

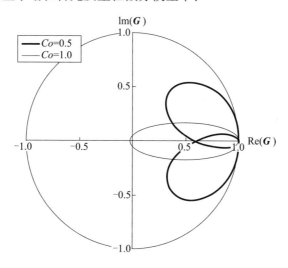

图 2.10 稳定模型的增长率图

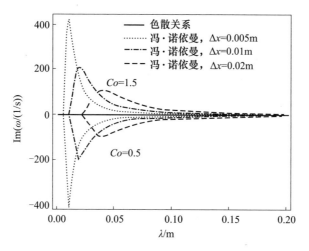

图 2.11 FOU 稳定性,稳定模型

不稳定模型($C>0$)

图 2.12 所示为通过有限差分方程组与不适定的微分方程组的增长率,对比了数值格式的稳定性特征。通过提出相关放大因子来阐明迎风数值格式对不适

定问题的适用性,差分格式的特征与微分方程组进行了对比。图 2.11 展示了 $\Delta x = 0.005\mathrm{m}, 0.01\mathrm{m}, 0.02\mathrm{m}$ 时的结果以及 $Co = 0.5$ 时欧拉 FFM 的色散关系结果。

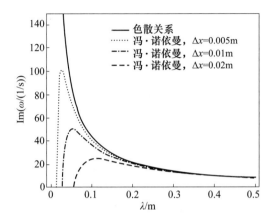

图 2.12　FOU 稳定性,不稳定性模型($Co = 0.5$)

微分模型的增长率是一个指数函数,并且随着网格缩小到 $0(\Delta x \to 0)$ 而变得无限不受控,即不适定的。针对有限的 Δx,为了得到一个适定的有限差分问题,差分格式应该使得微分方程组的指数增长减弱,并导致在最小波长时($2\Delta x$)增长率小于 0。对于波长 $\lambda < 5\Delta x$ 情况,伴有交错网格的半隐式格式展示出了增长率的持续下降。这是一个针对不适定性问题的很便利的工程解决方案,然而随着网格尺寸增加截止波长下降,数值解将不收敛。

如前一章节所述,对于 $Co > 1$ 的情况,数值方法变得不稳定。例如,图 2.13 展示出 $Co = 1.5$ 时的增长率,可见数值解与微分模型相比更不稳定。

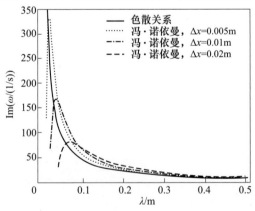

图 2.13　FOU 稳定性,不稳定性模型($Co = 1.5$)

利用数值黏度能有效地快速得到 TFM,因为当 TFM 变为 KH 不稳定且不适定的时候,它抑制了解的短波长,正如 2.4 节所述。然而,数值模型并不收敛。

在连续性方程和动量方程中,一个由人工黏度项组成的低通滤波器使得 TFM 适定,并且是相比于数值黏度的更好选择,因为数值模型变得收敛了并且截止波长可以被明确的规定。下一节将说明人工黏度解决方案。低通滤波器的推导将在第 8 章介绍。

2.5.3 一阶半隐式格式(含黏性项)

在之前的章节中指出,如果一个由人工黏性项组成的低通滤波器被加入到两方程中,那么 FFM 将变得适定。对于带有一个任意滤波器的 FFM,即 $\varepsilon = v$,半隐式有限差分模型为

$$\frac{\alpha_i^{n+1} - \alpha_i^n}{\Delta t} + \frac{u_R^{n+1}\hat{\alpha}_R^n - u_L^{n+1}\hat{\alpha}_L^n}{\Delta x} = v\frac{\alpha_{i+1}^{n+1} - 2\alpha_i^{n+1} + \alpha_{i-1}^{n+1}}{\Delta x^2} \qquad (2.79)$$

$$\frac{u_j^{n+1} - u_j^n}{\Delta t} + u_j^n\frac{u_j^n - u_{j-1}^n}{\Delta x} - C\frac{\alpha_R^n - \alpha_L^n}{\Delta x} = v\frac{u_{j+1}^{n+1} - 2u_j^{n+1} + u_{j-1}^{n+1}}{\Delta x^2} \qquad (2.80)$$

这一数值模型仍被 Courant 数限制。如前面章节所述步骤,进行冯·诺依曼分析,那么现在的矩阵为

$$N = \begin{bmatrix} e^{ik\Delta x} - \dfrac{2iv\Delta t(e^{ik\Delta x} - 1)\sin\dfrac{k\Delta x}{2}}{\Delta x^2} & \dfrac{\alpha\Delta t(e^{ik\Delta x} - 1)}{\Delta x} \\ 0 & 1 - \dfrac{2v\Delta t[\cos(k\Delta x) - 1]}{\Delta x^2} \end{bmatrix} \qquad (2.81)$$

$$M = \begin{bmatrix} e^{ik\Delta x} - \dfrac{2i\Delta tu\sin\dfrac{k\Delta x}{2}}{\Delta x} & 0 \\ \dfrac{2ic\Delta t\sin\dfrac{k\Delta x}{2}}{\Delta x} & 1 - \dfrac{u\Delta t(1 - e^{-ik\Delta x})}{\Delta x} \end{bmatrix} \qquad (2.82)$$

增长矩的特征值方程要比式(2.76)更复杂,并没有给出来。图 2.14 所示为冯·诺依曼分析的增长率与相同黏度值下($v = 0.01\text{m}^2/\text{s}, Co = 0.5$)色散关系的对比结果。结果表明数值模型也是适定的并且数值模型的指数增长总是小于微分模型,并且随着网格分辨率的增加,两者相互靠近。值得一提的是,虽然截止波长随着网格尺寸的增加而降低,但是收敛,不像非黏性情况那样。对于 $Co = 1.5$ 情况,如图 2.14 所示,数值模型是一致的,但是由于网格二次细分,数值解比精确解更加不稳定。

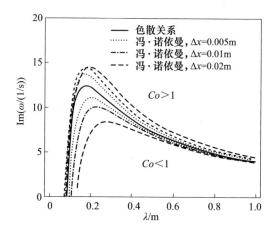

图2.14 FOU稳定性,隐式扩散的影响($Co = 0.5, 1.5$)

带有显式黏度项的情况是人们所感兴趣的,因为除Courant数外,模型的稳定性取决于扩散数 $R = \dfrac{\Delta t}{\Delta x^2}$。带有显式黏度项数值格式的冯·诺依曼分析矩阵如下:

$$N = \begin{bmatrix} e^{\frac{ik\Delta x}{2}} & \dfrac{\alpha \Delta t (e^{ik\Delta x} - 1)}{\Delta x} \\ 0 & 1 \end{bmatrix} \quad (2.83)$$

$$M = \begin{bmatrix} e^{\frac{ik\Delta x}{2}} - \dfrac{2i\Delta t u \sin\dfrac{k\Delta x}{2}}{\Delta x} + \dfrac{2iv\Delta t(e^{ik\Delta x} - 1)\sin\dfrac{k\Delta x}{2}}{\Delta x^2} \\ 0 \\ \dfrac{2ic\Delta t \sin\dfrac{k\Delta x}{2}}{\Delta x} \\ 1 - \dfrac{u\Delta t(1 - e^{-ik\Delta x})}{\Delta x} + \dfrac{2v\Delta t[\cos(k\Delta x) - 1]}{\Delta x^2} \end{bmatrix} \quad (2.84)$$

图2.15所示为当 $Co = 0.5$ 和 $\Delta x = 0.01 \sim 0.05$m 时冯·诺依曼的分析结果。扩散数的对应值 $R = 0.1 \sim 0.5$。如图2.15所示,当 $\Delta x = 0.01$m 时数值模型是不适定的,这是一个众所周知的结果,来源于单程波对流扩散方程(Strang(2007))。随着网格的二次细化,这对时间步长形成了比Courant准则还要严格的约束。并且,在解的色散方面有另一个由Peclet数所决定的约束,这也被Strang(2007)解决。由于有这些困难,扩散项通常被简化处理。

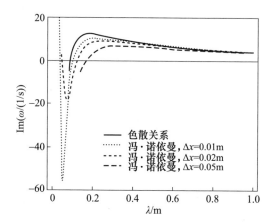

图 2.15 FOU 稳定性,显式扩散的影响($Co=0.5, R=0.1 \sim 0.5$)

2.5.4 一阶全隐式格式(含黏性项)

一个全隐式格式其优势在于不受 Courant 数限制。对于单程波方程的一阶隐式格式(见 B.4.2 节)现被应用于 FFM:

$$\frac{\alpha_i^{n+1}-\alpha_i^n}{\Delta t}+\frac{u_R^{n+1}\hat{\alpha}_R^{n+1}-u_L^{n+1}\hat{\alpha}_L^{n+1}}{\Delta x}=v\frac{\alpha_{i+1}^{n+1}-2\alpha_i^{n+1}+\alpha_{i-1}^{n+1}}{\Delta x^2} \quad (2.85)$$

$$\frac{u_j^{n+1}-u_j^n}{\Delta t}+u_j^{n+1}\frac{u_j^{n+1}-u_{j-1}^{n+1}}{\Delta x}-C\frac{\alpha_R^{n+1}-\alpha_L^{n=1}}{\Delta x}=v\frac{u_{j+1}^{n+1}-2u_j^{n+1}+u_{j-1}^{n+1}}{\Delta x^2} \quad (2.86)$$

对于此格式,冯·诺依曼矩阵如下:

$$N=\begin{bmatrix} e^{\frac{ik\Delta x}{2}}+\dfrac{2iu\Delta t\sin\dfrac{k\Delta x}{2}}{\Delta x}-\dfrac{2iv\Delta t(-1+e^{ik\Delta x})\sin\dfrac{k\Delta x}{2}}{\Delta x^2} \\[2ex] \dfrac{\alpha\Delta t(-1+e^{ik\Delta x})}{\Delta x} \\[2ex] -\dfrac{2iC\Delta t\sin\dfrac{k\Delta x}{2}}{\Delta x} \\[2ex] 1+\dfrac{u\Delta t(1-e^{-ik\Delta x})}{\Delta x}-\dfrac{2v\Delta t[-1+\cos(k\Delta x)]}{\Delta x^2} \end{bmatrix} \quad (2.87)$$

$$M=\begin{bmatrix} e^{\frac{ik\Delta x}{2}} & 0 \\ 0 & 1 \end{bmatrix} \quad (2.88)$$

隐式格式的主要优点在于可以运用长的时间步长。为了说明这一点,我们考虑时间步长大一个数量级,即对于不稳定性情况($C=1$)$Co=5$。图 2.16 表明了与半隐式格式相比,增长率被明显地抑制,即具有过度的数值黏性。图 2.17 也显示出具有过度的色散,这与附录 B.4.2 中结果相似。很明显,长的时间步长使得波的传播预测的精度变差,应当谨慎使用。当物质波传播现象是不相关的时候,如此长的时间步长才是合适的。

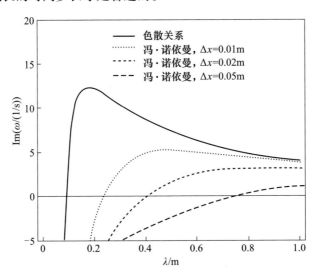

图 2.16　FOU 隐式格式稳定性,不稳定模型($Co=5$)

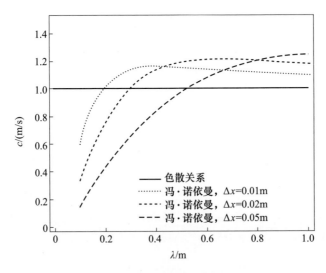

图 2.17　FOU 隐式格式稳定性,不稳定模型($Co=5$)

2.5.5 二阶半隐式格式

B.4.3 节介绍了适用于单程波方程的 Lax – Wendroff 二阶数值格式。从实用性考虑,针对 FFM,提出了一个不同的二阶数值格式,其中底层结构运用交错网格(图 2.9)。这个数值格式与 Lax – Wendroff 格式有相似的波传播特征。

式(2.37)和式(2.38)整理为如下格式:

$$\frac{\partial}{\partial t}\underline{\phi} = f_{\underline{\phi}}(\alpha^{n\pm k}, u^{n\pm k}, t^{n\pm k}) \quad (2.89)$$

其中,等号右侧函数 $f_{\underline{\phi}}$ 假设在有限差分格式的每一个时间层 $n\pm k$ 上都是已知的,并且通过处理 PDE 为 $2N$ 个常微分方程(ODE),时间被提前了。

对于在 i 处的 α 方程,有限差分函数为

$$f_{\alpha,i} = -\bar{u}\frac{\hat{\alpha}_R - \hat{\alpha}_L}{\Delta x} - \alpha_i\frac{u_R - u_L}{\Delta x} + \varepsilon\frac{\alpha_{i+1} - 2\alpha_i + \alpha_{i-1}}{\Delta x^2} + S_{\alpha,i} \quad (2.90)$$

对于在 j 处的 u 方程,有限差分函数为

$$f_{u,j} = -u_j\frac{\hat{u}_R - \hat{u}_L}{\Delta x} + C\frac{\alpha_R - \alpha_L}{\Delta x} + v\frac{u_{j+1} - 2u_j + u_{j-1}}{\Delta x^2} + S_{u,j} \quad (2.91)$$

式中:上划线表示一个单元内的平均值;标有"^"的变量在指定位置上并不存在;下角标"L"和"R"表示参考位置的"左"和"右"。

例如,在式(2.90)中,j 和 $j+1$ 围绕参考 i 位置,同样地,对于式(2.91),单元的中心 $i-1$ 和 i 围绕着参考 j 位置。当在左右位置需要变量时,它们被直接使用,例如在式(2.90)中,在 j 和 $j+1$ 处的 u。当变量在左、右位置并不存在,而是用加标"^"来表示时,表明它们是赋值的或者用临近位置的数值外推的。一个通量限制器被用于外推,将稍后讨论。扩散项用一个标准二阶中心差分格式离散。对于那些具有周期性边界条件的模拟,在域的开始和终点放置 3 个"虚拟"单元反映截然相反的条件。

对于外推变量有很多选择。其中两个明显的选择是一阶迎风(FOU)和二阶中心差分。对于一维 FFM,前面的章节阐明了带有边缘值的迎风,边缘值来自于 SWT 波方向的临近单元。问题是将 FOU 方法应用于对流项变量会添加大量的数值扩散,并且降低了整个格式的准确性。另外,考虑到将 FFM 方程看作两个简化的 PDE,将物理学考虑放在一边,可能会选择中心差分格式。然而,这可能会将整个有限差分格式保留为全部线性二阶差分模版,导致伪数值振荡,这对于当前的应用现状是不希望的,因为基本控制方程将是不稳定的。

为了增加准确性和加强稳定性,一个非线性通量限制器被用于外推变

量(Drikakis 和 Rider(2005),Tannehill 等(1997))。这意味着一些物理解释决定了"风"或流动的方向,在此通过 $c = u + \sqrt{-C\alpha}$ 的符号给出。此处使用 Waterson 和 Deconinck(2007)所介绍的常规分段限制器(GPL),因为它相对简单并且可以很容易转化成很多经典的格式。

对于式(2.90)中 α 变量的右侧值,通量限制器的结构为

$$\hat{\alpha}_R = \alpha_i + \frac{\Delta x_i}{2} \Psi(r) \left(\frac{\partial \alpha}{\partial x} \right)_{UD} \tag{2.92}$$

其中,r 为梯度比,定义为

$$r = \frac{\left(\frac{\partial \alpha}{\partial x} \right)_{CD}}{\left(\frac{\partial \alpha}{\partial x} \right)_{UD}} \tag{2.93}$$

式中:下标 CD 和 UD 分别表示 i 位置的中心差分和迎风差分。

在当前工作中,总是应用均匀网格,以便式(2.93)简化为

$$r = \frac{\alpha_{i+1} - \alpha_i}{\alpha_i - \alpha_{i-1}} \tag{2.94}$$

对于正向流动,即 $c > 0$。函数 $\Psi(r)$ 是通量限制器,且 GRL 格式如下:

$$\Psi(r) = \max \left\{ 0, \min \left[(2+a)r, \frac{1}{2}(1+k)r + \frac{1}{2}(1-k)r, M \right] \right\} \tag{2.95}$$

式中:a, k, M 为控制参数。

式(2.91)中剩余的变量及外推变量随着相邻单元位置适当的转换以同样的方式发现。

式(2.95)的 GPL 可以转换成几个经典通量限制器,例如,设定 $a = k = -1$,$M = 1$,转换成 Roe(1986)提出的 Minmod 格式,设定 $a = k = 0, M = 2$,转换成 van Leer(1979)提出的 MUSCL 格式。本书中,GPL 格式将设定 $a = 0, k = \frac{1}{2}, M = 4$,进而得到 Gaskell 和 Lau(1988)提出的归一化变量 SMART 格式。SMART 格式对于不连续解数据表现得更好,并且对于平滑数据其也比二阶格式准确性略高一些。SMART 格式被选定是因为提前知道 TFM 方程产生解有激波样的结构,即小范围空间内解迅速变化。需要指出的是,与 Minmod 格式和 MUSCL 格式不同,SMART 格式的限制器形式并不是精确地总变差递减(total variation diminishing,TVD)格式。然而,在原始规正变量形式下,它是不波动的,这与 TVD 是粗略等价的(Drikakis 和 Rider(2005))。GPL 也可以转换成由 Waterson 和 Deconinck(2007)概括的其他几种具有较少实际意义的格式。此外,通过设置限

制器为常数 $\Psi(r)=0$ 或者 $\Psi(r)=1$，FOU 和中心差分格式分别被恢复。

此时，为了时间推进，选择了一种 Runge–Kutta 方法。尽管标准四阶方法经常被运用，但一个保持稳定性强（strong stability preserving，SSP）的三阶方法被用于增加数值稳定性。本质上 SSP 格式暂时等价于 TVD 空间离散。由 Gottlieb 和 Shu(1998) 提出的最佳三阶、三步 (3–3) SSP Runge–Kutta 方法被用于近似方程式(2.89)，定义为

$$\begin{cases} \phi^{(1)} = \phi^n + \Delta t \cdot f_\phi(\alpha^n, u^n, t^n) \\ \phi^{(2)} = \frac{1}{4}\phi^{(1)} + \frac{3}{4}\phi^n + \frac{1}{4}\Delta t \cdot f_\phi(\alpha^{(1)}, u^{(1)}, t^{n+1}) \\ \phi^{(n+1)} = \frac{2}{3}\phi^{(2)} + \frac{1}{3}\phi^n + \frac{2}{3}\Delta t \cdot f_\phi\left(\alpha^{(2)}, u^{(2)}, t^{n+\frac{1}{2}}\right) \end{cases} \quad (2.96)$$

式中：Δt 为在 n 和 $n+1$ 层之间的时间步长，且由式(2.90)和式(2.91)给出差分函数。

这种方法最为广泛地使用了 SSP Runge–Kutta 格式，因为在计算上相对廉价，且有一个统一的 CFL 准则。考虑到 CFL 条件及扩散项显示方法的限值，合成的启发式的数值稳定性约束为

$$\Delta t \leqslant \min\left[\frac{\Delta x^2}{2v}, \frac{2v}{u_\infty^2}\right] \quad (2.97)$$

式中，假设 $\varepsilon = v$ 且 $u_\infty = \max|u_j|$。

最后，全局方法是混合了二阶中心差分、分数阶限流差分和一个三阶时间推进方法。这一组合方法的总准确性还是未知的，尽管人们希望其精度落在二阶与三阶精度之间。为了回答这一问题，也为了确定所产生的程序是否已经正确地执行了这些算法，在 2.6.4 节将会通过虚构解方法探讨程序验证问题。

B.4.4 节介绍了单程波方程的二阶隐式格式，其主要缺点是物质波色散大量增加，所以此方法并不适合于物质波的模拟，并且出于更高阶精度的目的，本书中也不会进一步探求此方法。

2.6 验　　证

2.6.1　Kreiss–Yström 方程

运用 FORTRAN 编程语言实现在前面章节中所描述数值方法。正如任何新开发的程序一样，需要进行验证工作。一般来说，验证分为程序验证和解（或者计算）验证（Roache(1998,2002)）。程序验证是为了确定数值算法执行是否正确（Oberkampf 和 Roy(2010)，Oberkampf 等(2004)），而解验证是处理量化给定

解的数值误差。

现有工作主要关注 Kreiss 和 Yström(2002)提出的偏微分方程组(PDE)(与 FFM 非常相似):

$$\frac{\partial \alpha}{\partial t} + u\frac{\partial \alpha}{\partial x} + \left[1 + \frac{\alpha}{2}\right]\frac{\partial u}{\partial x} = \varepsilon \frac{\partial^2 \alpha}{\partial x^2} - 2\alpha \qquad (2.98)$$

$$\frac{\partial u}{\partial t} + u\frac{\partial u}{\partial x} = v\frac{\partial^2 u}{\partial x^2} + C\frac{\partial \alpha}{\partial x} \qquad (2.99)$$

上述方程称为 KY 方程。我们在使用式(2.98)和式(2.99)的基础上,与上述公式建立者相比又有一些细微的区别。首先,在原始模型中参数 $C=1$。而这里所使用的可调节系数 C 作为一个改变"不稳定度"的工具,因为它在式(2.37)和式(2.38)中代表了 KH 准则。其次,黏度用不同的符号表示,尽管使用的数值相同。

在式(2.98)与 FFM 式(2.37)的明显差别中,黏度项很重要,因为它就如同是 TFM 中的人工黏度一样。另外,还有一个重要的区别,即约束 $0 \leq \alpha \leq 1$ 不存在。然而,KY 方程和 FFM 的动态相似性在接下来的两节中将会得到证明,并且第 4 章中 KY 方程的非线性分析是接近更加复杂的 FFM 的非线性行为的第一步,这将在后面讨论。

2.6.2 特征分析

FFM 和现有的 Kreiss 和 Yström(2002)方程组在某些重要方面是相关联的。作为初始和边界值问题(IBVP)不考虑更高阶的稳定性,两者都是有条件不适定的,即一阶方程组(可能)具有复杂的特征。两者预计都是线性不稳定的。增长率的大小线性正比于波数,不考虑稳定性以及对具有高阶稳定的高波数的平方性阻尼,两者都有相似的动态,即它们会产生相同波形。然而,Kreiss 和 Yström(2002)提出的数学模型在某些方面来看更加简单。对于不同的流动情况,甚至有一些条件会影响控制方程的微分形式,并不需要复杂的封闭条件。一些问题的动力学特征不受物理约束的限制(如通道高度),不需要特殊的数值技术。最终,可能是最重要的,"不稳定度"可以通过指定式(2.86)中 C 的常数值来直接控制。相反,在式(2.37)和式(2.38)的一维 TFM 中,系数并不是常数,是由当地流动条件决定的,所以在整个解决方案中模型的线性稳定性会变化,甚至根据流动条件从非双曲线型变成双曲线型。两 KY 方程的简化形式和增加的可控性是第 4 章非线性研究的第一步。

KY 方程式(2.98)和式(2.99)的向量形式为

$$A\frac{\partial}{\partial t}\underline{\phi} + B\frac{\partial}{\partial x}\underline{\phi} + D\frac{\partial^2}{\partial x^2}\underline{\phi} = \underline{F} \qquad (2.100)$$

式中,因变量矢量 $\underline{\phi} = [\alpha, u]^T$,源向量 $\underline{F} = [-2\alpha, 0]^T$,并且系数矩阵定义如下:

$$A = I, \quad B = \begin{bmatrix} u & 1 + \dfrac{\alpha}{2} \\ -C & u \end{bmatrix}, \quad D = \begin{bmatrix} -\varepsilon & 0 \\ 0 & -\nu \end{bmatrix} \quad (2.101)$$

式(2.99)的特征值如下:

$$c = u \pm i \sqrt{C\left(1 + \dfrac{\alpha}{2}\right)} \quad (2.102)$$

在不考虑扩散情况下,即 $\varepsilon = \nu = 0$,这些特征值确定了方程组的特征。式(2.102)表明对于 $C > 0$(且 $\alpha > -2$)其特征值是共轭复数。因此方程组作为一个初边值问题是不适定的。甚至当扩散矩阵也被包含时,复杂特征值是接下来讨论的线性增长的主要原因。另外,对于 $C < 0$(且 $\alpha > -2$)两个特征值都是实数的,并且方程组是双曲线型。在这种情况下,问题被显著简化,并且 KY 模型近似于修正的浅水理论模型。有很多关于浅水理论特性的研究,所以双曲线情况并不是主要关注点。对于 $\alpha < -2$ 情况,等价但是相反的分类出现,在此并不讨论。

2.6.3 色散关系

为了更好地突出扩散项的影响,关于带有一个极其小扰动叠加的初始参考态,即 $\underline{\phi} = \underline{\phi}_0 + \underline{\phi}'$,方程被线性化。此解被插入式(2.100),并且应用 3 个假设以便更好地简化所得到的方程:首先,最初参考态自动满足式(2.100),扰动的产物是可以忽略的,且参考态要么是稳定的或者参考态的长度尺度比施加的扰动更大,即 $\dfrac{\partial \phi_0}{\partial x} \ll \dfrac{\partial \phi'}{\partial x}$。剩余项定义线性扰动方程:

$$\dfrac{\partial \underline{\phi}'}{\partial t} + A_0 \dfrac{\partial \underline{\phi}'}{\partial x} + D \dfrac{\partial^2 \underline{\phi}'}{\partial x^2} - \dfrac{\partial \underline{F}_0}{\partial \underline{\phi}'^T} \underline{\phi}' = 0 \quad (2.103)$$

其中,A_0 和 $\underline{F}_0$ 在 $\underline{\phi}_0$ 中被评估。

通常,扰动被假设为一个行波,有

$$\underline{\phi}' = \hat{\underline{\phi}}' e^{i(kx - \omega t)} \quad (2.104)$$

式中:$\hat{\underline{\phi}}'$ 为振幅;k 为波数;ω 为角频率。

更直观的波长和频率变量分别与 $\lambda = 2\pi/k$ 和 $f = \omega/2\pi$ 相关。总的来说,角频率是复杂的并且由式(2.104)可知,当虚部为正时,扰动将会指数增长。通过 $c = \omega_R/k$,波速由角频率的实部和波数确定。

将式(2.104)代入式(2.103),得

$$\left(-\mathrm{i}\omega + \mathrm{i}k\boldsymbol{A}_0 + (\mathrm{i}k)^2 \underline{\underline{\boldsymbol{D}}} - \frac{\partial \boldsymbol{F}_0}{\partial \underline{\boldsymbol{\phi}}'^{\mathrm{T}}} \right) \boldsymbol{\phi}' = 0 \qquad (2.105)$$

要想存在非平凡解,式(2.105)的系数矩阵需是奇异的,即

$$\det\left[\omega - k\boldsymbol{A}_0 + \mathrm{i}k^2 \underline{\underline{\boldsymbol{D}}} + \mathrm{i}\frac{\partial \boldsymbol{F}_0}{\partial \underline{\boldsymbol{\phi}}'^{\mathrm{T}}} \right] = 0 \qquad (2.106)$$

求解式(2.106)得到角频率,即

$$\omega = ku_0 - \frac{\mathrm{i}}{2}\left\{ (\varepsilon+\upsilon)k^2 + 2 \pm \sqrt{\left[(\varepsilon-\upsilon)k^2+2\right]^2 + (2c_i k)^2} \right\} \qquad (2.107)$$

式中:c_i 为式(2.102)中推导的特征值的虚部。

对于 $\alpha_0 = u_0 = 1, C = 1$,角频率的较大虚根如图 2.18 所示。考虑到 $\varepsilon = \upsilon$,有

$$\omega = uk - \mathrm{i}\upsilon k^2 \pm k\sqrt{-C\left(1+\frac{\alpha}{2}\right)} \qquad (2.108)$$

这一色散关系相似于 $\varepsilon = \upsilon, \sigma = 0$ 时 FFM 方程式(2.42):

$$\omega = uk - \mathrm{i}\upsilon k^2 \pm k\sqrt{-C\alpha} \qquad (2.109)$$

模型在非黏性限制下是不适定的,即 $\varepsilon = \upsilon = 0$。图 2.18 展示了 $\alpha = 0.5, u = 1\mathrm{m/s}$, $C = 1, \upsilon = 0, 0.01\mathrm{m/s}^2$ 时的色散关系,式(2.37)和式(2.38)的动态相似变得明显。

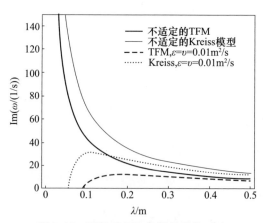

图 2.18 FFM 和 KY 色散关系的对比

从式(2.108)可以看出,当忽略扩散,$\varepsilon = v = 0$,增长率 ω_1 将会有一个表示指数增长的正分量,不适定行为将非常明显:一个无限短波长扰动($k \to \infty$)带来了无限大增长率($\omega_1 \to \infty$)。对于较大 k 值,增长率近似线性,这是由于源项带来的恒定阻尼的缘故。在某些情况下,一维 TFM 中也可以看到线性增长率,并且线性增长率具有 Kelvin-Helmholtz 不稳定性的典型特征,这已嵌入模型方程中。

如果黏度都是正的常数,线性稳定性将急剧改变,而不是向渐近线靠拢,稳定性曲线会向下弯并趋近于负无穷,即 $k \to \infty$。对于特殊情况 $\varepsilon = v$,式(2.107)的虚部化简为 3 个分量:一个来自源项的负的常数分量,一个来自潜在不适定的正的线性分量;一个源于扩散项的负二次项。合并结果是对于波数范围在 $k \in (0, k_0)$ 时增长率为正,而对于 $k \in (k_0, \infty)$ 增长率为负,如图 2.18 所示。截止波数的值由 $k_0 = v^{-1}\sqrt{c_i^2 - 2v}$ 确定。在增长区,有一个单一最大的增长率,即临界增长率,由 $\omega_c = \dfrac{c_i^2}{4v} + \dfrac{v}{c_i^2} - 1$ 确定,发生在临界截止波数 $k_c = \sqrt{\dfrac{c_i^2}{4v^2} - \dfrac{1}{c_i^2}}$ 时。

虽然仍然存在着指数增加,但这种线性不稳定性在物理上是可以接受的。若波长足够长并在短波长范围内衰减,扰动将会增长。最后,值得一提的是,无论如何 KY 方程都不会色散,这是因为角频率的实部总与 k 成正比,所以波速为常数,即 $c = u$(Whitham(1974))。

KY 方程的线性稳定性能以及它是如何被黏度所影响,这些都与一维 TFM 相似。特别是,为了得到以很短波长衰减的截止波数,二阶扩散项必须添加到所有方程中,即使没有什么物理缘由。值得一提的是,一维 TFM 和 KY 方程都可以被正则化为带有一个动力学或者紊流黏度和一个与表面张力有关的三阶项。这种方法引入色散会增加问题的复杂性,在此并不探究。

2.6.4 虚构解方法

测试程序正确性(错误或漏洞)和准确性的最简单方式是将数值解与已知的准确的解析解进行比较。不幸的是,KY 方程并没有已知的且足够复杂足以测试所有项的解。当然 $\alpha(x,t) = 0$ 和 $u(x,t) = A$,其中 A 是任何常数,是式(2.98)和式(2.99)的解,但是它并不能提供有用的信息来评估程序的准确性(尽管零解可能对于检测程序的正确性有用)。幸运的是,这个问题有一个聪明的补救办法,即简单地虚构一个解,不用考虑是否足够完全满足控制 PDE。然后,如果虚构解并不完全满足控制 PDE,直接确定剩余源项,这将会修改方程使得虚构解成为一个精确解。这种方法通常称为虚构解方法(MMS)。

首先,它有助于将 KY 方程写成一对算子,即

$$L_\alpha(\alpha,u) = \frac{\partial \alpha}{\partial t} + u\frac{\partial \alpha}{\partial x} + \left(1 + \frac{\alpha}{2}\right)\frac{\partial u}{\partial x} - \varepsilon\frac{\partial^2 \alpha}{\partial x^2} + 2\alpha \qquad (2.110)$$

与

$$L_u(\alpha,u) = \frac{\partial u}{\partial t} + u\frac{\partial u}{\partial x} - C\frac{\partial \alpha}{\partial x} - \mu\frac{\partial^2 u}{\partial x^2} \qquad (2.111)$$

然后,在算子形式下,对于一些 $\alpha(x,t)$ 和 $u(x,t)$(它们是式(2.98)和式(2.99)的精确解),KY 方程变成了 $L_\alpha(\alpha,u) = L_u(\alpha,u) = 0$。根据文献 Roache(1998),行波被选为虚构解:

$$\tilde{\alpha} = 2 + 0.5\sin[\tilde{k}(x - \tilde{c}t)], \quad \tilde{u} = 1 + 0.5\sin[\tilde{k}(x - \tilde{c}t)] \qquad (2.112)$$

然后,将虚构解代入式(2.100)和式(2.101)的算符,并得到

$$L_\alpha(\tilde{\alpha},\tilde{u}) = \tilde{k}\left(\frac{3}{2} - \frac{\tilde{c}}{2}\right)\cos[\tilde{k}(x - \tilde{c}t)] + \left(1 + \frac{\varepsilon \tilde{k}^2}{2}\right)\sin[\tilde{k}(x - \tilde{c}t)] +$$

$$\tilde{k}\frac{3}{16} \times \sin[2\tilde{k}(x - \tilde{c}t)] + 4 = S_\alpha(x,t) \qquad (2.113)$$

与

$$L_u(\tilde{\alpha},\tilde{u}) = \frac{\tilde{k}}{2}\left\{1 - \tilde{c} - C + \frac{1}{2}\sin[\tilde{k}(x - \tilde{c}t)]\right\}\cos[\tilde{k}(x - \tilde{c}t)] +$$

$$\frac{\upsilon \tilde{k}^2}{2}\sin[\tilde{k}(x - \tilde{c}t)] = S_u(x,t) \qquad (2.114)$$

这便定义了源项 $S_\alpha(x,t)$ 和 $S_u(x,t)$,需要修改 KY 方程以便式(2.99)和式(2.100)的虚构解是精确解。这个过程也可以称为虚构方程方法,因为它实际上是控制方程,而这些控制方程被改变,从它们的原始形式 $L_\phi(\alpha,u) = 0$ 得到一个修正形式 $L_\phi(\alpha,u) = S_\phi(x,t)$,为的就是使得挑选的解成为精确解。

以在式(2.113)和式(2.114)中定义的源项作为式(2.90)式(2.91)在离散空间位置 x_i 或者 x_j 以及时间层 t^n 处的有限差分函数中的源。初始条件由 $t=0$ 时刻的虚构解给出。应用周期性边界条件以便不需要从虚构解中确定特定的边界值。但是区域或解需要设置,以便有一个整数周期。程序计算解和虚构精确解之间的误差将用全局 L_2 范数进行评估,其定义为

$$e_2(\phi) = \frac{\sqrt{\sum_i^N[\phi_i - \tilde{\phi}(x_i)]^2}}{\sqrt{\sum_i^N[\tilde{\phi}(x_i)]^2}} \qquad (2.115)$$

用于 MMS 的粗网格数 $N=25$ 个,并且节点被相继加倍,即 Δx 被减半,达到 $N=800$ 个。网格数 N 和加倍网格数 $2N$ 之间的收敛速度为

$$O = \frac{\ln\left[\frac{e_2(\phi_{2N})}{e_2(\phi_N)}\right]}{\ln\left[\frac{\Delta x_{2N}}{\Delta x_N}\right]} \tag{2.116}$$

式(2.116)给出了在网格尺寸 $3N/2$ 附近程序的阶精度。在目前的工作中,网格加密通常是通过加倍节点数完成,所以式(2.116)的分母是 $\ln(1/2)$。并且时间步长应该与网格一致进行加密,这可能会存在问题,因为对于足够小的 Δx 时间步长被 Δx^2 限制。针对每一种情况,比率 $r_\Delta = \Delta t/\Delta x$ 设置为常数以便式(2.97)的数值稳定性条件满足所有网格。

首先,选择最简单的波形,即式(2.112)中 $\tilde{k} = \tilde{c} = 1$,所以解在空间和时间上具有 2π 周期。范围(域)是 $x \in [-\pi, \pi]$,并且在 $t = 2\pi$ 时误差将会被评估以便在时间和空间上都给出一个周期。针对每一个网格时间步长的设定源于比值 $r_\Delta = \Delta t/\Delta x = 0.0125$。MMS 并不起作用,且计算解偏离了虚构解,这可能是意料之中的。传统细化图的表格并没有给出,因为它们没有提供太多信息。对于论证,重要的不仅仅是解发散,而且还有它是如何发散的。

图 2.19 所示为在 4 种不同网格下每个变量误差随时间的变化(两种粗网格不被考虑,因为截断误差开始影响发散率)。图 2.19 中除了最佳网格外,直线是 $e^{\omega_c(t-t^*)}$,其中 ω_c 是由精确解的平均 α 计算得到,且 t^* 是任意常数。这表示对于每一种情况有一个初始瞬态过程,在此之后误差指数增长且临界增长率大约一致。除了这段时间外,解要么发散到无穷大,要么达到一个渐近值。关于这一差别的讨论将推后到 4.3.4 节的最后。

图 2.18 表明当 MMS 不奏效时,它失效的方式可以被 2.6.3 节的线性稳定性分析所预测。通过两种方式误差被引入计算中:在源项有限精度表示中引入的舍入误差和在微分方程有限差分表示中引入的截断误差。虽然,这些误差最初非常小,但线性稳定分析预测表明,即使极小的扰动也可能会随时间指数增长。因此,为了进行程序验证,需要做一些调整。

最明显的改变是:通过调整模型或者调整虚构解,使模型双曲线化。通过设置 $C = 1$,针对前面章节的虚构解,使得模型双曲线化,并且收敛性被确认。然而这种程序验证会引出一些问题,换句话说,这样的方法可能对其他相似的模型并不适用,例如,一维 TFM。

在不改变解或者方程形式的情况下,有另一种选择:缩小问题的几何,以便

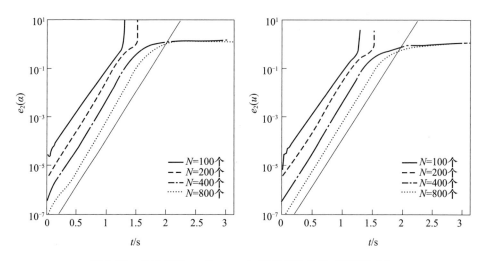

图 2.19 针对情况 $x \in [-\pi, \pi]$,数值方法发散,直线表示由线性理论预测的平均临界增长率

范围(域)并不能涵盖具有正增长率的波长,即 $L \leq \lambda_0$。在虚构解中,使用 α 的最大值,最大截止波数 $k_0 = 20\sqrt{2.15} \approx 29.3$。因此,范围(域)被缩小到 $x \in [-\pi/30, \pi/30]$,所以可能的最大波长小于 λ_0,且不可能出现线性增长。虚构解的波数被修正:$\tilde{k} = 30$,以便适合新范围(域),但保留以前的波速($\tilde{c} = 1$),所以在一个周期 $t = 2\pi$,误差仍然被评估。每一个网格的时间步长由 $r_\Delta = \Delta t / \Delta x = 0.004$ 决定。

随着网格的加密,误差减少。每一个网格对应误差如表 2.1 所列,收敛行为如图 2.20 所示。表 2.1 也给出了两个网格之间的收敛速度,由表可知本方法的阶精度要略好于二阶精度。收敛速度本身有明显的收敛特性,这一点被使用 MMS 的其他学者提到过(Burg 和 Murali (2006))。对于粗网格,加密带来近乎三阶精度,如图 2.20 所示。然而,随着网格的进一步加密,阶精度减小到接近二阶精度,如图 2.20 所示。需要指出的是,此处收敛速度只适用于平滑数据(解)。不连续的或者分段连续的解将在下面的章节中加以讨论。

对于某些模型,用如此小的范围(域)可能并不适用,但这不是程序验证所要关心的问题。这提供了一种方法可以进一步分辨不适定性模型与正则化模型,因为对于不适定性模型并不存在 MMS 的适用范围(域)。最后,需要指出,我们仍不知道数值方法(以及任何一种时间推进格式)对于此种问题是否合适,但是通常这对于 MMS 或者程序验证并不重要。因为程序验证唯一需要确认的是程序是否正常工作,而这点已经得到了证明。

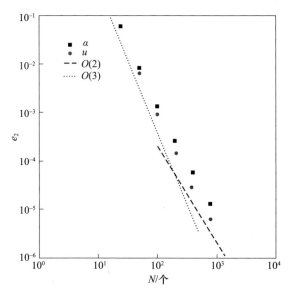

图 2.20 对于第二种 MMS 情况的收敛速度($x \in [-\pi/30, \pi/30]$)(见彩图)

表 2.1 在两个连续网格之间的误差和收敛率($x \in [-\pi/30, \pi/30]$)

N	α		u	
	e_2	O	e_2	O
25	5.860×10^{-2}	—	5.187×10^{-2}	—
50	8.345×10^{-3}	2.81	6.568×10^{-3}	2.98
100	1.363×10^{-3}	2.61	9.103×10^{-4}	2.85
200	2.652×10^{-4}	2.36	1.501×10^{-4}	2.60
400	5.817×10^{-5}	2.19	2.925×10^{-5}	2.36
800	1.363×10^{-5}	2.09	6.410×10^{-6}	2.19

2.6.5 水龙头问题

Ransom(1984)提出水龙头问题(见 B.5.5 节)是一种稳定的 SWT 情况,即 $C=0$,伴有空穴跳跃。本节的目的是验证带有水龙头问题的数值 FFM,以便评估不连续解的影响。均匀的初始条件为 $\alpha_{10} = 0.8$ 和 $u_{10} = 10 \text{m/s}$。入口处边界条件是 α_{10} 和 u_{10} 保持为常数。对于 $L = 12\text{m}, \rho_1 = 1000 \text{kg/m}^3, \rho_2 = 1 \text{kg/m}^3, C = 0$ 以及源项 $F = g$,对 SWT 方程式(2.47)和式(2.48)解析求解,推导见 B.5.5 节,结果如下:

$$x < u_{10}t + \frac{1}{2}gt^2 \rightarrow \alpha_1(x,t) = \frac{\alpha_{10}u_{10}}{\sqrt{u_{10}^2 + 2gx}}, \quad u_1(x,t) = \sqrt{u_{10}^2 + 2gx} \quad (2.117)$$

或

$$\alpha_1(x,t) = \alpha_{10}, \quad u_1(x,t) = u_{10} + gt \quad (2.118)$$

2.5.5 节提到的二阶半隐式格式,包括 SMART 通量限制器,在接触间断存在时被验证。在 $t=0.5\mathrm{s}$,$C_0=0.5$ 时,解如图 2.21 所示。有一个小的下冲,刚好在峰之前,但在其他方面解表现出了令人满意的收敛。

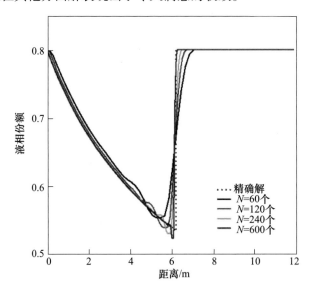

图 2.21　水龙头问题的数值解($t=0.5\mathrm{s}$,SSP2 – SMART 格式)(见彩图)

为了量化两个二阶格式的收敛性,针对液相份额,L_1 的误差计算如下:

$$L_1(\alpha) = \frac{1}{N}\sum_{i=1}^{N}|\alpha_i - \alpha_{\mathrm{exact}(x_i)}| \quad (2.119)$$

如图 2.22 所示,误差作为一个网格数的函数在双对数坐标下具有线性斜率,并决定了全局阶精度。与图 2.20 中所示的连续情况相比,对于两个更高阶格式,收敛速度显著降低。这种降低被 Banks 等(2008)解释为线性退化波。FOU、SSP2 – MM、SSP2 – SMART 格式的收敛速度(图 2.22)极其接近于 Banks 等(2008)推导的理论误差 L_1,即 $O\left(\frac{1}{2}\right)$ 对于 FOU 格式且 $O\left(\frac{2}{3}\right)$ 对于 SSP2 – MM 格式。SSP2 – SMART 格式表现得稍好一些,即近似 $O(0.77)$。

最终,需要说明的是 Banks 等(2008)提出的线性理论适用于水龙头问题这样一个非线性问题的原因。在空穴跳跃的附近,依据式(2.117)和式(2.118),

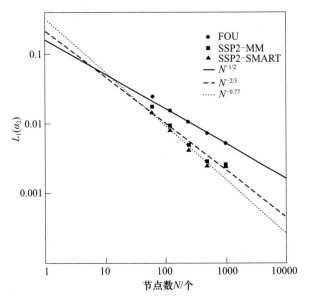

图 2.22 3 种不同格式的收敛速度

速度是连续的,尽管其一阶导数并不连续。因此,在空穴跳跃任何一侧的速度是相等的。因为特征值由速度给出,所以空跳速度 $u(x_d(t))$ 和水龙头问题描述了一种接触间断(Lax(1972)),这属于线性退化,并不像物质激波对于 $C>0$ 有不连续速度(见 B.5.3 节)。

2.7 KH 不稳定性

本节的目的是通过对比一个适定 FFM 与一个不适定模型,说明 Kelvin - Helmholtz 不稳定性在水平分层流动中的行为。KH 不稳定性在一维 TFM 框架内已经是重要的研究主题。Taitel 和 Dukler(1976)在线性稳定性理论内利用其预测流型从分层流到弹状流的转变。在他们较为简单的解释中,一维 TFM 在流型转变中会变得不适定,如 2.4.1 节所阐述。然而,Ramshaw 和 Trapp(1978)证明,即使是在 KH 不稳定的时候,增加表面张力也会使得模型适定。很少有研究提及关于 KH 不稳定的 TFM 的非线性稳定性问题,并且由于 SWT 并没有考虑到 $C>0$ 的情况,所以也就没有等效分析。这个问题将会在接下来的两章中加以详细论述。当模型是不完整的时候,动力学不稳定的 TFM 因此是唯一的,并且表现出不适定的行为。

"双波"仿真首次由 Holmås 等(2008)介绍,在这里加以考虑。初始条件是一个相对大振幅的长波,并伴有一个低幅高频,即短波长扰动叠加在其上面。短波长的长度是任意的,如 1cm,但与毛细波相似。一个高斯函数被用于大波,代替 Holmås 等(2008)使用的单个正弦波(它的两端有一个不连续的导数),即

$$\alpha_l(x,t=0) = 0.5 + 0.1e^{-256\left(x-\frac{L}{2}\right)^2} + 0.002 \times \sin\frac{2\pi x}{0.01024} \quad (2.120)$$

针对初始波增长的近似线性阶段,$\rho_1 = 1000\text{kg/m}^3$,$\rho_2 = 1\text{kg/m}^3$,$u_1 = 0.2\text{m/s}$,$C = 1(u_2 - u_1 = 12.2\text{m/s})$,$\varepsilon = v = 0$,$F = 0$,$H = 0.15\text{m}$,有或无表面张力,即 $\sigma = 0.07\text{N/m}$ 或 0 的情况,得到了 KH 不稳定 FFM(式(2.37)和式(2.38))的仿真结果。边界条件是周期性的。根据色散分析,短波长波纹将消失,如果模型是适定的,大波将会随着时间逐渐增长。

图 2.23(b)所示为带有表面张力的 FFM 的仿真结果(适定的问题)。高频波在线性稳定性分析所预测得到的截止频率之下,且当大波增长时,它就会被抑制。另外,图 2.23(a)所示为当不考虑表面张力时,即模型是不适定的,高频率波有一个更快的增长率,并且短时间后在解中占有重要地位。

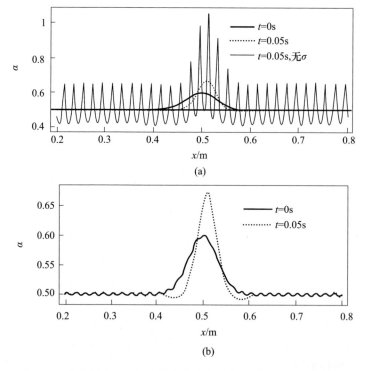

图 2.23　带有超出 KH 阈值的非常小的波长扰动的 FFM 波的演变
──初始条件;┈┈适定的;──不适定的。

2.8 总结与讨论

对于水平或者近乎水平分层流动,一维 TFM 被简化为两方程 FFM,以便帮助物质波的局部稳定性分析。首先,利用不可压缩假设去除声波,只留下物质波。然后,利用定通量假设去除非常长的物质波不稳定性。最后,模型在 $\gamma_\rho \to 0$ 的极限下被化简为 SWT 方程,这允许 Whitham(1974)提出的表面波动分析被用于 TFM。定义了动力学 KH 不稳定性和运动学 SWT 不稳定性。由于简化的 FFM 方程使得统一处理成为可能,在统一处理下,利用特征值法与色散分析得到了一些关于两种不稳定性的结果。

特征分析表明,当超过 KH 准则时,FFM 会变得不适定。因为两相速度间的跃变,出现了这一独特的 KH-TFM 条件,并且对于单相流模型并不会出现此条件,除了例外的多维欧拉涡层问题。色散分析证明,黏性或表面张力,两者都能稳定单相界面剪切层问题,使得 TFM 适定,尽管在这过程中,仍然缺少剪切层物理现象。此外,他们还改变了物质波的特性,在考虑黏度情况下,物质波从双曲线型变为抛物线型。因此,适定的 TFM 是双曲-抛物线型的,就像 Navier-Stokes 方程。此线性结果是必要但不充分,因为 TFM 也必须是李雅普诺夫稳定的,即波增长必是有界的。在第 4 章,我们将利用会导致极限环和混沌的黏性一维 FFM 的非线性仿真来说明李雅普诺夫稳定性。

色散分析也会引起由 Whitham(1974)提出的 SWT 不稳定性,SWT 不稳定性在较低气流流速下才会发生并且被用于预测流动向波状流的过渡。基于此条件,针对从分层向波状流转变的稳定边界,推导了一个解析表达式。最后,波的掩蔽效应被纳入模型中,与 Vallee 等(2010)的流型过渡实验数据吻合的很好。

利用冯·诺依曼方法,分析了一阶有限差分格式的数值稳定性。尽管这些格式早已被人们很好地理解,但当 TFM 不适定时,应用它们却要面对独特的挑战。研究发现,当 FOU 方法用于正则化一个不适定的 TFM 时,也会导致在某些情况下不收敛,当很容易地满足了数值格式必须是稳定的且无色散的需求时,过多稳定性不仅可能造成预期的短波耗散,还可能导致长波耗散,这可能是不利的。

为适定的 FFM 开发了一个带通量限制器的二阶格式。通过虚构解的方法(Roache(1998,2002))验证了它的收敛性,并且通过水龙头问题,它处理接触间断的能力也被验证了。贯穿全书,这个数值解法被用于 FFM 非线性行为的仿真。最后,针对由 KH 不稳定性所引起的初始物质波增长近乎线性的阶段,应用此模型开展了仿真研究。一个适定的和不适定的 FFM 的对比阐明了在不适定的条件下初始近乎线性的行为,而非线性仿真在接下来的两章中将会涉及。

针对 FFM 发展的稳定性分析方法将会在第 3 章中应用于一个完整的 TFM。

参考文献

Anshus, B. E. , & Goren, S. L. (1966). A method of getting approximate solutions to Orr-Sommerfeld equation for flow on a vertical wall. *AIChE Journal*, 12(5), 1004.

Arai, M. (1980). Characteristics and Stability Analyses for Two-Phase Flow Equation Systems with Viscous Terms. *Nuclear Science and Engineering*, 74, 77-83.

Banks, J. W. , Aslam, T, and Rider, W. J. (2008). On sub-linear convergence for linearly degenerate waves in capturing schemes. *Journal of Computational Physics*, 227, 6985 – 7002.

Barmak, I. , Gelfgat, A. , Ullmann, A. , Brauner, N. , & Vitoshkin, H. (2016). Stability of stratified two-phase flows in horizontal channels. *Physics of Fluids*, 28, 044101.

Barnea, D. , & Taitel, Y. (1993). Kelvin-Helmholtz stability criteria for stratified flow: Viscous versus nonviscous(inviscid) approaches. *International Journal of Multiphase Flow*, 19, 639 – 649.

Barnea, D. & Taitel, Y. (1994). Interfacial and Structural Stability of Separated Flow. *International Journal of Multiphase Flow*, 20, 387 – 414.

Benjamin, T. B. (1959). Shearing flow over a wavy surface. *Journal of Fluid Mechanics*, 6, 161 – 205.

Brauner, N. , & Maron, D. M. (1993). The role of interfacial shear modelling in predicting the stability of stratified two-phase flow. *Chemical Engineering Science*, 48(16), 2867 – 2879.

Burg, C. O. E. , & Murali, V. K. (2006). The residual formulation of the method of manufactured solutions for computationally efficient solution verification. *International Journal of Fluid Dynamics*, 20(7), 521 – 532.

Cohen, L. S. , & Hanratty, T. J. (1965). Generation of waves in the concurrent flow of air and a liquid. *AIChE Journal*, 11(1), 138 – 144.

Drazin, P. G. , & Reid, W. H. (1981). *Hydrodynamic stability*. Cambridge: Cambridge University Press.

Drew, D. A. , & Passman, S. L. (1999). Theory of multicomponent fluids. In *Applied mathematical sciences*. Berlin: Springer.

Drikakis, D. , & Rider, W. (2005). *High resolution methods for incompressible and low-speed flows*. Berlin: Springer.

Gaskell, P. H. , & Lau, A. K. C. (1988). Curvature-compensated convective transport: SMART, a new boundedness-preserving transport algorithm. *International Journal for Numerical Methods in Fluids*, 8, 617 – 641.

Gidaspow, D. (1974, September 3 – 7). Round table discussion(RT – 1 – 2): Modeling of two-phase flow. In *Proceedings of 5th International Heat Transfer Conference*, Tokyo, Japan.

Gottlieb, S. , & Shu, C. – W. (1998). Total variation diminishing Runge-Kutta schemes. *Mathematics of Computation*, 67, 73 – 85.

Henry, R. E. , Grolmes, M. A. , & Fauske, H. K. (1971). *Pressure-pulse propagation in two-phase one- and two-component mixtures. Technical Report ANL-7792*. Argonne National Laboratory.

Holmås, H. , Sira, T. , Nordsveen, M. , Langtangen, H. P. , & Schulkes, R. (2008). Analysis of a 1D incompressible Two-Fluid model including artificial diffusion. *IMA Journal of Applied Mathematics*, 73, 651 – 667.

Ishii, M. , & Hibiki, T. (2006). *Thermo-fluid dynamics of two-phase flow*(1st ed.). New York: Springer.

Keyfitz, B. L., Sever, M., & Zhang, F. (2004). Viscous singular shock structure for a non-hyperbolic Two-Fluid model. *Nonlinearity*, *17*, 1731–1747.

Kocamustafaogullari, G. (1985). Two-Fluid modeling in analyzing the interfacial stability of liquid film flows. *International Journal of Multiphase Flows*, *11*, 63–89.

Kreiss, H. -O., & Yström, J. (2002). Parabolic problems which are ill-posed in the zero dissipation limit. *Mathematical and Computer Modelling*, *35*, 1271–1295.

Kushnir, R., Segal, V., Ullmann, A., & Brauner, N. (2014). Inclined two-layered stratified channel flows: Long wave stability analysis of multiple solution regions. *International Journal of Multiphase Flow*, *62*, 17–29.

Lax, P. D. (1972) Hyperbolic Systems of Conservation Laws and the Mathematical Theory of Shock Waves, SIAM, Philadelphia, USA.

Lighthill, M. J., & Whitham, G. B. (1955). On kinematic waves I. Flood movement in long rivers. *Proceedings of Royal Society of London*, *229*, 281.

Lopez de Bertodano, M. A., Fullmer W., Vaidheeswaran, A. (2013). One-Dimensional Two-Equation Two-Fluid Model Stability. *Multiphase Science and Technology*, *25*(2), 133–167.

Oberkampf, W. L., & Roy, C. J. (2010). *Verification and validation in scientific computing*. Cambridge: Cambridge University Press.

Oberkampf, W. L., Trucano, T. G., & Hirsch, C. (2004). Verification, validation and predictive capability in computational engineering and physics. *Applied Mechanics Reviews*, *57*(5), 345–384.

Ramshaw, J. D., & Trapp, J. A. (1978). Characteristics, stability and short wavelength phenomena in two-phase flow equation systems. *Nuclear Science and Engineering*, *66*, 93–102.

Ransom, V. H. (1984). Benchmark numerical tests. In G. F. Hewitt, J. M. Delhay, & N. Zuber(Eds.), *Multiphase science and technology*. Washington, DC: Hemisphere.

Richtmyer, R. D., & Morton, K. W. (1967). *Difference methods for initial-value problems* (2nd ed.). New York: Interscience.

Roache, P. J. (1998). *Verification and validation in computational science and engineering*. Albuquerque: Hermosa.

Roache, P. J. (2002). Code verification by the method of manufactured solutions. *Journal of Fluids Engineering*, *124*, 4–10.

Roe, P. L. (1986). Characteristic-based schemes for the Euler equations. *Annual Review of Fluid Mechanics*, *18*, 337–365.

Stadtke, H. (2006). *Gasdynamic aspects of two-phase flow: Hyperbolicity, wave propagation phenomena, and related numerical methods*. Weinheim, Germany: Wiley-VCH.

Strang, G. (2007). *Computational science and engineering*. Wellesley, MA: Wellesley-Cambridge.

Taitel, Y., & Dukler, A. E. (1976). A model for prediction of flow regime transitions in horizontal and near horizontal gas-liquid flow. *AIChE Journal*, *22*, 47–55.

Tannehill, J. C., Anderson, D. A., & Pletcher, R. H. (1997). *Computational fluid mechanics and heat transfer*. Washington, DC: Taylor & Francis.

Tiselj, I., & Cerne, G. (2000). Some comments on the behavior of the RELAP5 numerical scheme at very small time steps. *Nuclear Science and Engineering*, *134*, 306–311.

Vallee, C., Lucas, D., Beyer, M., Pietruske, H., Schutz, P., & Carl, H. (2010). Experimental CFD grade data for stratified two-phase flows. *Nuclear Engineering and Design*, 240, 2347 – 2356.

van Leer, B. (1979). Towards the ultimate conservative difference scheme. V. A second-order sequel to Godunov's method. *Journal of Computational Physics*, 32, 101 – 136.

Wallis, G. B. (1969). *One-dimensional two-phase flow*. New York: McGraw-Hill.

Waterson, N. P., & Deconinck, H. (2007). Design principles for bounded higher-order convection schemes—A unified approach. *Journal of Computational Physics*, 224, 182 – 207.

Whitham, G. B. (1974). *Linear and nonlinear waves*. New York: Wiley.

第3章
两流体模型

摘要: 本章对水平分层流开展四方程不可压缩 TFM 的稳定性分析,得到其特征方程和色散关系。一种用于当前商用反应堆安全分析程序的基于半隐式一阶迎风(first-order upwind,FOU)格式的冯·诺依曼分析方法将被用来与色散分析进行比较。然后,一种二阶有限差分格式将被构建用于改进 Ransom 水龙头问题(Ransom(1989))。与前一章的不同之处在于通量不是固定的时空常数。去除前一章的固定通量条件,引入隐式压力泊松技术,使得算法更加精细。

针对可用来验证模型的 Thorpe 实验,本章也介绍了四方程 TFM 的非线性模拟(Thorpe(1969))。本章的主要成果是表面张力和耗散 Reynolds 应力被一起用于经过验证的具备模拟局部不稳定能力的适定的 TFM。虽然,在工业一维 TFM 程序中忽略了这些机理,但它们确实强烈的影响着 KH 不稳定流动的数值模拟,其原因如下:它们会为 TFM 的线性和非线性稳定提供物理机理,并且它们允许数值模型在统计学上收敛。

3.1 引 言

前一章中为定通量模型(FFM)提供的方法将在本章中应用于四方程 TFM,更加关注局部的物质波不稳定性,并根据 Fullmer(2014)所提出的方法探究其非线性演化过程。四方程 TFM 在数学形式上比 FFM 更复杂——虽然物质波的结果是相似的,但四方程 TFM 模型在方程式中体现了压力的作用,这使得其可以模拟声波(Stadtke(2006))和系统的瞬态变化。另外,无固定通量条件使得整体物质波和不稳定性(如密度波振荡)有解,这将在第 6 章讨论。

本章将首先对局部的物质波稳定性进行分析。在结果形式上与第 2 章内容存在相似性，但这里取消低密度比假设。其次，将对几种应用于求解完整 TFM 方程组的有限差分格式进行深入地讨论。主要的区别在于第 2 章是 Harlow 和 Welch（1965）的压力泊松方程技术，这是工程应用中选择的方法。这里需要强调的是 FOU 格式，因为它是目前在核反应堆安全社区中使用的方法。然后，对使用不同通量限制器的两种二阶格式进行了比较。用简单的正弦波测试和非线性水龙头问题对数值格式进行了验证。对水龙头问题的物质波不连续性尤其感兴趣，这是因为连续性激波的形成提供了一种非线性的黏性耗散机制，由 Kreiss 和 Yström（2006）确定，增强了 TFM 李雅普诺夫稳定性。

最后，除 KH 不稳定性外，利用 Thorpe（1969）的实验对近乎水平的波状流进行了验证。验证表明，TFM 波的非线性行为将在第 4 章进行更全面的非线性稳定性分析。

3.2 不可压缩两流体模型

2.2 节介绍的不考虑声波作用的不可压缩两流体方程是研究近水平流动的物质波或空泡波稳定性的起点。下面简要回顾线性稳定性理论，以确定更好的模型选择。Ramshaw 和 Trapp（1978）在 TFM 中考虑表面张力的作用使之适定，这是一个恰当的短波物理稳定问题。此外，还有几种通过引入虚拟参量来使方程组正则化的方法。Holmås 等（2008）研究了虚拟黏性项对 TFM 稳定性的影响，并得到了一个适定的方程组。然而，该方法需要在连续性方程中引入黏性项。这并不符合 TFM 中严格意义上的平均值，但是却是利用一阶迎风格式进行数值正则化的典型代表，其在工业程序中获得了广泛的使用。而在 CA-THARE 代码（Bestion（1990））和 RELAP5/MOD3.3 程序（Information Systems Laboratories（2003））中则使用了虚拟差分模型。在 CATHARE 中，某些情况下，采用虚拟界面压力模型；在 RELAP5/MOD3.3 程序中，不完全的虚拟质量模型被应用于所有流动条件。

在本章中，适定的一维不可压缩等温 TFM 将应用于水平矩形通道的分层流的求解中。本章没有从局部即时模型（对于界面所分隔的不同连续相，均采用 Navier - Stokes 方程组进行表述的模型）出发，一步步地推导出 TFM。这部分推导过程并不复杂，且在很多其他文献中已有过展示。因此，本章将更加专注于复杂的平均化方法，包括时间平均、体积平均乃至整体平均，这些是对于处理界面边界与跳跃问题更必要的方法。对于这方面的内容，不熟悉两流体模型与相应方法的读者可参考一些文献（如 Ishii 和 Hibiki（2006），Drew 和 Passman（1999），

Morel(2015)以及 Gidaspow(1994))来获得一些在两流体模型上处理时间、整体、空间的方法以及动力学理论的经典例子。对此想进一步了解的读者,可通过如下文献获得更多的两流体模型相应的处理方法:Anderson 和 Jackson(1967)、Drew(1983)、Ransom(1989)、Zhang 和 Prosperetti(1994)、Jackson(1997)、Morel 等(1999)、Lakehal 等(2002)、Pannala 等(2010,第1章和第2章)。从一般的三维两流体模型到一维模型的一些具体推导过程在附录 A 中给出。本章在进行推导前进行了如下严格的假设:较重的流体完全在较轻的流体之下,这样在任意位置上的体积份额可由该处对应流体的液位高度得出。因此,本章中所推导出的模型具有严格的适用条件,不能将其应用到其他几何结构与流态条件中,包括与分层流类似的波状流。虽然本章所推导出的结果不能直接用于解决其他的两相流问题,但是其推导过程与一些结论对于理解一维两流体模型的模化方法是十分有帮助的。

这样一个复杂的研究用一个如此简单的特定一维两流体模型展开的原因如下:①虽然计算机的计算能力在快速提高,但是对尺度达到数十米或更大尺度的系统开展三维数值模拟仍然存在极大的困难。因此,在一些工业领域中,如核反应堆工程,仍然广泛使用一维的两相流模型。②本章希望通过这样一个简单模型来展示两流体模型求解中的一些不适定问题(Gidapow(1974))。一维两流体模型的不适定问题曾引起研究者的广泛关注,目前仍未有效解决(对该问题感兴趣的读者可以参看 Lyczkowski(2010)对该问题的发现与影响)。因此,研究者们对该问题仍有不同观点:一些观点认为通过引入额外的模型可以解决这个问题;而还有一部分观点认为一维两流体模型所存在的缺陷无法消除。本章将对该问题进行讨论,尝试对当前研究中存在的问题给出一些解决思路。

矩形通道中水平分层流动的一维不可压缩等温 TFM 可表示为

$$\frac{D_1 \alpha_1}{Dt} + \alpha_1 \frac{\partial u_1}{\partial x} = 0 \tag{3.1}$$

$$\frac{D_2 \alpha_2}{Dt} + \alpha_2 \frac{\partial u_2}{\partial x} = 0 \tag{3.2}$$

$$\rho_1 \frac{D_1 u_1}{Dt} = -\frac{\partial p_{2i}}{\partial x} - \rho_1 g_y H + \sigma H \frac{\partial^3 \alpha_1}{\partial x^3} \rho_1 g_x - \frac{W + 2\alpha_1 H f_1}{\alpha_1 A} \rho_1 |u_1| u_1 +$$

$$\frac{1}{\alpha_1 H} \frac{f_i}{2} \rho_2 |u_2 - u_1| (u_2 - u_1) + \frac{\rho_1}{\alpha_1} \frac{\partial}{\partial x} \left(\alpha_1 v_1 \frac{\partial u_1}{\partial x} \right) \tag{3.3}$$

$$\rho_2 \frac{D_2 u_2}{Dt} = -\frac{\partial p_{2i}}{\partial x} + \rho_2 g_y H \frac{\partial \alpha_2}{\partial x} + \rho_2 g_x - \frac{W + 2\alpha_2 H f_2}{\alpha_2 A} \rho_2 |u_2| u_2 -$$

$$\frac{1}{\alpha_2 H} \frac{f_i}{2} \rho_2 |u_2 - u_1|(u_2 - u_1) + \frac{\rho_2}{\alpha_2} \frac{\partial}{\partial x}\left(\alpha_2 v_2 \frac{\partial u_2}{\partial x}\right) \tag{3.4}$$

式中:$\alpha_k, \rho_k, u_k, p_{2i}$ 分别为平均空泡份额、密度、速度和较轻相的界面压力;下标 $k=1,2$ 分别表示较重相和较轻相,如图 2.3 所示;不同流体的空泡份额通过条件 $\alpha_1 + \alpha_2 = 1$ 关联,则任意一个空泡份额即可用另一项的差值表示;其余参数 g, H, σ 和 v_k 分别为重力、通道高度、表面张力和有效(物质 + 湍流)运动黏度;f_k 和 f_i 分别为壁面和界面的范宁摩擦因数。

3.3 线性稳定性

3.3.1 特征值

与式(3.1)~式(3.4)的一阶方程组相对应的特征方程,由 $\det[\boldsymbol{B} - c\boldsymbol{A}] = 0$ 给出,其中 c 为特征波速度。则对于变量组 $[\alpha_2, u_2, u_1, p_{2i}]^T$,系数矩阵可以表示为

$$\boldsymbol{A} = \begin{bmatrix} 1 & 0 & 0 & 0 \\ -1 & 0 & 0 & 0 \\ 0 & \rho_2 & 0 & 0 \\ 0 & 0 & \rho_1 & 0 \end{bmatrix} \tag{3.5}$$

$$\boldsymbol{B} = \begin{bmatrix} u_2 & \alpha_2 & 0 & 0 \\ -u_1 & 0 & \alpha_1 & 0 \\ \rho_2 g_y H & \rho_2 u_2 & 0 & 1 \\ \rho_1 g_y H & 0 & \rho_1 u_1 & 1 \end{bmatrix} \tag{3.6}$$

根据之前假设的流体不可压缩特性,两种流体中的声速特征值均为无穷大($c_{3,4} = \infty, \infty$)。两种(有限的)流体的物质波特征可以表征为

$$c_{1,2} = \frac{\rho \tilde{u} \pm \sqrt{\alpha_1 \alpha_2 [-(u_2 - u_1)^2 \rho_1 \rho_2 + (\rho_1 - \rho_2)\tilde{\rho} g_y H]}}{\tilde{\rho}} \tag{3.7}$$

式中:$\tilde{\rho} = \alpha_1 \rho_2 + \alpha_2 \rho_1$,$\rho \tilde{u} = \alpha_2 \rho_1 u_1 + \alpha_1 \rho_2 u_2$。

平方根中的项表示惯性力和重力力的平衡,当超过开尔文-亥姆霍兹稳定

条件时,特征值将变为虚数,即不适定的或椭圆型的:

$$(u_2 - u_1)^2 > \frac{(\rho_1 - \rho_2)\tilde{\rho}g_y H}{\rho_1\rho_2} \tag{3.8}$$

当 $\frac{\rho_1}{\rho_2} \to 0$ 时,该式将转变为式(2.36)。

图 3.1 所示为根据 Thorpe(1969)的水-煤油实验而得到的特征速度与空泡份额的函数曲线 $\left(\text{无量纲特征速度} c^* = \frac{c - u_1}{u_1 - u_2}\right)$,相关实验参见 3.6.1 节。各实验参量为 $\alpha_1 = \alpha_2 = 0.5$,$\rho_1 = 1000\text{kg/m}^3$,$\rho_2 = 780\text{kg/m}^3$,$H = 0.03\text{m}$。$c^*$ 在图 3.1 中形成了闭合的细长曲线,每个根从一个主要顶点跨越到另一个顶点。可以看出,对于低空泡份额,相对速度 $u_2 - u_1 = 0.27\text{m/s}$ 和 0.28m/s 时,该模型方程是不适定的。此外,该模型无法适应更大的相对速度。

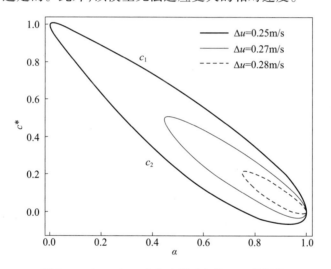

图 3.1 Thorpe(1969)实验所对应的 TFM 特征值

3.3.2 色散分析

式(3.1)~式(3.4)可以写成如下的全矩阵形式:

$$\underline{\underline{A}}\frac{\mathrm{d}}{\mathrm{d}t}\underline{\phi} + \underline{\underline{B}}\frac{\mathrm{d}}{\mathrm{d}x}\underline{\phi} + \underline{\underline{D}}\frac{\mathrm{d}^2}{\mathrm{d}x^2}\underline{\phi} + \underline{\underline{E}}\frac{\mathrm{d}^3}{\mathrm{d}x^3}\underline{\phi} + \underline{F} = 0 \tag{3.9}$$

可得其色散关系为

$$\det\left[-\mathrm{i}\omega\underline{\underline{A}} + \mathrm{i}k\underline{\underline{B}} + (\mathrm{i}k)^2\underline{\underline{D}} + (\mathrm{i}k)^3\underline{\underline{E}} + \frac{\partial \underline{F}}{\partial \underline{\phi}}\right] = 0 \tag{3.10}$$

为简化线性分析，假设 $v_1 = v_2 = v$ 为一个常数。由分部积分求导后衍生的黏性应力项关于平界面和等速度是线性的，故它们为零。因此，扩散系数矩阵变为

$$D = \begin{bmatrix} 0 & 0 & 0 & 0 \\ 0 & 0 & 0 & 0 \\ 0 & -\rho_2 v & 0 & 0 \\ 0 & 0 & -\rho_1 v & 0 \end{bmatrix} \quad (3.11)$$

其刚度矩阵可表示为

$$E = \begin{bmatrix} 0 & 0 & 0 & 0 \\ 0 & 0 & 0 & 0 \\ 0 & 0 & 0 & 0 \\ H\sigma & 0 & 0 & 0 \end{bmatrix} \quad (3.12)$$

矩阵 A、B 如式(3.5)和式(3.6)所示。对于不含代数项时的色散关系，即 $\dfrac{\partial F}{\partial \phi} = 0$，排除了运动学上的不稳定性，可以得到如下结果：

$$\frac{\omega}{k} = \frac{\rho \tilde{u}}{\tilde{\rho}} - \frac{\mathrm{i}}{2} v k \pm \frac{\sqrt{\alpha_1 \alpha_2 \left[-(u_2 - u_1)^2 \rho_1 \rho_2 + (\rho_1 - \rho_2) \tilde{\rho} g_y H - \left(\dfrac{\rho^2 v^2}{4\alpha_1 \alpha_2} - H\tilde{\rho}\sigma \right) k^2 \right]}}{\tilde{\rho}} \quad (3.13)$$

令人惊讶的是，式(3.13)并不比 FFM(式(2.43))复杂多少，并且可以看到，随着密度比接近于零，该式可转化为 FFM 方程。当超出 KH 条件时，该模型对于短波长，即 $k \to \infty$ 保持稳定，而不会超出临界波长，因此 TFM 是适定的。当低于 KH 条件时，对于任何波数均没有波增长。因此，当忽略摩擦力时，即排除 2.4.2 节中所讨论的摩擦力导致的运动不稳定性，方程适定并且稳定。这与 Ramshaw 和 Trapp(1978)的陈述一致，即"基本方程系统之所以构成了一个不正确的问题是由于模型中的物理缺陷所引起的，即未能有效地解决表面张力(或其他短波作用)"。对于其他流动状态，可以得出类似的结论，例如，第 5 章中所讨论的泡状流。因此，可以得到这样一个结论：TFM 只有在它太不完整时才会出现问题。

3.3.3 KH 不稳定性

本节将对 Thorpe(1969)的实验展开更加切合且完善的多维分析。Thorpe(1969)证明了迄今为止在一维分析中界面附近忽略的加速度和速度分布,即速度分布参数(形状因子),它们在 KH 不稳定这种特殊情况下仅起了很小的作用。

式(3.8)定义了 KH 不稳定条件。本节分析中所选择的变量将与 3.6.1 所描述的 Thorpe(1969)水－煤油实验条件一致:$\alpha_1 = \alpha_2 = 0.5$,$\rho_1 = 1000 \text{kg/m}^3$,$\rho_2 = 780 \text{kg/m}^3$,两种流体的有效黏度均为 $v = 0.0001 \text{m}^2/\text{s}$,$\sigma = 0.04 \text{N/m}$,$H = 0.03 \text{m}$。与第 2 章中的主要区别在于密度比,在本节中根据 KH 稳定性条件,由式(3.8)可得相对速度 $(u_2 - u_1)_i \approx 0.27 \text{m/s}$。两种流体的速度分别为 $u_2 = 0.2 \text{m/s}$,$u_1 = -0.2 \text{m/s}$,这将导致波在某些波长位置上增长而引发 KH 不稳定性。不同假设下的波增长率如图 3.2 所示,在定性结果上与第 2 章中的两方程结果类似。

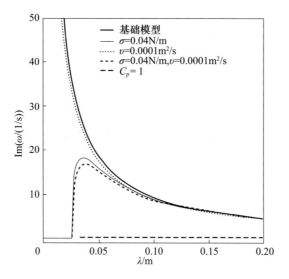

图 3.2　一维 TFM 的色散分析

基础的一维 TFM 对应于单相流体的一维欧拉方程,可以通过假设 $v = \sigma = 0$,由式(3.1)～式(3.4)求得。由欧拉方程所得的 TFM 是不适定的,即随着波长接近零,增长率无限增加。除了简单的均相流(相对速度为零的两相流动)或单相流动之外,零波长增长率对于任何相对速度都是无限的。尽管存在这种缺陷,这种形式的 TFM 仍常用于工业程序,因此必须进行一定的限制以防止高频波导致的不可解的情况。

当运动黏度被加入到 TFM 上时,如 $v = 0.0001\text{m}^2/\text{s}$,所得的增长率随着波长的减小而增加,但在零极限时,其结果是有限的,因此最大增长率仍然产生在零波长条件下,即 $\omega_i = \dfrac{\alpha_1 C}{v}$,这个结果的值非常大,但没有物理意义。因此,虽然严格来说这样的模型可能不是不适定的,但它与不适定的模型相比几乎没有实际的作用,该结果由 Arai(1980)首次发现。

现在,只考虑表面张力的影响,当 $\sigma = 0.04\text{m/s}$,由于毛细力在短波长条件下的稳定作用,模型变得适定。然而,虽然在这种情形下物理条件是稳定,但是它并不能用于工业程序中。因为,这种条件下的尺度远低于工程上常出现的大小,所以,如 2.4.1 节所述,一般的工业程序常采用更大规模的人工正则化处理。图 3.2 还展示了 $v = 0.0001\text{m}^2/\text{s}, \sigma = 0.04\text{m/s}$ 时的结果。两者的共同作用效果等同于各自作用效果的线性叠加。从图中可见,相对表面张力和黏度所起到的作用可以忽略。表面张力稳定性(Ramshaw 和 Trapp(1978))是最早证明不稳定的一维 TFM 可以通过考虑加入短波长物理作用变得适定。然而,即使模型适定,仍然存在强烈的指数波增长,这对一维 TFM 的实际应用提出了严峻挑战。在 3.6 节和第 4 章中,介绍了克服这一困难的非线性模拟分析。将证明黏度是非线性稳定性的关键机制,并且李雅普诺夫稳定性确实是可能的,因为接近非线性不变量的李雅普诺夫系数比线性增长率小一个数量级。

人工正则化的一种方法是在液相动量方程中增加界面压力来作为界面力:

$$M_1^p = C_p \rho_1 (u_2 - u_1)^2 \frac{\partial \alpha_1}{\partial x} \tag{3.14}$$

这样使得模型对于气泡流动过程具有了相应的物理解释。当 $C_p > 1$ 时,如图 3.2 所示,所有波长的增长率均变为零。此时,TFM 方程组转化为双曲线方程组,从而可以方便地应用于其他流态。由于不稳定的分层流动会产生增长的波浪,因此无条件的稳定性意味着模型消除了物质波动力特性,这是相关程序采用 TFM 方程组的一种折中手段。然而,消除 KH 不稳定性确实消除了一些在特定流动状态下原本应通过其他手段来最终恢复的重要物理特征,为此,正则化的一维 TFM 工业程序中用统计得到的流态划分图来替代物质波动力特性。

3.4　数值稳定性

在确定数值格式之前,需要注意瞬态两相流问题所描述的现象通常与时间常数有很大的关系。最小的时间常数与相间能量和质量传递直接相关。这些过程与压力和能量场紧密耦合,并且在很大程度上影响方程中的源项。由于本章所讨论的不稳定性是由动量方程所决定的,因此通过消除能量方程的等温条件来简化 TFM,并且使变化控制在非常短的时间尺度内。

最快的时间常数与以声速相对于流体传播的声波的弛豫相关联,不过本节更加关注于可以用不可压缩的 TFM 捕获的物质波。因此,将利用隐式结构处理压力,并通过压力泊松方程使用比声速 Courant 限制规定的时间步长大得多的时间步长来求解压力(Harlow 和 Welch(1965))。

最慢的时间常数与质量对流及物质波的传播速率有关。这些时间常数将以不同的方式轻微地影响数值模拟的结果。传播效应将导致控制方程进行显式差分格式表述时需要物质波 Courant 时间步长进行限制。本书要求物质波保持稳定,这就需要利用显式格式对这些波进行建模。因此,本章将利用半隐式有限差分格式,且时间步长服从物质 Courant 时间限制。

如果需要,可进一步通过利用更多的隐式格式来消除物质 Courant 限制。在这方面,存在几种不属于物质 Courant 时间步长限制的方法,例如,由 Mahaffy(1982)提出的近乎全隐式格式,以及 Patankar(1980)提出的全隐式格式。但是,如 B.4.2 节所示,在全隐式格式中使用大的时间步长将对物质波的预测产生严重的影响。因此,本章不考虑此类格式。

3.4.1 TFIT 两流体模型

式(3.1)~式(3.4)所示的一维 TFM 是一个相当复杂的偏微分方程组,除了一些非常简单的问题外,很难获得其解析解。通常,需要数值方法来求得系统的解。目前,对于一维 TFM,可通过有限差分或有限体积格式来实现。最早,这项工作是由 Ransom(2000)基于爱达荷州国家实验室开发的早期 DISCON 程序(Trapp 和 Mortensen(1993))所开发出的试验程序。该程序中使用一阶迎风有限差分格式的一维 TFM 被命名为 TFIT,它与同样是爱达荷州国家实验室开发的核工程热工水力程序 RELAP5(ISL(2003))中所用的程序非常相似。TFIT 的作者对此做出了重大贡献。

TFIT 的一个主要特征是通过使用一阶迎风阻尼系数使得不适定 TFM 变得稳定,这是一种被广泛接受的求解两相流问题的方法。TFM 的数值稳定源于 Harlow 和 Welch(1965)提出的单相流动格式。该格式中主要阻尼源来自供体公式中表示动量方程的动量通量项,也称为迎风差分。该方法是半隐式格式的基础,被 Lile 和 Reed(1978)应用于早期 TRAC 程序中两相流问题的求解。

实际上,一阶迎风格式所具有的过度耗散性质是不适定一维 TFM 的重要数值特征。这适用于大规模系统中所用到的热工水力学程序,其中的短波物理作用,特别是 KH 不稳定性,通常比工程所关注的尺度低一个或多个数量级。因此,一阶迎风格式的正则化已被工业领域广泛接受,因此该问题也被作为一个单独的领域进行相关研究。有关一阶迎风格式的讨论将在 3.4.2 节~3.4.6 节中做进一步展开。

然而,在本章中为了分析 KH 不稳定性,在控制方程中(式(3.1)~式(3.4))考虑了短波物理作用,如表面张力和雷诺应力。因此,需尽可能地减少数值扩散。在 3.4.7 节中将提出一种更高阶激波捕捉方法,其精度等级接近于 $2(O(1.7))$,它可以有效地使基础的一阶迎风格式的求解精度加倍。

3.4.2 交错网格结构

如图 3.3 所示,控制方程采用有限差分格式在交错网格上进行离散。通过交错网格,速度和压力存储在不同的位置上(相对于同位网格,其所有变量都位于相同的位置上)。TFIT 所采用的交错网格与 RELAP5(Information Systems Laboratory(2003))中的类似。流道被分成许多有限单元,其中心位于中点处,用于存储压力、空泡份额、密度及温度,节点的不同流体的流速也存储在该处。单元中心所处位置同样是动量离散单元的节点位置。简写的 R 和 L 分别用于表示参考位置右侧和左侧的节点或单元中心,例如,i 单元的 R、L 是节点 j、$j-1$,节点 j 的 R、L 则是单元中心 $i+1$、i,以此类推,如图 3.3 所示。目前,所有网格都是均匀的,所以 $x_{j+1} - x_j = x_{i+1} - x_i = \Delta x$ 恒成立。此外,根据已知的时间变化程度,时间项被离散作 n 个阶段,即 $t = n\Delta t$,上一时刻已知的时间层,对应下一时刻未知时间层则为 $n+1$。在下列公式中,每个变量对应的有限单元位置将在下标位置处标注,时间项在上标位置处标出。需注意的是,在目前的表述中,相对速度用小写 r 表示,防止与右单元指示符 R 混淆。

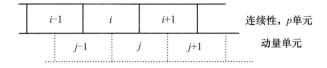

图 3.3 在 TFIT 程序中交错网格示意图

守恒方程(3.1)和方程(3.2)的离散格式如下所示:

$$\left(\frac{\partial \alpha_1}{\partial t}\right)_i + \frac{\hat{\alpha}_{1,R}^n u_{1,R}^* - \hat{\alpha}_{1,L}^n u_{1,L}^*}{\Delta x} = 0 \quad (3.15)$$

$$\left(\frac{\partial \alpha_2}{\partial t}\right)_i + \frac{\hat{\alpha}_{2,R}^n u_{2,R}^* - \hat{\alpha}_{2,L}^n u_{2,L}^*}{\Delta x} = 0 \quad (3.16)$$

动量方程(3.3)与方程(3.4)分别乘上它们的空泡份额后进行离散,如下所示:

$$\bar{\alpha}_{1,j}^n \rho_1 \left[\frac{\partial u_1}{\partial t} + u_{1,j}^n \frac{u_{1,R}^* - u_{1,L}^*}{\Delta x} \right]_j^n = -\bar{\alpha}_{1,j}^n \frac{p_{2\text{int},R}^* - p_{2\text{int},L}^*}{\Delta x} + \bar{\alpha}_{1,j}^n \rho_1 g_y H \frac{\alpha_{1,R}^n - \hat{\alpha}_{1,L}^n}{\Delta x} +$$

$$\bar{\alpha}_{1,j}^n \sigma g_y H \frac{\alpha_{1,i+1}^n - 3\alpha_{1,i}^n + 3\alpha_{1,i-1}^n + \alpha_{1,i-2}^n}{\Delta x^3} +$$

$$\frac{(\alpha_1 u_1)_R^n (u_{1,j+1}^n - u_{1,j}^n) - (\alpha_1 u_1)_L^n (u_{1,j}^n - u_{1,j-1}^n)}{\Delta x^2} -$$

$$F_{w1,j}^n u_{1,j}^n (2 u_{1,j}^{n+1} - u_{1,j}^n) - F_{\text{int}1,j}^n u_{r,j}^n (2 u_{r,j}^{n+1} - u_{r,j}^n) +$$

$$\bar{\alpha}_{1,j}^n \rho_1 g_x \qquad (3.17)$$

$$\bar{\alpha}_{2,j}^n \rho_2 \left[\left(\frac{\partial u_2}{\partial t}\right)_j^n + u_{2,j}^n \frac{u_{2,R}^* - u_{2,L}^*}{\Delta x} \right] = -\bar{\alpha}_{2,j}^n \frac{p_{2\text{int},R}^* - p_{2\text{int},L}^*}{\Delta x} + \bar{\alpha}_{2,j}^n \rho_2 g_y H \frac{\alpha_{2,R}^n - \hat{\alpha}_{2,L}^n}{\Delta x} +$$

$$\frac{(\alpha_2 u_2)_R^n (u_{2,j+1}^n - u_{2,j}^n) - (\alpha_2 u_2)_L^n (u_{2,j}^n - u_{2,j-1}^n)}{\Delta x^2} \bar{\alpha}_{2,j}^n -$$

$$F_{w2,j}^n u_{2,j}^n (2 u_{2,j}^{n+1} - u_{2,j}^n) - F_{\text{int}2,j}^n u_{r,j}^n (2 u_{r,j}^{n+1} - u_{r,j}^n) +$$

$$\bar{\alpha}_{2,j}^n \rho_2 g_x \qquad (3.18)$$

此外,体积比的限制条件为

$$\alpha_{1,i}^{n+1} + \alpha_{2,i}^{n+1} = 1 \qquad (3.19)$$

连续性方程以有限单元 i 为中心,动量方程以节点 j 为中心。对于其余的几个符号,"*"本身并不表示具体的时间层,而是与压力-速度的耦合有关。这部分将在3.4.4节中进行单独讨论。

如果将上述方程中的每个"*"替换为 n,则该格式为显式的,然而,由于压力-速度的耦合,该格式被归为半隐式或压力隐式。此外,针对未在指定位置上的变量,用"上划线"指示。通常,与其余变量无关的变量被简单地用两个相邻位置处的平均值表示,并用上划线标出,例如,在式(3.17)和式(3.18)中,空泡份额乘以物质导数被表示为 $\bar{\alpha}_{k,j}^n = \frac{\alpha_{k,R}^n + \alpha_{1,L}^n}{2}$。与对流相关的变量不分配具体的单元位置,而是通过赋值法或者外推法来处理。赋值法在精度和稳定性方面起着重要作用,将在下一节中单独讨论。需要注意的是,由于交错网格,R 和 L 位置的某些变量确实存在。例如,在式(3.15)和式(3.16)的空间导数中,由于单元左右两面的中心位置同样是节点,在速度已知时,空泡份额需要被赋值。在离散动量方程中也有着类似的情况。

这不仅是一个单独的空泡份额,通过式(3.19)可知,两种流体的空泡份额之和是一个定值,因此在每个时间步长求解中,它们将耦合到两个连续性方程中,以确保在下一时刻的解中空泡份额的连续性。这有助于保证每种流体的空泡份额在0~1之间,且对水填充算法十分重要。

壁面曳力与相间曳力是一个关于速度的非线性函数,可以利用上一时间层的速度进行线性化表示。此外,作为u_k非线性函数的源项,可以将其线性化为

$$S^{n+1} = S^n + \left(\frac{\partial S}{\partial u_k}\right)^n (u_k^{n+1} - u_k^n) \tag{3.20}$$

式(3.17)与式(3.18)中的半隐式二次壁面与界面剪切力模型由式(3.20)化简而来,其中体积系数分别为

$$F_{wk,j}^n = \frac{W + 2\bar{\alpha}_{k,j}^n H}{2A} f_{wk,j}^n \rho_k \mathrm{sgn}(u_{k,j}^n) \tag{3.21}$$

$$F_{intk,j}^n = \frac{1}{2H} f_{i,j}^n \rho_2 \mathrm{sgn}(u_{k,j}^n - u_{nk,j}^n) \tag{3.22}$$

这使得曳力模型具有一个隐式评价方法,而不需要通过求解复杂的非线性耦合问题来获得。

与交错网格相关的所有导数都是具有二阶精确的中心差分形式。黏性项通过标准的二阶有限差分格式表示。由于交错网格的原因,表面张力所导致的三阶导数项也是一个二阶精度的中心差分形式。可以看到,到目前所有的数值项都是二阶精确的。然后它们将根据赋值、时间步法,以及压力-速度耦合关系来确定该格式继续采用二阶精度或采用一阶精度。

3.4.3 一阶半隐式格式

TFM的一阶半隐式格式数值方法与2.5.2节中讨论的两方程的FFM相似。本节将利用Ransom(2000)开发的TFIT程序,对半隐式格式数值方法进行介绍。利用上一时刻的空泡份额来获得连续方程中的质量通量的时间导数,并利用隐函数中的通量来获得速度。此外,半隐式形式的动量方程中的空间导数将提供压力泊松方程中的压力梯度,这使得动量方程组可以通过每个速度节点处相邻单元的压力来求解。

在原始的TFIT程序中,所有赋值变量均采用一阶迎风格式。一阶迎风格式将物理含义包含在有限差分格式当中:赋值变量的值通过由沿流动方向上的前一单元或节点上的值得到。因此,对于空泡份额而言,有

$$\hat{\alpha}_{k,R} = \begin{cases} \alpha_{k,i}, & u_{k,R} > 0 \\ \alpha_{k,i+1}, & u_{k,R} < 0 \end{cases} \quad (3.23)$$

对于速度赋值,有

$$\hat{u}_{k,R} = \begin{cases} u_{k,i}, & \bar{u}_{k,R} > 0 \\ u_{k,i+1}, & \bar{u}_{k,R} < 0 \end{cases} \quad (3.24)$$

在左侧 L 单元上,相同的情况可以通过一个空间位置来获得。将上述两种赋值方法替换到差分方程组中,可以很容易看出,根据流动方向的正、负,可以得到一阶向后或者向前差分格式,其领头阶截断误差与 Δx 或 $O(1)$ 成比例。此外,截断误差 $O(1)$ 是导致数值扩散的二阶导数项的系数。也就是说,即使在控制方程中没有黏性项,离散方程也将导致与黏性扩散类似的物理作用而进行扩散或抹平尖锐的梯度。一阶迎风格式简单,符合物理解释以及很好的稳定性(最重要的)是解决一维 TFM 的所有核反应堆安全程序中应用的基础。

对于大多数利用边界与初值的程序而言,时间的演进一般都利用一阶向后差分欧拉格式。空泡份额可以表示为

$$\left(\frac{\partial \alpha_k}{\partial t}\right)_i = \frac{\alpha_{k,i}^{n+1} - \alpha_{k,i}^n}{\Delta t} \quad (3.25)$$

对应的速度为

$$\left(\frac{\partial u_k}{\partial t}\right)_j = \frac{u_{k,i}^{n+1} - u_{k,i}^n}{\Delta t} \quad (3.26)$$

式中: Δt 为时间步长。

3.4.4 隐式压力泊松方程

在离散方程组的解决方法中,基于压力泊松方程的压力校正算法被用作求解时解耦动量方程与连续方程,相似的方法最早由 Harlow 和 Welch(1965)采用。在本章中,该方法与交错网格构成了利用半隐式格式的基础。Harlow(2004)认为:"……开发一种使用原始变量解决不可压缩流体流动的数值方法的主要挑战是找到一种方法来确保速度场不会发散消失。在 MAC 方法的第一个版本中,我们曾尝试用矩形网格中的同位值(以单元为中心)来描述速度和压力场。此时,程序采用的是完全的欧拉方法,流体流过静止网。这里的关键要求是通过确定与所需目标一致的每个计算循环中的压力来实现不可压缩性的约束。实际上,实现该目标也将消除每个周期时间步长的声速限制;声波可以瞬间地传播到网格的每个部分。这种方法的问题很快就变成了同位网格上的速

度存放与表达的分歧。为了克服这个障碍,我们改在每个计算单元的边缘存储速度分量……为了得出压力方程式,我们使用了……利用动量方程发散的技巧,而得到压力的泊松方程……"

在求解中,下一时间的获取需要完成 3 个步骤:首先,利用上一时刻的压力来求解动量方程,从而使得 $p_{2\text{int}}^*$ 在式(3.17)和式(3.18)中变为 $p_{2\text{int}}^n$。则通过这一过程,将给出一个近似或者说是压力显式的速度预测。然后,根据压力梯度,下一时刻的速度可以利用压力进行显式的线性化,即

$$u_{k,j}^{n+1} = u_{k,j}^* + \left(\frac{\partial u_k}{\partial \Delta p_{2\text{int}}}\right)_j^n \left(\frac{\partial \Delta p_{2\text{int}}}{\partial t}\right)_j^{n+1} \quad (3.27)$$

式中:$\Delta p_{2\text{int},j} = p_{2\text{int,R}} - p_{2\text{int,L}}$。

因此,在连续方程(式(3.25)和式(3.26))中,速度被表示成近似速度,上一时刻的压力梯度以及(最重要的)这一时刻压力梯度的形式。这导致耦合了空间的压力泊松方程,其在发展到这一时间层时需要矩阵求逆,即隐式解。这种方法称为半隐式或压力隐式方法,它可以在轻微可压缩流中满足声学 Courant 限制。最后,在求解含有 $p_{2\text{int}}^{n+1}$ 的连续性方程后,可以使用式(3.27)来校正新时刻的速度。

3.4.5 冯·诺依曼分析

色散分析已被用于研究 TFM 差分形式的稳定性,但最终模型仍需数值解。为了确定从色散分析得出的结论对于 TFM 的数值解是否有效,还必须确定离散方程的频率响应。这种分析通常称为冯·诺依曼稳定性分析(von Neumann 和 Richtmyer(1949))。

冯·诺依曼分析是线性稳定性分析的一种形式,因此需要对自变量的积进行线性化,这一过程通常会丢弃式(3.15)~式(3.18)所定义的离散 TFM 系数的空间-时间的独立性。由于二阶格式将产生二次的矩阵方程,因此将仅以这种方式分析原始一阶迎风数值格式。与色散分析类似,相 1 的体积份额被写为相 2 的体积份额的函数,并且丢弃剩余非线性项。然后通过考虑单傅里叶模式的演化,从旧时刻到新时刻,对线性化方程进行冯·诺依曼分析,将离散变量向量分解为。

$$\underline{\phi}(x,t) = \hat{\phi}(t)\mathrm{e}^{ikx} \quad (3.28)$$

例如,线性化的动量对流项可以表示为

$$\alpha_k\rho_k u_k \frac{u_{k,j}^n - u_{k,j-1}^n}{\Delta x} = \frac{\alpha_k\rho_k u_k}{\Delta x}[u_k^n \mathrm{e}^{ikx_j} - u_k^n \mathrm{e}^{ik(x_j-\Delta x)}]$$

$$= \frac{\alpha_k\rho_k u_k}{\Delta x}(1-\mathrm{e}^{-ik\Delta x})u_k^n \mathrm{e}^{ikx_j} \quad (3.29)$$

当傅里叶分解应用于线性化方程时,可以分别从质量和动量方程中消除公共项 e^{ikx_i} 和 e^{ikx_j}。然后将新时刻变量移到方程左侧,将旧时刻变量移到方程右侧,参见 2.5.2 节,可将其转化为线性的表述形式:

$$M\underline{\phi}^{n+1} = N\underline{\phi}^{n} \tag{3.30}$$

新时刻矩阵 M 的非零(行,列)分量如下:

$$\begin{cases}
M_{1,1} = 1 \\
M_{1,2} = \mathrm{i}2(1-\alpha_2)r_\Delta \sin(k\Delta x/2) \\
M_{2,1} = -1 \\
M_{2,3} = \mathrm{i}2\alpha_2 r_\Delta \sin(k\Delta x/2) \\
M_{3,2} = (1-\alpha_2)\rho_1 + 2\Delta t F_{w1} u_1 + 2\Delta t F_{i1} u_R \\
M_{3,3} = -2\Delta t F_{i1} u_R \\
M_{3,4} = \mathrm{i}2(1-\alpha_2)r_\Delta \sin(k\Delta x/2) \\
M_{4,2} = 2\Delta t F_{i2} u_R \\
M_{4,3} = \alpha_2 \rho_2 + 2\Delta t F_{w2} u_2 - 2\Delta t F_{i2} u_R \\
M_{4,4} = \mathrm{i}2\alpha_2 r_\Delta \sin(k\Delta x/2)
\end{cases}$$

旧时刻矩阵 N 的组成如下:

$$\begin{cases}
N_{1,1} = 1 - u_1 r_\Delta (1 - \mathrm{e}^{-ik\Delta x}) \\
N_{2,1} = u_2 r_\Delta (1 - \mathrm{e}^{-ik\Delta x}) - 1 \\
N_{3,1} = \mathrm{i}2(1-\alpha_2)\rho_1 g_y H r_\Delta \sin(k\Delta x/2) \\
N_{3,2} = (1-\alpha_2)\rho_1 \{1 - u_1 r_\Delta (1 - \mathrm{e}^{-ik\Delta x}) + 2v_1(\Delta t/\Delta x^2)[\cos(k\Delta x) - 1]\} + \\
\qquad \Delta t F_{w1} u_1 + \Delta t F_{i1} u_R \\
N_{3,3} = -\Delta t F_{i1} u_R \\
N_{4,1} = \mathrm{i}2\alpha_2 \rho_2 g_y H r_\Delta \sin(k\Delta x/2) + \mathrm{i}(1-\alpha_1)\sigma H(\Delta t/\Delta x^3) \times \\
\qquad [6\sin(k\Delta x/2) - 2(3k\Delta x/2)] \\
N_{4,2} = \Delta t F_{i2} u_R \\
N_{4,3} = \alpha_2 \rho_2 \{1 - u_2 r_\Delta (1 - \mathrm{e}^{-ik\Delta x}) + 2v_2(\Delta t/\Delta x^2)[\cos(k\Delta x) - 1]\} + \\
\qquad \Delta t F_{w2} u_2 + \Delta t F_{i2} u_R
\end{cases}$$

式中:$r_\Delta = \Delta t/\Delta x$ 为时间步长与网格间距的比值;之前未明确给出的所有其他参量均为零。

式(3.30)乘以 $\boldsymbol{M}^{-1}$ 可给出如下递归关系,即

$$\underline{\boldsymbol{\phi}}^{n+1} = \boldsymbol{M}^{-1}\boldsymbol{N}\underline{\boldsymbol{\phi}}^n = \boldsymbol{G}\underline{\boldsymbol{\phi}}^n \tag{3.31}$$

它通过增长或放大矩阵 $\boldsymbol{G}$ 将新时刻的变量与旧时刻的变量联系起来。对于一个矩阵,放大因子 ζ 可以通过 $\boldsymbol{G}$ 的特征值来确定。

$$\zeta = \max(\sqrt{\xi_i \xi_i^*}) \tag{3.32}$$

其中,ξ_i^* 是复共轭,且 ξ 满足

$$\det(\boldsymbol{N} - \xi\boldsymbol{M}) = 0 \tag{3.33}$$

换句话说,ζ 就是放大矩阵的最大特征值的模量。放大因子决定了从一个时间步到另一个时间步在局部节点上的增长或衰减。现在,由于某些增长,需要将放大因子转换成增长率,以便与微分方程的色散分析进行直接比较。在色散分析中,假设时间扰动的演化也可以用傅里叶模式来描述,即 $\zeta = \mathrm{e}^{-i\omega_I^\Delta \Delta t}$。则离散增长率的虚部为

$$\omega_I^\Delta = \ln\zeta/\Delta t \tag{3.34}$$

它可与 TFM 色散分析(式(3.13))中所获得的微分模型增长率 ω_I 进行直接比较。

图 3.4 所示为冯·诺依曼分析中所得的离散增长率与之前进行的有关

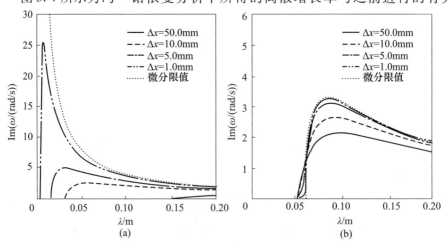

图 3.4 (a)不适定欧拉 TFM 和(b)考虑表面张力的适定 TFM 的微分和离散增长率的比较

Thorpe 实验的物理、物质和流动特性分析(参见 3.6.2 节)中所获得的差分增长率的对比。此外,进行冯·诺依曼分析,还需要适当的网格和时间步长信息。对几个相同 Courant 数不同尺寸的网格进行了对比。可见,当考虑表面张力和黏度时,因为它们在 TFIT 中需要显式求解,如式(3.27)所示,所以需要额外的稳定性要求。这在冯·诺依曼分析的范围内非常简单,只需将更高阶项移到新的时间矩阵,这种稳定性要求可以被忽略,而不失一般性。离散增长率的绘制从给定网格中最小的代表性波长(2 倍波长)处开始。整体而言,离散的结果证实了在色散分析中已经讨论的内容。然而,这两者并不完全等同,这两个主要的话题值得展开进一步的分析:不适定微分模型的数值正则化与适定但不稳定微分模型的数值稳定性要求。

3.4.6 数值正则化

有限差分方程可以通过具有递增阶和递减幅度的附加无穷级导数项(称为修正方程)等价于原始微分方程。一阶迎风格式的领头阶截断项是一个二阶导数,它表示数值扩散。扩散系数与 Δx 成比例,称为数值黏度。这些项出现在所有的数值方程中,包括连续性方程。因此,离散形式的不适定 TFM 等价于差分形式的人工扩散模型,见 2.4.1 节。人工黏度和数值黏度之间的唯一区别在于数值黏度是与网格尺寸和时间步长相关的。

在图 3.4(a)中可以看到,忽略表面张力和湍流黏度,不适定 TFM 的离散增长率拥有临界波长和截止波长,即增长率在 $2\Delta x$ 波长处没有生长。换句话说,不适定差分模型已经通过数值正则化转化为一个适定的模型。这种正则化一直是核反应堆安全程序中的首选技术,用以解决稳定性问题的困扰。

显然,通过数值正则化实现模型的适定需保证 $\Delta x \rightarrow 0$ 且截止和最不利的波长 λ_0^{Δ} 和 λ_i^{Δ} 均趋近于 0。这与数值方法是一致的;取极限后,差分模型恢复原有形式,对于所讨论的情况来说是不适定的。与栅格相关的截止和临界波长导致不收敛的微分模型。在每次网格细化后,新的临界波长都会出现在几个 Δx 的范围内。反应堆系统建模中的非收敛问题在"用户指南"中要求避免,通常用户指南会限制网格细化,例如 $\Delta x \geqslant D_H$。虽然由于区域平均而将网格尺寸限制为特征尺寸可能具有一些物理理由,但是不收敛数值模型在数学意义上仍然是棘手的问题,即模型不收敛导致程序的真实性验证实验不能进行。

当控制差分模型适定但不稳定时,确定有限差分格式如何影响增长率很有意义。在这种情况下,表面张力已在冯·诺依曼分析中考虑,并且与图 3.4(b)的色散分析结果进行了比较。图中显示,其总体趋势与欧拉 TFM 的趋势相同:数值黏度降低增长率,且当 $\Delta x \rightarrow 0$ 时,结果与差分模型所得结果接近。即当

$\Delta x \to 0$ 时,对于常数 r_Δ 来说 $\omega_I^\Delta \to \omega_I$,从而使得离散格式是一致的,即在极限条件下,离散方程与微分方程的结果近似,这不应当与其在收敛性上的问题相混淆。事实上,Lax 等价定理①不能被用来证明这类问题的收敛性,因为它不满足传统数值稳定性条件,即 $\omega_I^\Delta \leqslant 0$。然而,在这种情况下,需要验证实验,因为截止波长与离散化无关。

由于差分模型固有的不稳定(但是适定)导致 $\omega_I^\Delta \leqslant 0$ 不能使用,需要一些额外的标准来评估该数值方法的有效性。这里采用了 Hwang(2003)所提出的标准,即

$$\max \omega_I^\Delta \leqslant \max \omega_I \tag{3.35}$$

式(3.35)表明,如果想精确求解微分形式的控制方程组,则数值模型的最大增长率不应超过预期值。如图 3.4(b)所示,当 $\Delta x \to 0$ 时,有 $\lambda_i^\Delta \to \lambda_i$,$\omega_I^\Delta \to \omega_I$。显然,如果 $CFL_k > 1$,则表明该格式同样是一致的;然而,由于数值稳定性的要求,当 $\omega_I^\Delta(\lambda_i^\Delta) \to \omega_I(\lambda_i)$ 时,式(3.35)不成立。

从之前对不适定差分模型正则化的评估中可以发现,正则化需满足的另一个要求是:当网格被细化时,适定模型的截止波长不会消失。利用一阶迎风格式数值方法,离散截止波长 λ_0^Δ 略小于差分截止波长 λ_0。然而,只要当 $\Delta x \to 0$ 时离散截止波长保持恒定,这种轻微的差异是可以接受的。

3.4.7 二阶半隐式格式

对于一维 TFM 不能任意选择高阶方法,如果各处使用二阶线性迎风方法将在处理剧烈变化的位置上产生困难。在核反应堆的应用中,可以通过模拟破口、开阀、不通畅区域的流态转换或更简单地通过控制方程本身的非线性行为来产生一些较大梯度的区域。因此,根据所需的精度在局部解的条件来确定是否采用非线性格式。最简单的非线性对流格式之一是通量限制器法(Tannehill 等(1997))。

另一个问题是该方法所对应的阶。基于压力泊松方程求解的一维 TFM 尚未解决该问题。然而,二维不可压缩 Navier-Stokes 方程的研究表明,基于压力泊松方法的数值格式在进行超过二阶精度的求解时可能会遇到意外挑战(Guermond 和 Shen(2003),Guermond 等(2006))。因此,除非数值格式的整体精度受到其他考虑的限制,否则对流项尝试使用更高阶处理方法可能没有益处。

---

① Lax 等价定理:对于适定的线性偏微分方程组初始值问题,一个与之相容的线性差分格式收敛的充分必要条件是该格式是稳定的。

根据 2.5.5 节中所介绍的通量限制器法,如果局部速度场是正向的,则根据式(3.23),参考位置 i 的 R 面处,空泡份额可由下式进行赋值:

$$\hat{\alpha}_{k,R}^n = \alpha_{k,i}^n + \frac{\Delta x_i}{2} \Psi(r) \left(\frac{\partial \alpha_k}{\partial x}\right)_{UD} \tag{3.36}$$

其中,当地的迎风导数为

$$\left(\frac{\partial \alpha_k}{\partial x}\right)_{UD} = \frac{\alpha_{k,i}^n - \alpha_{k,i-1}^n}{\Delta x} \tag{3.37}$$

变量 r 是中心差分近似与迎风差分近似的导数比。在均匀网格的情况下,可简化为

$$r = \frac{\alpha_{k,i+1}^n - \alpha_{k,i}^n}{\alpha_{k,i}^n - \alpha_{k,i-1}^n} \tag{3.38}$$

函数 $\Psi(r)$ 是通量限制器函数,在后面将进行指定。式(3.36)~式(3.38)采用相同的格式用于给速度进行赋值。对于每一个控制体单元,需偏转半个网格距离。在流量为负的情况下,其空泡份额被赋值为

$$\hat{\alpha}_{k,R}^n = \alpha_{k,i+1}^n + \frac{\Delta x_i}{2} \Psi(r) \left(\frac{\partial \alpha_k}{\partial x}\right)_{UD} \tag{3.39}$$

当地的迎风导数可表示为

$$\left(\frac{\partial \alpha_k}{\partial x}\right)_{UD} = \frac{\alpha_{k,i+2}^n - \alpha_{k,i-1}^n}{\Delta x} \tag{3.40}$$

对应的导数率为

$$r = \frac{\alpha_{k,i+1}^n - \alpha_{k,i}^n}{\alpha_{k,i+2}^n - \alpha_{k,i+1}^n} \tag{3.41}$$

另外,对于负方向上的流动,速度的赋值采用上面相同的方式,只需将相对应的空间位置转换半个网格步长。

有许多不同的函数被提出作为通量限制函数 $\Psi(r)$ 使用。一个广泛使用的方法是 Waterson 和 Deconinck(2007)提出的通用分段限制函数(GPL)。这里采用 GPL 方法,因为它相对简单而且还能够轻松地转换成文献中其他几种较为流行的方法,如下所示:

$$\Psi(r) = \max\left\{0, \min\left[(2+a)r, \frac{(1-k)r}{2}, M\right]\right\} \tag{3.42}$$

当 $a = k = -1, M = 1$ 时,该通量限制方程转化为 Roe(1986)提出的 Minmod 通量

控制函数。该方法最早采用总变差递减(total-variation diminishing，TVD)，得到广泛的使用。然而，Minmod 函数同样是最低阶精度的通量限制器格式，但精度高于线性一阶迎风格式。当 $a=k=0, M=2$ 时，该通量限制方程转化成 van Leer(1979)所提出的 MUSCL 格式。它同样采用了 TVD 方法，但其具有最高阶精度 $O(2.22)$(Waterson 和 Deconinck(2007))，对任何 GPL 格式的函数均可以给出平滑的解。当 $a=0, k=1/2, M=4$ 时，其他的格式属于 Gaskell 和 Lau(1988)所提出的转变归一化变量的 SMART 格式。该格式能够更好地适用于不连续的解且对于连续解仍具有二阶精度 $O(>2)$。需要注意的是，与其他格式不同，SMART 函数并不完全采用 TVD 方法，但在其原始的 NV 形式中是非振动的，与 TVD 粗略等价(Drikakis 和 Rider(2005))。

GPL 可以转化成其他一些不太常用的格式，Waterson 和 Deconinc(2007)曾对此进行总结。此外，如果令 $\Psi(r)=0$ 或 $\Psi(r)=1$，式(3.36)和式(3.39)将分别化简为最初的一阶迎风格式与二阶中心差分格式。

现在，可以通过高于一阶精度的方法计算出这些赋值变量，也可以改进时间推进算法。更高阶的时间推进格式通常采用两种形式之一：多级方法或多步骤方法。目前，在 TFIT 程序中将连续性方程和能量方程一起求解，这对于涉及相变的问题非常重要，但本质上限制了选用每一步包含多个步骤的多级方法，如 2.5.5 节中的龙格-库塔法。多步骤方法通过将旧时刻的数据合并到求解过程中，消除了对多个阶段的需要；然而，除了旧时刻与新时刻的变量外需要存储更多的变量。

对于一维 TFM 而言，一种受到广泛关注的多步骤方法是 Gottlieb 和 Shu(1998)提出的最优二阶强稳定性保持(SSP2)格式。用于时间推进的 SSP 方案实质上是初始值问题的一种特殊 TDV 方法。最优 SSP2 多步骤格式如下所示，对于空泡份额，有

$$\left(\frac{\partial \alpha_k}{\partial t}\right)_i = \frac{4\alpha_{k,i}^{n+1} - 3\alpha_{k,i}^n - \alpha_{k,i}^{n-2}}{6\Delta t} \tag{3.43}$$

对于速度，有

$$\left(\frac{\partial u_k}{\partial t}\right)_j = \frac{4u_{k,i}^{n+1} - 3u_{k,i}^n - u_{k,i}^{n-2}}{6\Delta t} \tag{3.44}$$

该格式仅需要大约两倍的存储空间，并且对于这里考虑的问题的尺度范围不会遇到存储上的问题。式(3.43)和式(3.44)不需要保留或重新构建 RHS，即所有参量均与时间导数无关，并且在现有的欧拉时间演进程序中可以容易地实现。

Courant 限制($CFL_k = u_k \Delta t / \Delta x$)在该格式下将减少到 0.5,而在欧拉方法中其为 1,但与该格式的好处相比,Courant 限制的减少只是一个很小的问题。应当指出的是,目前式(3.43)和式(3.44)仅对恒定时间步长 Δt 有效。

3.5 验　　证

3.5.1 正弦波

首先仅通过平流条件下的空泡份额问题,对程序部分进行初步验证,而不对 TFM 进行整体性验证。有一个简单的技巧可以将 TFM 解耦为空泡份额的两个线性波方程:通过考虑具有周期性边界条件的无黏性水平流动,令初始条件为均匀的压力和匀速且均匀的速度,即 $u_1 = u_2 = U$,来去除 TFM 中的速度-压力耦合。因此,该程序仅求解明显化简了的一对单向波动方程,见附录 B.2.1。

$$\frac{\partial \alpha_k}{\partial t} + U \frac{\partial \alpha_k}{\partial x} = 0, \quad k = 1,2 \quad (3.45)$$

对于初始条件 $f(t=0) = \alpha_k(x, t=0)$,式(3.45)的解为 $\alpha_k(x,t) = f(x - Ut)$。进一步,假设 $U = 1\text{m/s}$,计算域长 1m,计算运行 1s,对应计算域内的一个周期,然后将计算结果与初始条件进行比较。通过指定 CFL = 0.1 来设置每个网格的时间步长。网格数从 $N = 20$ 个变化到 $N = 1000$ 个。为了以平滑的初始数据测试格式,初始条件为单正弦波,即

$$\alpha(x,0) = 0.5 + 0.3\sin(2\pi x) \quad (3.46)$$

3 种被测试的格式分别为原始的一阶方法(FOU)和使用了 Minmod 函数的更高阶方法(SSP2 - MM)以及通过化简 GPL 格式得到的 SMART 方法(SSP2 - SMART)。将这 3 种方法计算的精确数值解在图 3.5 和图 3.6 中进行比较。

很明显,与 FOU 相比,高阶格式表现出明显减弱的数值扩散,因此更符合精确解。虽然 FOU 格式看起来在整个计算域中扩散,但是高阶方法在正弦波的峰值与谷值附近表现出轻微变形。这是非线性通量限制器所导致的结果,其基于局部解而对数值格式产生了影响。进一步而言,两种通量限制格式都减少了在局部极值的 FOU 赋值,但 SMART 格式更加符合精确解。对于 Waterson 和 Deconinck(2007)所描述的不连续初始条件的情况,将在下一节中进行说明。

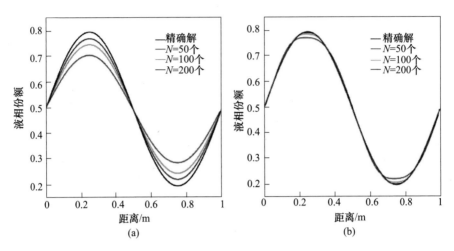

图 3.5 （a）线性波动方程一阶迎风格式所得解与精确解之间的比较以及（b）线性波动方程 SSP2 – MM 格式所得解与精确解之间的比较（见彩图）

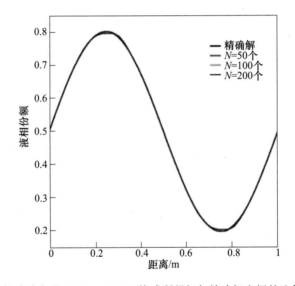

图 3.6 线性波动方程 SSP2 – SMART 格式所得解与精确解之间的比较（见彩图）

3.5.2 水龙头问题

B.5.5 节中的 SWT 水龙头问题已成为一维 TFM 程序的一个典型基准问题。这种变形的黎曼问题是十分有趣的，因为它是几个少数存在精确不连续解析解的 SWT 问题之一。须认识到，四方程 TFM 和 SWT 之间存在一个本质区别，即由于 $C=0$，SWT 水龙头问题无条件地满足 KH 稳定，而四方程 TFM 问题则不满足 KH 稳定性并且在不连续条件下是不适定的。因此,可以预料 SWT 问题的精确解与数值 TFM 模拟结果之间可能存在差异。为了强调这种差异,一些四方程 TFM 求解方法被用来与 SWT 水龙头问题的精确解进行对比,如式(2.117)与式(2.118)所示,这可以与 2.6.5 节中所求得的 FFM 的解进行比较。值得注意的是,最近新的文献展示了稳态下多相水龙头问题的解析解(Zou 等(2016))。这个新的结果与 TFM 完全相同,但它不是 SWT,这对未来的 TFM 程序开发是有意义的。

本节将重新评价上一节中所提到的 3 种数值方法。这里提供液相份额曲线的数值结果,它清楚地呈现了不断增长的不连续性这个具有挑战性的问题。研究了几个网格分辨率,范围为 $N=12 \sim 600$ 个,对应的网格尺寸为 $\Delta x = 0.02 \sim 1.0\text{mm}$。对于每次模拟,维持固定的初始流体 Courant 数,$CFL_1 = 0.1$,则对应的时间步长为 $r_\Delta = \Delta t / \Delta x = 0.01\text{s/m}$。当不连续点出现管道的约 1/2 时,数值解在 0.5s 时与准解析解进行比较。

一阶迎风数值方法所得的解,如图 3.7(a) 所示。当 $N<600$ 个时,结果相对较好,而且与文献中几个使用了一阶方法的结果相似,例如 Ransom 和 Mousseau(1991)。虽然通过数值黏度的扩散作用使得液相份额发生了跳跃,但模拟结果保持稳定。在网格最密的条件下,变形了的跳跃点下游出现轻微的不稳定性。但是,当使用一种高阶格式,在 $N>60$ 个时结果中便出现了振荡。图 3.7(b) 所示为 N 最高为 240 个时 SSP2 – MM 所对应的解,进一步加密后超调将出现在整个通道中。

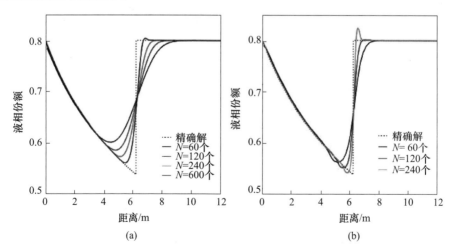

图 3.7 采用(a)一阶迎风格式与(b)SSP2 – MM 格式求解的水龙头问题在 $t=0.5\text{s}$ 时的模拟结果与 SWT 精确解之间的比较(见彩图)

振荡结果的出现是由于数值黏度作用大约被减小了一个数量级。差分问题的不适定性,即 KH 不稳定性,使得振荡的频率取决于网格尺寸。当 $\Delta x \rightarrow 0$ 时,由于表面张力与黏性不是处理水龙头问题 SWT 公式的组成部分而没有被建模,此时模型将变得不适定,进而不再存在限制或截止波长。在图 3.8(a)中,N 为 600 个时,SSP2 - MM 格式所得结果早期的不稳定性便是由模型的不适定导致的。

解决超调问题不需要增加短波物理关系式或无物理意义的闭包关系式,而是通过修正水龙头问题的初始和边界条件(IBC),从而尽可能接近 SWT 方程的精确解。图 3.8(b)所示为初始问题中跳跃点上游的相对速度主要由下降液柱的速度决定,但下游的速度会增加到超过 40m/s。这是由于液柱的颈缩和入口处气体流速为零的原始边界条件所导致的。当液柱变窄时,需要空气来填充不断增长的空泡,并且由于它不能从入口进入,所以它会从出口吸入,导致逆流。不连续处的较大相对速度导致 KH 波纹,并由于问题的不适定性而增长,进一步增加相对速度。另外,SWT 的解析解不含气体流速,因此相对速度为零。这样,修正方法变得清晰,即可通过修改 IBC 来降低相对速度,尤其是在不连续的位置上。

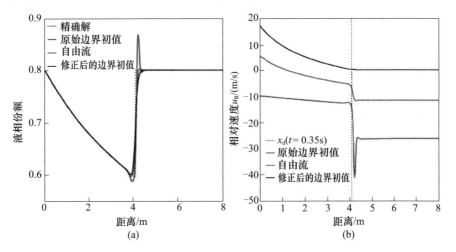

图 3.8　不同的初值边界条件对于利用 SSP2 - MM 格式求解的水龙头问题($N = 600$ 个,$t = 0.35$s)在(a)液相份额与(b)相对速度方面的比较(见彩图)

3.5.3　修正的水龙头问题

虽然高阶方法的数值解与 SWT 精确解之间的差异证明可以通过向 TFM 增加双曲线项来进行修正,但本节更倾向于修改水龙头问题的初始和边界条件来减小 KH 不稳定性所引起的波纹增长,从而使 TFM 具有更好的双曲线型。虽然微分方程的不适定性必然会给高阶处理方法带来问题,但它并不能成为添加无物理意义的本构模型的理由。在物理现象中,指定长度的下降液柱将表现出界面不稳定性和许多未建模的其他现象,例如波纹破裂和雾化等。换句话说,水龙头问题是检验模型有效性的问题而不是验证其物理过程的问题。因此需要区分物理模型和数学模型,本节更加关注后者。

修正该问题有一种简单的方法,即将入口空气边界条件从零流入边界改变为自由流边界。借助自由流边界,填充空气可以由通道的任意端流入。图3.8(b)所示为采用自由流边界时,相对速度的量级显著降低且在跳跃点左侧临近位置处的空泡振荡现象也相应减弱。然而,由于不适定的一维TFM水龙头问题仅在均匀条件下稳定,$u_R = 0$,因此可以对初值与边界条件进一步修正。首先,将初始气体速度从$u_2(x,0) = 0 \text{m/s}$提高到$u_2(x,0) = 10 \text{m/s}$,这样在初始条件下所有位置处都均匀。其次,将气相的入口边界条件改变为随时间变化的函数,即

$$u_2(0,t) = u_1[x_d(t)]\left[\frac{\alpha_2(x_d(t))}{\alpha_2(t_0)}\right] \tag{3.47}$$

式中:$x_d(t)$为不连续点的位置。

式(3.47)给出修正后的入口气体速度考虑了跳跃位置处液体的加速(RHS中的第一项)以及由于液柱颈缩所导致的填充气体增加(RHS中的第二项)。这样,即使跳跃点处出现较大的相对速度,修正后的初值与边界条件也会在跳跃点周围接近均匀状态。如图3.8(a)显示,此时下游液体份额的振荡被完全消除,并且在上游侧仅留下小的隆起。图3.9所示为FOU((a))格式和SSP2-MM((b))格式在$t = 0.5 \text{s}$时的完整结果,图3.10所示为SSP2-SMART格式的结果。

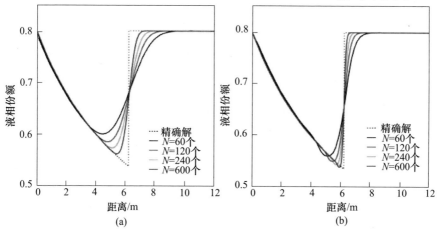

图3.9 采用(a)FOU与(b)SSP2-MM求解修正后的水龙头问题在$t = 0.5 \text{s}$时的模拟结果与SWT精确解之间的对比(见彩图)

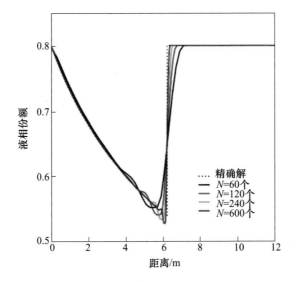

图 3.10 利用 SSP2 - SMART 求解修正后的水龙头问题在 $t=0.5s$ 时的模拟结果与 SWT 精确解之间的对比(见彩图)

3.5.4 收敛性

现在,需要对 TFIT 程序的收敛性进行验证。一般来说,程序验证用于确定两件事:首先,确定数值模型与微分方程的匹配性,如果匹配,则确定数值方法的精度。数值解的精确度与 SWT 方法的精确解(式(2.117)和式(2.118))将利用 L_1 范数进行比较,该范数如下所示:

$$L_1(\alpha) = \frac{1}{N}\sum_{i=1}^{N} |\alpha_i - \alpha_{\text{exact}}(x_i)| \qquad (3.48)$$

式中:N 为节点数;α_{exact} 为离散位置 x_i 处的 SWT 精确解;α_i 为相应的数值解。

首先,根据式(3.48)计算 L_1 误差,检验这两种情况下的 3 种格式所对应的收敛性。误差作为网格数的一个函数在双对数坐标中进行绘图来确定其整体精度。图 3.11 所示为正弦波和水龙头问题的几个关键点。其特征如下:①一阶迎风格式在初始条件光滑的情况下,正好收敛于 $O(1)$;②两个更高阶格式以大致相同的速率收敛到 $O(1.7)$;③对于不连续初始条件,收敛速度与连续初始条件的情况相比显著降低,均收敛于 $O(<1)$,原因已在 2.6.5 节中进行了讨论。可以看到,在图 3.11 中,FOU 和 SSP2 - MM 格式的收敛速度非常接近理论值 $O(1/2)$ 和 $O(2/3)$,而 SSP2 - SMART 格式的收敛速度约为 $O(0.77)$。

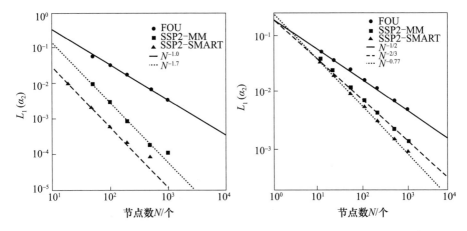

图 3.11 3 种数值格式对于求解(a)正弦波动与(b)水龙头问题的收敛速率

3.6 非线性模拟

3.6.1 Thorpe 实验

本节选择 Thorpe(1969)的水-煤油实验来验证非线性 TFM 方法。它相比空气-水实验有几个优点:

(1) 与空气-水实验相比,水-煤油实验中的运动不稳定性所产生的影响可以忽略不计,因此可以单独分析 KH 不稳定性。

(2) Thorpe 实验中流动是层流,因此可以不受扰动地分析界面稳定性。Thorpe 曾认为,因为在实验发生不稳定之前,流动即达到了边界层位移厚度对应的最大雷诺数 183,这低于 Schlichting(1955)所预计的临界值,即在壁面附近发生不稳定性的雷诺数为 575。且在界面的不稳定性方面仍没有得出类似的结论,因此,这里用较小的临界雷诺数来表征。因此墙壁附近的 Tollmien-Schlichting 不稳定性可以忽略。但是,Barmak 等(2016)最近证明,简单的 TFM 稳定性分析与在更完整的类似于 Thorpe 实验条件下层流分层流动的界面稳定性的 Orr-Sommerfeld 分析一致。因此,单独处理界面不稳定性的方法得到了线性稳定性理论的支持。此外,Thorpe 认为,利用当前 TFM 方法进行的稳定性分析与实验结果完全一致,该理论得到了实验验证。

(3) 在波浪生长的初始阶段,波浪破碎不明显。因此,考虑了表面张力的黏性 TFM 非线性模拟方法,对于波浪所产生的雷诺应力可以利用一个简单的本构关系去进行处理。

Thorpe 的实验段是一个 $H=0.03\mathrm{m}, W=0.1\mathrm{m}, L=1.83\mathrm{m}$ 的矩形通道,如

图 3.12 所示。通道充满等体积的水和煤油–四氯化碳混合物,密度分别为 $\rho_1 = 1000\text{kg/m}^3$, $\rho_2 = 780\text{kg/m}^3$。其余物性有 $\mu_1 = 0.001\text{Pa}\cdot\text{s}$, $\mu_2 = 0.0015\text{Pa}\cdot\text{s}$, $\sigma = 0.04\text{N/m}$。通道开始水平放置,使混合物完全分离并形成分层。然后通道突然倾斜到指定的小角度。当水冲下来时,形成逆流流动,推动煤油层上升。测量不稳定性起始时间并利用相机记录主波长。当倾斜角度为 4.1° 时,其展示了从侧面观察到的一系列流动照片。不稳定的开始发生在倾斜后 1.85s,不确定性大约为完全倾斜通道预计时间的 1/4。在波浪形成后,测量到的主波长约为 $(3.13 \pm 0.91)\text{cm}$,与图 3.2 中所示的线性稳定性理论的预测相似。

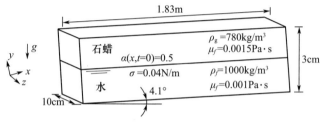

图 3.12　Thorpe 实验示意图

3.6.2　黏性应力

雷诺应力代表缺失的物理现象,即涡度,它对于非线性 TFM 方程(式(3.1)~式(3.4))的稳定起着关键作用。此外,它们减少了数值耗散,从而使得更高阶的求解格式成为可能。虽然它在均匀化的过程中被抹去了,但并不是因为它无足轻重。除了在方程中需考虑由波浪引起的湍流而带来的虚拟湍流黏度外,还需要考虑一维和三维应变率的协方差。雷诺应力在黏性非线性机制方面对模型稳定性的作用,将在第 4 章中从数学角度予以说明。

目前,由波浪导致的有效黏度还没有非常完整的模型,因此这里采用了一个简单的,仅能表示该作用量级的模型,但其可以满足模拟的运行需求。由于 Thorpe(1969)实验的相密度非常接近,因此一阶近似是忽略界面的阻尼作用并将两相流作为单相混合的两层流体进行处理的。而且即使没有明显分层的界面,Thorpe 实验同样会产生层流流动,界面波也会产生漩涡和速度脉动,这可能被视为虚拟湍流。混合层的湍流黏度的解析表述(Pope(2009))如下所示:

$$\nu_T = 0.39^2 S \delta(t) \Delta U \tag{3.49}$$

式中:S 为传播速率;$\delta(t)$ 为混合层厚度;ΔU 为两种流体之间速度差的绝对值。

式(3.49)的推导中,假设混合层是自相似的,即 S 为常数,$S \equiv \frac{1}{\Delta U}\frac{\mathrm{d}\delta}{\mathrm{d}t}$ 在单相流的研究中已经得到了验证。在 Thorpe 问题中,速度差最初是线性增加的,因此式(3.49)仅在混合层厚度随时间平方增加时成立。Fullmer 等(2011)进行了 Thorpe 实验的 CFD - VOF 模拟,结果显示 S 为 0.0137 ~ 0.0252,验证了该表达式对 Thorpe 问题的有效性。最后,仅采用一个估计的最大值,$\delta(t) \approx H/2$,而不采用与时间关联的混合层厚度,从而得到一个简单的湍流黏度模型,即

$$v_T = 0.0015H|u_2 - u_1| \tag{3.50}$$

Fullmer 等(2011)提出了一维雷诺应力项,其代表着与多维模拟在数量上相当的雷诺应力耗散。它由湍流黏度和 CFD 与一维应变速率张量之间的协方差构成。此时渐近协方差约等于 7,对于 Thorpe 实验其有效黏度约为 $v_1 = v_2 = v_{\text{eff}} = 0.0001 \text{m}^2/\text{s}$,这也是本章中数值模拟所用值。

然后,需要额外的本构方程表示壁面和界面剪切应力使方程封闭。在多维模型中,这些将被处理成微分项,但在一维模型中,它们仅是表示摩擦因数的简单代数项。

3.6.3 壁面剪切力

壁面剪切力项可以利用一个简单的 Darcy 类型模型来封闭,即

$$\tau_{kw} = \frac{1}{2} f_k \rho_k |u_k| u_k \tag{3.51}$$

式中:f_k 为某相壁面摩擦因数。

需要指出,对于壁面剪切模型,式(3.51)中 f_k 是常用于单相流分析的范宁摩擦因数而不是 Darcy 摩擦因数,这两个摩擦因数的关系为 $f_{\text{Darcy}} = 4 f_{\text{Fanning}}$。这里采用范宁系数仅为与后续的界面曳力模型的表达形式一致。用于描述湍流摩擦因数的 Blasius 方程,通过选用最大值来与层流状态进行衔接,即

$$f_k = \max\left[\frac{16}{Re_k}, 0.0791 Re_k^{0.25}\right] \tag{3.52}$$

式中:Re_k 为相雷诺数,对应的水力当量直径为

$$D_{H1} = 4\frac{\alpha_1 A}{P_{w1}}, \quad D_{H2} = 4\frac{\alpha_2 A}{P_{w2} + P_i} \tag{3.53}$$

其中,P_i 为界面的长度,假设它等于通道的宽度。

在 D_{h2} 的定义中使用 P_i 而在 D_{H1} 中不使用 P_i 的做法，似乎最早由 Agrawal 等(1973)采用，并在后续进行大多数分层流分析中延续了下来。根据假设的流动几何形状，只要每一种流体与壁面连续接触，可确定其润湿的壁面份额为

$$P_{wk} = W + 2\alpha_k H \tag{3.54}$$

当 $\alpha_k \to 1$, $P_{wk} = 2W + 2H$；当 $\alpha_k \to 0$, $P_{wk} = 0$。

3.6.4 界面剪切力

在一维两相流模型中，最重要的界面动量传递作用是界面曳力。曳力不仅是最主要的界面力，它还是相动量方程的强耦合原因。总曳力分解为两个分量，即表面阻力 τ_{ki} 和形状阻力。对于完美平滑的界面，只存在表面阻力与壁面剪切力相似，表面阻力可以利用一个简单的 Darcy 类型模型进行表示，即

$$\tau_{ki} = \frac{1}{2} f_i \rho_2 |u_R|(u_k - u_{nk}) \tag{3.55}$$

式中：$u_R = (u_2 - u_1)$ 为相对速度；u_{nk} 为另一相的速度。

当界面产生小波纹而变得粗糙时，形状阻力将会变得重要。与界面剪切力一样，形状阻力也用阻力系数关系式表示，它主要取决于波纹在流动方向上所投射的截面积。然而，通过实验确定的阻力系数并没有被区分为表面阻力与形状阻力。因此，式(3.55)所定义的界面摩擦因数可以理解为包含了表面阻力与形状阻力的整体摩擦阻力系数。P_i/A 的比值与二维的相界面浓度 a_i 等价。对于假设的准二维流动几何形状，界面周长等于通道的宽度，因此 $a_i = H^{-1}$。根据 Taitel 和 Dukler(1976a,b)的研究结果，界面摩擦因数与较轻流体的壁面摩擦因数成正比，$f_i = C_i f_2$，式中比例常数 C_i 代表着界面粗糙程度。已有的研究结果显示，该项的取值为 1~15。在本章中，对于液-液流动情况，C_i 取 1(Taitel 和 Dukler (1976a,b))；对于气-液流动，C_i 取 5(Hurlburt 和 Hanratty(2001))。

3.6.5 单一非线性波

为了说明非线性波动力学，在 Thorpe 实验条件下模拟了类似于 2.8 节中所介绍的高斯孤波。在 2.8 节中，借助近线性阶段阐述了物理上短波机制的稳定作用，现在本节将对非线性演化中的"适定"波进行讨论。计算域长 $L = 0.5\mathrm{m}$。在 3.4.7 节中，高阶数值方法的条件为 $\Delta x = 1\mathrm{mm}$, $r_\Delta = 0.5\mathrm{s/m}$ 以及周期性边界。初始的条件为 $u_2 = -u_1 = 0.2\mathrm{m/s}$，且

$$\alpha_1(x, t=0) = 0.5 + 0.01 \mathrm{e}^{-256(x-L/2)^2} \tag{3.56}$$

图 3.13 所示为初始条件下波的剖面及在考虑了黏性应力与表面张力后，

$t=0.2\mathrm{s}$ 时的解。最终,由于 KH 不稳定性,所得结果与 Burgers 方程相似,参见 B. 3. 1 节。Kreiss 和 Yström(2006)发现,这种波最终将形成连续性激波,从而提供了一种重要的非线性黏性耗散作用,限制了不稳定波的增长。

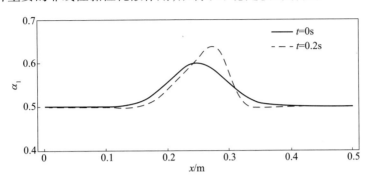

图 3.13　高斯孤波的非线性演进过程

3.6.6　Thorpe 实验验证

通过 TFIT 程序,利用 3.4.7 节所介绍的更高阶 SSP2 – SMART 求解格式对 Thorpe 实验进行模拟。模拟中使用了 3 种不同的网格,N 分别为 900 个、1800 个和 3600 个,对应的 Δx 分别为 2.0mm、1.0mm 和 0.5mm。对于前两个网格,设置时间步长为 $r_\Delta = 0.5\mathrm{s/m}$,对于更密的网格,$r_\Delta = 0.2\mathrm{s/m}$。方程使用了完整的一维 TFM,如 3.2.2 节所示。如 Thorpe 实验一样,模拟中通过将重力项的轴向分量乘以系数 $\tanh(100t)$。轴向重力分量的增加减弱了初始瞬变,并且使得静压分布能够逐渐发展。这种倾斜过程比实验中的情况要快得多①,据估计整个过程只需要花费 0.5s,实际上 0.0265s 时即可达到 99%。

图 3.14 所示为 Fullmer 等(2011)所获得的在计算域的中心位置上波动情况的发展与 Thorpe 实验图像的对比。图中左侧为数值模拟所获得的界面高度,$h_1 = \alpha_1 H$。这些图所对应的尺寸与照片中显示的区域大致相当。可以看到,模拟结果和实验结果,在波数目以及波的发展过程方面是整体上非常接近。在数值模拟中,波的形成是不对称的,并且出现与上节假设问题中相同的非线性行为。对于所得数值解与 3.6.7 节所得的结果,二者在关键波长以及时间转变方面存在一些差异。然而,图 3.14 结果中最令人困扰的问题是,该数值解并不是唯一的。当网格被细化时,在求解波浪形成过程时,方程的解并不收敛。在接下

---

①　当轴向重力分量快速上升时,轴向力变得平滑,以前的仿真不包括这一倾斜过程,采用的是零时刻重力矢量步进变化。

来的部分中将进一步研究这个问题,第 4 章中将对混沌的结果进行理想化的非线性分析①。

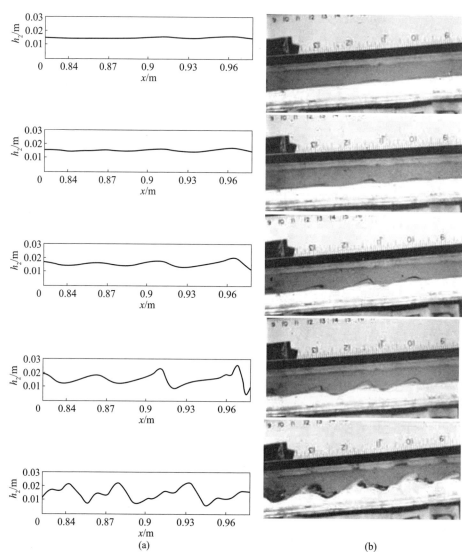

图 3.14　(a)数值解与(b)实验图像的对比(数值解对应的时间分别为 3.23s、3.29s、2.35s、3.41s 和 3.59s;实验图像对应的时间分别为 2.0s、2.06s、2.12s、2.18s 和 2.35s)(转载自 Thorpe(1969),经剑桥大学出版社许可)

---

① 虽然轴向力迅速增加,但这是一个光滑过渡。前期的并没有包含倾斜的模拟,本质上是在 0 时刻重力矢量上施加了一步改变。

3.6.7 收敛性

虽然 Thorpe 实验的模拟结果与实验结果之间较好地吻合,但求解过程中收敛性存在问题。随着两相逆流加速,最终超过 KH 标准并且在研究位置的中心区域形成杂乱的波状流。在第 4 章中,将会讲述混沌是不收敛的根本原因。由于两个方面的原因使得 Thorpe 实验不能展开完整的混沌分析:①流量持续变化,因此不能对比不同时间的傅里叶光谱;②混沌、波浪、超 KH 临界流动在流体分离成最终的稳定状态之前仅持续几秒。

因此,对于这样一个时空瞬态问题,采用傅里叶近似方法进行分析。该方法通过对许多轻微扰动模拟结果进行傅里叶变换得到整体的平均值。通过假设倾斜角 θ 及 3 个摩擦因数 f_i、f_1 和 f_2 具有 10% 的不确定度来获得不同的结果。利用所得的 20 个计算结果确定每个变量的随机系数 χ_{fi}、χ_{f1}、χ_{f2} 和 χ_θ。采用随机均匀分布确定每个系数,并对期望的不确定性范围进行归一化处理。这样,20 个计算结果中每一个都可以产生特定的解。以上的结果通过 3 种不同的网格获得。

在对空泡份额进行傅里叶变换时,仅考虑通道中心长 0.512m 部分液相份额的结果,即 $x \in (0.9 \pm 0.256)$m。3 个网格在 $t = 4.0$s 时,波数区域内空泡份额的平均振幅谱如图 3.15(a)所示。随着网格的进一步细化,整体平均光谱的波数分辨率增加。

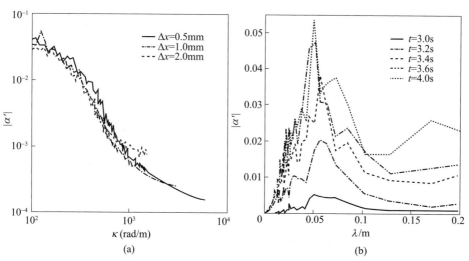

图 3.15 模拟中液相份额(a)在流体域中心,$t = 4.0$s 时,不同网格密度对应的平均幅值谱图与(b)在流体域中心,$\Delta x = 1.0$mm 时的平均幅值谱图

通过两种方法从 20 次模拟中提取信息,并与测量的波长进行比较。将收敛

的数值结果与实验数据进行对比,可以发现 $\Delta x = 1.0\text{mm}$ 的网格与进一步细化的网格($\Delta x = 0.5\text{mm}$)所得的结果在发生偏转前99%的能量光谱都相同。而粗糙的网格($\Delta x = 2.0\text{mm}$)在发生偏转前,只能获得与 $\Delta x = 1.0\text{mm}$ 网格90%相似的能量光谱。

确定波长的第一种方法是直接使用傅里叶光谱。这样,频谱中波长较长(低波数)的部分将变得十分重要。图3.15(b)所示为平均空泡份额的波幅作为波长函数随时间的变化。可以看到,主要波长首先出现在 $4 \sim 8\text{cm}$ 的范围内,这比实验值(3.13 ± 0.91)cm 长得多。随着模拟的进行,波逐渐增长并变得陡峭,光谱中最大幅度的波在振幅上增加并且波长减小到约5cm。在大约3.6s时,因为所有模拟中波已经填满了通道中心,主波长变得相对稳定。

使用光谱分析方法表征空泡份额的波长变化的缺点之一是它依赖于线性傅里叶变换。傅里叶变换能够很好地区分不同波形的叠加,但是当不同波长的波彼此相近时,该方法不能很好地确定出平均波长。因此,需采用另一种方法来求出平均波长,即通过对计算域中心0.512m处的波数进行统计来获取平均波长。采用一种粗糙但有效的方法来识别出波的一对极值,然后平均波长可以近似为

$$\lambda_n = \frac{L}{N_{\text{ex}}/2} \tag{3.57}$$

式中:$L = 0.512\text{m}$ 为测试长度(即 $x \in (0.9 \pm 0.256)\text{m}$);$N_{\text{ex}}$ 为当地波数目的最大值和最小值;下标 n 用于区分整数计数方法确定的波长与傅里叶分析的连续波长。

第二种方法的主要缺点是对与每个波的计数给予的权重相同,虽然结果中一些较大振幅的长波波浪上面有一些小波纹,但这些小波的计算权重与大波纹相同。因此,在图3.16中可以看到,以这种方式获得的波长比光谱方法的波长明显要小。

根据式(3.57)计算出20个结果中的平均波长,如图3.16(a)所示,图中误差线为标准差。在不稳定性起始位置,波长非常大,约为10cm,但4s后立即衰减到两个平衡值 $\lambda_n = (3 \pm 0.5)\text{cm}$。图中平滑的变化趋势可能会产生一些误导。实际上,每个计算结果均平稳地衰减到 $\lambda_n \approx 5\text{cm}$,之后突然下降到3cm。由于每个计算结果均有一些差异,在平均化后这种突然变化显得逐渐平滑。尽管如此,与光谱分析结果相比,如图3.15所示,初始的长波逐渐衰减最终进入稳定周期这种总体的变化趋势是一致的。

虽然计算的主要波长与报告中的数据一致,但图3.16(b)中显示转变时间存在着明显的延迟。在该方法中,不稳定性发生在 $t_0 = 2.8\text{s}$。这个时间是通过对不同时刻所有波长的光谱进行积分(有限求和)然后对实验段长度进行归一

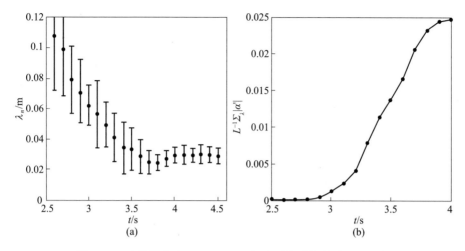

图 3.16 流体域中心,$x = 1.0$mm 时(a)近似波长的演进过程与
(b)随时间变化的平均振幅谱图的积分值

化得到的,与图 3.15(b)所示的傅里叶分析相似。

计算得到的不稳定性起始时间比报告中的实验数据延迟了近 1s[①],t_{onset} = (1.85 ± 0.25)s。模拟结果中的延迟与线性稳定分析结果也不相同,线性分析中波长 10cm 的扰动会转变得更快一些。另外,二者在相对速度方面的变化上存在明显的区别。线性稳定性分析中假设存在无黏性线性加速度,而模拟包含壁面曳力和界面曳力。实际上,考虑了界面和壁面剪切力的延迟更接近实验所测量的不稳定性起始时间。另一个差异在于,线性稳定性分析中预测的不稳定情况,在模拟中由于初始时在计算域的中心没有出现扰动导致该情况并未出现。在模拟中,波浪从端部向内部发展。计算域的排空和填充为波的形成提供必要的扰动,但是它们到达域中心的时间会出现明显的延迟。通过在计算域中心到达临界速度时,对空泡份额或者速度场引入扰动,可以对不稳定性的起始时间予以改善(Fullmer 等(2010))。然而,引入的扰动会强烈影响不稳定区域的光谱。在这两个量中,我们认为,让光谱自然发展比使用强加扰动能够更准确地预测过渡时间。

3.7 总结与讨论

本节对分层流下的稳定和 KH 不稳定一维 TFM 进行了线性分析和非线性

[①] 应该指出,不稳定性起始的时间(Thorpe(1969))具有很小的误差。但是,这应该也包含了"一半的时间来使管道倾斜",据报道这一时间通常是 0.25s。因此,这一值通常是不确定的。

模拟。此外,分析了基于压力泊松方程方法的一阶和二阶精确有限差分格式的稳定性。这些方法均在当前的工业程序中应用,且它们也是本章中进行的非线性仿真的基础。

此外,对几种著名的 TFM 线性稳定性分析方法进行了总结。当相对速度超过 KH 不稳定性标准时,基础的一维 TFM 是不适定的。在包含了表面张力后,方程将适定,即对波长不增加的情况存在截止波长。

利用冯·诺依曼方法分析了具有压力泊松求解方法的不适定和适定模型的一阶有限差分格式的数值稳定性,其结果与第 2 章相似。然后,对不适定的模型,再次依照第 2 章的步骤,提出了一个带有通量限制器的二阶格式,从而使模型变得适定。通过空泡份额正弦波验证了该方法的收敛性为 $O(1.7)$。然而,对于水龙头问题的收敛率实际上与第 2 章中的收敛率相等,然后通过修正水龙头问题的初值与边界来消除不连续位置上的 KH 不稳定性所导致的方程不适定。

仅考虑了表面张力的适定 TFM 是扩散的但没有耗散,并且在超过截止的波长处发生无边界的波增长,使得模型发生李雅普诺夫不稳定。因此,需要考虑物理上耗散机制来使波长增长满足要求。尽管存在很多不同的耗散机制如波浪破碎等,本书中选择了 Kreiss 和 Yström(2006) 所发现的陡峭波阵面产生黏性应力导致的非线性作用机制。然后利用 Thorpe(1969) 实验对 TFM 的数值求解进行 KH 不稳定性验证。非线性模拟与实验数据吻合较好,并且波的生长是有界的,即存在李雅普诺夫稳定性,但在本章中未作证明。

总体上,本章完成了对第 2 章中所提出的完整 TFM 格式结果的确认。此外,将模拟扩展到结果紊乱的非线性区域。因此,在下一章中将进行更严格的 FFM 模拟和非线性分析,并将展示李雅普诺夫稳定性的作用。

参考文献

Agrawal, S. S., Gregory, G. A., & Govier, G. W. (1973). An analysis of horizontal stratified two-phase flow in pipes. *Canadian Journal of Chemical Engineering*, 51, 280–286.

Anderson, T. B., & Jackson, R. (1967). Fluid mechanical description of fluidized beds. Equations of motion. *Industrial & Engineering Chemistry Fundamentals*, 6(4), 527–539.

Arai, M. (1980). Characteristics and stability analyses for two-phase flow equation systems with viscous terms. *Nuclear Science and Engineering*, 74, 77–83.

Barmak, I., Gelfgat, A., Ullmann, A., Brauner, N., & Vitoshkin, H. (2016). Stability of stratified two-phase flows in horizontal channels. *Physics of Fluids*, 28, 044101.

Bestion, D. (1990). The physical closure laws in the CATHARE code. *Nuclear Engineering and Design*, 124, 229–245.

Drew, D. A. (1983). Mathematical modelling of two-phase flow. *Annual Review of Fluid Mechanics*, 15, 261–291.

Drew, D. A., & Passman, S. L. (1999). *Theory of multicomponent fluids. Applied mathematical sciences.* Berlin: Springer.

Drikakis, D., & Rider, W. (2005). *High resolution methods for incompressible and low-speed flows.* Berlin: Springer.

Fullmer, W. (2014). *Dynamic simulation of wavy-stratified two-phase flow with the one-dimensional two-fluid model.* Ph. D. Thesis, Purdue University, West Lafayette, IN.

Fullmer, W., Lopez De Bertodano, M., & Ransom V. H. (2011). The Kelvin-Helmholtz instability: Comparisons of one and two-dimensional simulations. In *The 14th International Topical Meeting on Nuclear Reactor Thermal Hydraulics (NURETH – 14)*, Toronto, ON, Sept 25 – 29, 2011.

Fullmer, W., Prabhudharwadkar, D., Vaidheeswaran, A., Ransom, V. H., & Lopez-de-Bertodano, M. (2010). Linear and nonlinear analysis of the Kelvin-Helmholtz instability with the 1D Two Fluid model. In *Proceedings of the 7th International Conference on Multiphase Flow*, Tampa, FL, May 30-June 4, 2010.

Gaskell, P. H., & Lau, A. K. C. (1988). Curvature-compensated convective transport: SMART, a new boundedness-preserving transport algorithm. *International Journal for Numerical Methods in Fluids*, 8, 617–641.

Gidaspow, D. (1974). Round table discussion (RT – 1 – 2): Modeling of two-phase flow. In *Proceedings of the 5th International Heat Transfer Conference*, Tokyo, Japan, Sept 3 – 7, 1974.

Gidaspow, D. (1994). *Multiphase flow and fluidization: Continuum and kinetic theory descriptions.* San Diego, CA: Academic.

Gottlieb, S., & Shu, C. – W. (1998). Total variation diminishing Runge-Kutta schemes. *Mathematics of Computation*, 67, 73–85.

Guermond, J. L., Minev, P., & Shen, J. (2006). An overview of projection methods for incompressible flows. *Computer Methods in Applied Mechanics and Engineering*, 195, 6011–6045.

Guermond, J. L., & Shen, J. (2003). A new class of truly consistent splitting schemes for incompressible flows. *Journal of Computational Physics*, 192, 262–276.

Harlow, F. H. (2004). Fluid dynamics in group T – 3 Los Alamos National Laboratory (LA – UR – 03 – 3852). *Journal of Computational Physics*, 195(2), 414–433.

Harlow, F. H., & Welch, E. J. (1965). Numerical calculation of time-dependent viscous incompressible flow of fluid with free surface. *Physics of Fluids*, 8(12), 2182–2189.

Holmås, H., Sira, T., Nordsveen, M., Langtangen, H. P., & Schulkes, R. (2008). Analysis of a 1D incompressible two fluid model including artificial diffusion. *IMA Journal of Applied Mathematics*, 73, 651–667.

Hurlburt, E. T., & Hanratty, T. J. (2001). Prediction of the transition from stratified to slug and plug flow for long pipes. *International Journal of Multiphase Flow*, 28, 707–729.

Hwang, Y. – H. (2003). Upwind scheme for non-hyperbolic systems. *Journal of Computational Physics*, 192, 643–676.

Information Systems Laboratories. (2003). *RELAP5/MOD3. 3 Code manual*, Vol. 1: Code structure, system models, and solution methods. NUREG/CR – 5535/Rev P3 – Vol I.

Ishii, M., & Hibiki, T. (2006). *Thermo-fluid dynamics of two-phase flow.* New York: Springer.

Jackson, R. (1997). Locally averaged equations of motion for a mixture of identical spherical particles and a

Newtonian fluid. *Chemical Engineering Science*,52(15),2457-2469.

Kreiss,K. O. ,& Yström,J. (2006). A note on viscous conservation laws with complex characteristics. *BIT Numerical Mathematics*,46,S55-S59.

Krishnamurthy,R. ,& Ransom,V. H. (1992). A non-linear stability study of the RELAP5/MOD3 two-phase model. In *Proceedings of the Japan-US Seminar on Two-Phase Flow*,Berkeley,CA.

Lakehal, D. , Smith, B. L. , & Milelli, M. (2002). Large-eddy simulation of bubbly turbulent shear flows. *Journal of Turbulence*,3,N25.

Lile,D. R. ,& Reed,W. H. (1978). A semi-implicit method for two-phase fluid dynamics. *Journal of Computational Physics*,26,390.

Lyczkowski,R. W. (2010). The history of multiphase computational fluid dynamics. *Industrial & Engineering Chemistry Research*,49,5029-5036.

Mahaffy,John H(1982). A stability-enhancing two-step method for fluid flow calculations. *Journal of Computational Physics*,46(3):329-341.

Morel, C. (2015). *Mathematical modeling of disperse two-phase flows.* New York:Springer.

Morel, C. , Goreaud, N. , & Delhaye, J. – M. (1999). The local volumetric interfacial area transport equation:Derivation and physical significance. *International Journal of Multiphase Flow*,25(6),1099-1128.

Pannala,S. ,Syamlal,M. ,& O'Brien,T. J. (Eds.). (2010). *Computational gas-solids flows and reacting systems:Theory,methods and practice.* Hershey:IGI Global.

Patankar,Suhas. (1980). Numerical heat transfer and fluid flow. CRC press.

Pope,S. B. (2009). *Turbulent flows.* Cambridge:Cambridge University Press.

Ramshaw,J. D. ,& Trapp,J. A. (1978). Characteristics,stability and short wavelength phenomena in two-phase flow equation systems. *Nuclear Science and Engineering*,66,93.

Ransom,V. H. (1989). *Course A—Numerical modeling of two-phase flows.* Technical Report EGG-EAST-8546,EG&G Idaho,Idaho Falls,ID.

Ransom,V. H. ,& Mousseau,V. (1991). Convergence and accuracy of the RELAP5 two-phase flow model. In *ANS International Topical Meeting:Advances in Mathematics,Computations and Reactor Physics*,Pittsburgh,April 28-May 2,1991.

Ransom,V. H. (2000). Summary of research on numerical methods for two-fluid modeling of two-phase flow, Consulting and Information Systems Laboratories.

Roe,P. L. (1986). Characteristic-based schemes for the Euler equations. *Annual Review of Fluid Mechanics*, 18,337-365.

Schlichting,H. (1955). *Boundary layer theory.* London:Pergamon.

Stadtke, H. (2006). *Gasdynamic aspects of two-phase flow:Hyperbolicity,wave propagation phenomena,and related numerical methods.* Weinheim,Germany:Wiley-VCH.

Taitel, Y. ,& Dukler, A. E. (1976a). A model for prediction of flow regime transitions in horizontal and near horizontal gas-liquid flow. *AIChE Journal*,22,47-55.

Taitel, Y. ,& Dukler, A. E. (1976b). A theoretical approach to the Lockhart-Martinelli correlation for stratified flow. *International Journal of Multiphase Flow*,2,591-595.

Tannehill, J. C. , Anderson, D. A. , & Pletcher, R. H. (1997). *Computational fluid mechanics and heat transfer.* Boca Raton:CRC.

Thorpe, J. A. (1969). Experiments on the instability of stratified shear flow: Immiscible fluids. *Journal of Fluid Mechanics*, *39*, 25-48.

Trapp, J. A. and Mortensen, G. A. (1993) A discrete particle model for bubble-slug two-phase flows. *Journal of Computational Physics*, *107*, 367-377.

van Leer, B. (1979). Towards the ultimate conservative difference scheme. V. A Second-order sequel to Godunov's method. *Journal of Computational Physics*, *32*, 101-136.

von Neumann, J., & Richtmyer, R. D. (1949). A method for the numerical calculation of hydrodynamic shocks. *Journal of Applied Physics*, *21*, 232-237.

Waterson, N. P., & Deconinck, H. (2007). Design principles for bounded higher-order convection schemes—A unified approach. *Journal of Computational Physics*, *224*, 182-207.

Zhang, D. Z., & Prosperetti, A. (1994). Averaged equations for inviscid disperse two-phase flow. *Journal of Fluid Mechanics*, *267*, 185-220.

Zou, L., Zhao, H., & Zhang, H. (2016). New analytical solutions to the two-phase water faucet problem. *Progress in Nuclear Energy*, *91*, 389-398.

第 4 章
定通量模型中的混沌

摘要：第 3 章已经讨论了适定的两流体模型中由于物质波增长导致的 KH 不稳定性。接下来的问题是，在最初的增长过后，波会如何进一步进行非线性演化。Whitham(1974)为浅水理论(SWT)提供了一组非线性解，包括激波和膨胀波，并确定了 SWT 的运动学不稳定性。在第 2 章中，研究表明 TFM 可以近似表示为定通量模型(FFM)，这等同于 SWT 的 KH 不稳定性。除此之外，FFM 是具有唯一解的，从而解决了它的非线性问题。

本章从 Kreiss – Yström(KY)方程出发。在 2.6.3 节中已经展示了 KY 方程与具有人工黏度的 FFM 具有相似的线性稳定性。这里将会把一些系统动力学和混沌理论的标准处理方法应用于 KY 方程，以获得最大的李雅普诺夫指数和分形维数。在导致混沌的路径上将会出现固定点、极限环和奇异吸引子。然后，继续讨论没有人工黏度的 FFM 的情况。将通过一个新实验来证明固定流模型适定，该实验类似于 Thorpe(1969)实验，但更加关注波在经过初期生长阶段后的混沌行为，这是 Thorpe 实验所不具备的。之后，开展具有周期性边界条件的 FFM 的长期模拟，以获得最大的正李雅普诺夫指数和分形维数。最大李雅普诺夫指数比线性对应物小一个数量级，且最终的发散轨迹受到奇异吸引子限制，即李雅普诺夫稳定性。

最后，本章讨论的 FFM 混沌行为与众所周知的线性理论有很大的差异。因此，需要着重区分二者的差异，线性稳定性只决定不稳定的 TFM 是否瞬间扩大(不稳定)或指数变化(良好的)，且在很短的时间间隔内有效，而非线性稳定性决定了这个问题在长期内是否有效。

4.1 引 言

在不考虑非线性动力学的条件下，可以认为只要短波长物理机制能够被方程适当地考虑在内,就可以获得一个适定的一维 TFM。在第 3 章中提到的 TFM 不稳定行为的初始非线性阶段,并没有提到在最初的生长和平衡状态之外,物质波会经历怎样的非线性演化。本章将开展长期的非线性模拟并对此展开分析,以探究它是如何变化的,并引入混沌理论和李亚普诺夫稳定性。

Whitham(1974)为由激波和膨胀波组成的 SWT 确定了一组非线性解,并确定了 SWT 的运动学不稳定性。在第 2 章的线性分析中,可以看到 FFM 由于 KH 不稳定性会转化为 SWT 问题。除此之外,FFM 的非线性行为是非常特殊的,并且相关研究文献非常少。Kreiss 和 Yström(2002)、Keyfitz 等(2004)率先从数学角度对两方程模型开展分析,发现在 KH 稳定点之后的两方程模型与 FFM 相同,并得到了与 SWT 类似的激波与膨胀波,观察到黏性作用下的陡峭波面所带来的非线性作用限制了波的增长。除此之外,Fullmer 等(2014)在 Kreiss 和 Yström 研究工作的基础上开展了进一步的延伸,并引入了混沌理论。在 2.6.3 节中已经证明了,KY 方程的线性稳定性与带有人工黏度的 FFM 非常相似。在本章中,将对 KY 方程使用一些系统动力学和混沌理论的典型工具(详见 B.6 节)开展分析,然后对不含人工黏度项的 FFM 问题进行研究。

适定 TFM 模型在开展 Thorpe(1969)问题研究中所出现的非线性现象已在 3.6 节中予以展示。这些模拟有一个缺点,即模拟的实验物理时间太短,未达到进行混沌分析所需的静止状态。因此,在本章中,将用一个新的需要较长实验时间的实验来验证在长期的混沌模拟中 FFM 模型的有效性。然后,计算出经验证的 FFM 模型的最大李雅普诺夫系数和分形数,并对数值收敛问题进行讨论。

4.2 混沌与 Kreiss – Yström 方程

4.2.1 非线性模拟

现在将 2.6 节中经过验证的数值方法用于解决 KY 方程,如式(2.98)和式(2.99),其中 $C=1, \varepsilon = v = 0.025 \text{m}^2/\text{s}$。第一个也是最显著的验证是对原始的 KY 问题开展模拟,并将有限差分模拟结果与谱分析法获得的 Kreiss – Yström 结果进行比较。初始条件是不同宽度的高斯分布,其中原点是周期性的,$\alpha_0 = \text{e}^{-2x^2}, u_0 = \text{e}^{-4x^2}$。计算域 $x \in [-\pi, \pi]$ 被划分为 $N=512$ 个均匀的节点,时间步长 $\Delta t = 0.0002 \text{s}$。计算结果与文献中 KY 结果的对比如图 4.1 所示。

从起始时刻到 $t=1\text{s}$,这两个方法所得到的数值结果几乎是一样的,当 $t=4\text{s}$ 时才出现一些细小的差异。但是在 $t=40\text{s}$ 时,两种结果仅在特征上有些相近。

表面上看,这些差异似乎可以接受。毕竟,KY 的数值解是通过分辨率更高

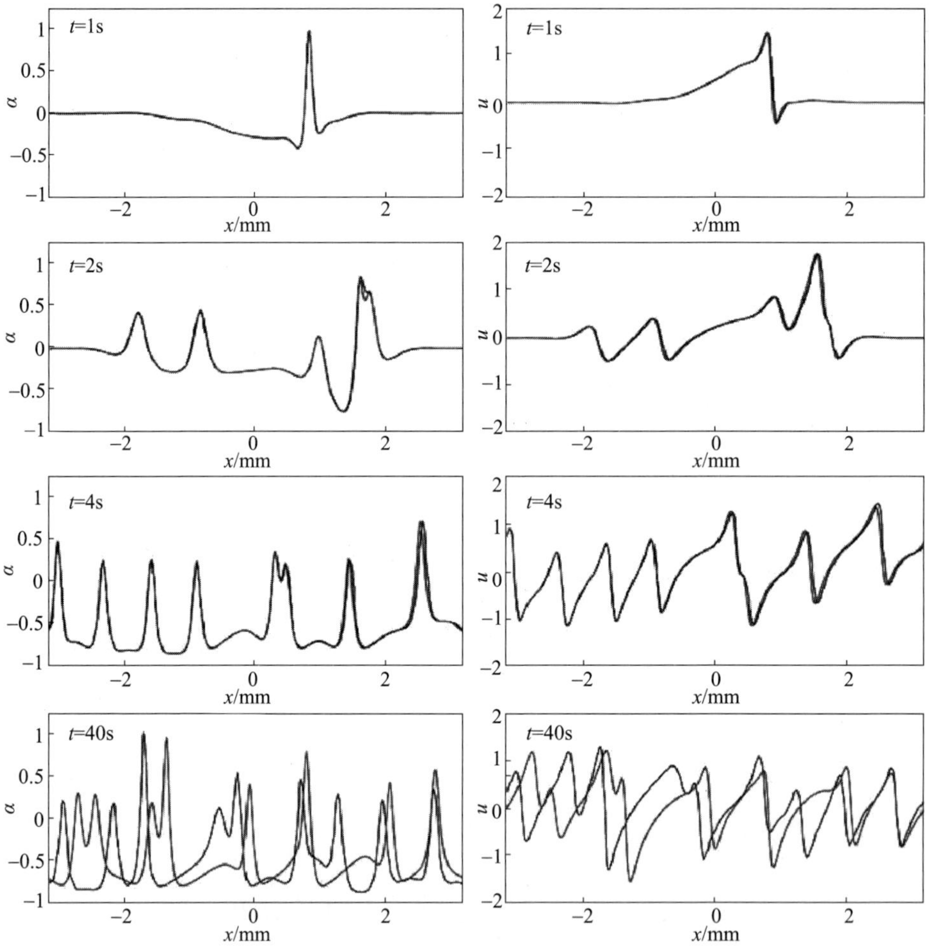

图 4.1 KY 方程数值解(红线)与原始结果(黑线)之间的比较(见彩图)

的虚拟谱分析法获得的,能够在 $t=8\text{s}$ 时保持收敛。为确保数值解精确地接近于偏微分方程系统,需保证数值解完全收敛或者是网格无关的。精确程度的定量分析也是一个对解进行验证与数值误差评估的过程。对解进行验证可以采用多种不同形式:从使用 Richardson(1926)方法,通过一系列数值解来预估精确解,到更实用的方法,通过改进网格直到两个相邻的解变得(相对)难以区分。验证求解的准确方法似乎与此处分析无关,因为任何方法都需基于这样一种情况,即更精细连续网格上的解是收敛的。图 4.2 所示为 $t=40\text{s}$ 时网格数 N 从 512 个变化到 4096 个时所对应的解。可以看到,即使增加近一个数量级的网格数,所得解不同于 KY,并且彼此不同。虽然这些解的特征非常相似,但在图 4.2 中,这些特征似乎并没有像希望的那样随着网格细化而有序地改变:振幅和频率没有增加,斜率没有变陡,波也没有从弥散误差中变换出来。每个解在不同时间看起来是单个网格或至少类似网格的不同状态。在这段求解时间内如此缺乏收敛性的程序结果导致无法对所求解进行有效验证。

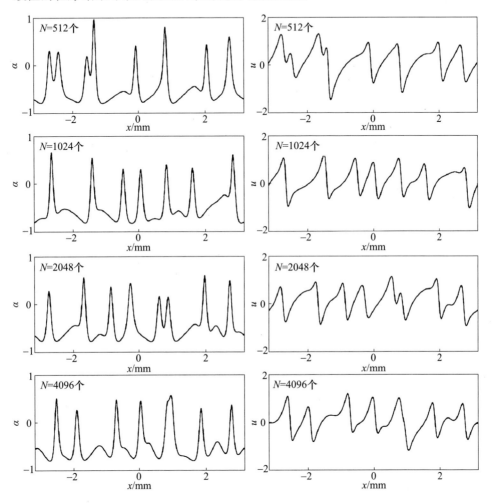

图 4.2　KY 方程在 $t=40\mathrm{s}$ 时,4 种不同网格条件下的数值结果

4.2.2　初值敏感性

虽然现在通过误差估计无法完成解的验证,但重要的是要理解为什么会出现这种缺乏收敛的情况。其原因类似于图 2.19 中显示的较大网格上的 MMS 结果:非常小的误差会导致指数级的增长。即使每套网格下的求解都从相同的初始条件出发,或者在有限差分网格上有着类似的表示,但是每套网格的截断误差却都不同。这个过程可以通过其中一套网格($N=512$ 个)在计算中引入一个非

常小的扰动清楚展现。

现在将初始条件定义为 $\tilde{\alpha}_0 = e^{-(2+\delta_\alpha)x^2}$，$\tilde{u}_0 = e^{-(4+\delta_u)x^2}$，这样扰动便被加到了高斯宽度当中。令 $\delta_\alpha = \delta_u = 0$，即可恢复原有不受干扰的初始状态。根据 Sprott(2003) 的研究可知，扰动的大小取为所使用浮点数精度平方根的量级，并采用双精，使有 $|\delta_\alpha| = |\delta_u| = \delta_0 = 10^{-8}$。对于有初始扰动和没有扰动的情况将同时开始求解。两者的差异将被作为误差用 L_2 范数（如式（2.115））表示。此处将考虑 4 种不同的扰动，每种扰动的幅度由 δ_0 给出，并且(δ_α,δ_u)的符号交替地采用$(+,+)$、$(+,-)$、$(-,+)$以及$(-,-)$。

由于每种情况下的变化在定性上是相近的，因此将不同变量的范数相加获得总的误差如图 4.3 所示。除了最初非常小的时间范围外，解的发散比线性结果慢得多，即图 4.3 中的细灰线所示的 $e^{0.38(t-t^*)}$，而式（2.109）产生了最大增长 $e^{10(t-t^*)}$。指数中系数的值将在下一节中进行严密的推导。与线性理论相比，慢发散率是非线性的结果，同样也是由 KY 方程所决定的。虽然这个增长率的对数比线性理论的预测小一个数量级，但是这种差异最终会演化成完全不同的解，并在 $t≈50s$ 达到总误差的渐近线。这表明该方法对初值非常敏感，即初值的微小变化最终可能导致后期状态出现较大差异，但这种差异是有限的，即为混沌。

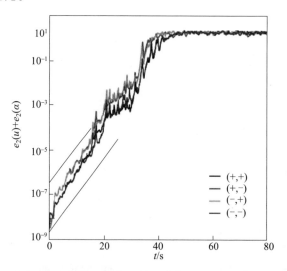

图 4.3　初值的小扰动对 4 种求解方法所造成的偏差（见彩图）

4.2.3　李雅普诺夫指数

混沌问题可能没有标准的数学证明，但量化混沌的标准是李雅普诺夫指数，参见 B.6.5 节,更准确地说是最大李雅普诺夫指数 ω_L。李雅普诺夫指数是一个与色散关系得到的线性增长率等价的参数。对于有限维度的常微分方程系统,存在与维度一样多的指数。对于偏微分系统,具有无数个指数。幸运的是,可以很容易地得到最大李雅普诺夫指数,它的符号决定了系统是否是混沌的,其大小表征混沌程度。更具体地,ω_L 表示两个临近状态汇聚或分开的平均速率,其定义如下所示:

$$\omega_L = \lim_{\Delta t \to \infty}\left[\lim_{\delta \to 0}\frac{1}{\Delta t}\ln\frac{\delta(t)}{\delta_0}\right] \quad (4.1)$$

式中:δ_0 为两个轨迹(两个解)之间的初始间隔;$\delta(t)$ 为稍后的某个分离时刻。

需注意的是,δ_0 不一定在 $t=0s$ 处引入。ω_L 为正,表示解是发散的并且系统是混乱的。ω_L 的大小近似等于系统可预测性的混沌化速率(Sprott(2003))。如果解决方案出现分叉,则式(4.1)中的限制看似互相矛盾。因此,在实际操作中,重置之前不允许两个轨迹彼此分开太远。在计算 ω_L 时需对多个周期取均值,以获得良好的统计结果。

偏微分方程形式的 FFM 系统常被当作 $2N$ 维的常微分形式进行处理,其过程较为简单。首先,获得问题在较长时间内的解,以获得任何一个时刻下的状态。然后,在某个特定时间引入轻微扰动,并且按照上一步获得第二个解。在多个很短的时间间隔内追踪这两个解,并将有扰动的解与原始的无扰动解进行比较,以确定分离的演变过程。然后将有扰动的解根据未扰动的解进行重整化,使得两个解之间的差异不会变得太大,并且重复该过程,如图 B.40 所示。

扰动应该在最大发散方向引入,这可能不容易选择。因此,一般先引入一个简单的扰动,并使系统计算一段时间,这里给定 1000 个时间步长,使扰动向其自身的最大膨胀方向上发展(Sprott(2003))。初次施加的扰动为 $\tilde{\alpha} = \alpha - \mathrm{sgn}(x)\Delta_0$,$\tilde{u} = u - \mathrm{sgn}(x)\Delta_0$,式中的"上波浪线"即代表着扰动项。应该注意的是,扰动在域的边缘和中心施加了等量的周期性的轻微干扰,这使得扰动项并不会使整体发生变化,仅会略微改变其平衡位置。在每个空间位置,两个变量的分离幅度与先前使用的相同,即在每个 $2N$ 维度中,$\Delta_0 = 10^{-8}$。总的分离程度由 $2N$ 维欧几里得范数给出,即

$$\delta_k = \sqrt{\sum_i^N (\tilde{\alpha}_i - \alpha_i)^2 + (\tilde{u}_i - u_i)^2} \quad (4.2)$$

下标 k 表明除非在零时刻引入扰动,否则 ω_L 通常随迭代次数 n 的增加而改变。初始分离为 $\delta_0 = \sqrt{2N}\Delta_0$。在每次迭代后计算 ω_L,使得分离不会变得太大,然后调整扰动程度(参见 B.6.6 节有该步骤详细描述),以便扰动后的轨道(从参考

解所得的方向)是保守的,同时将净分离再次整理为 δ_0,即

$$\tilde{\phi}_i \leftarrow \phi_i + \frac{\delta_0(\tilde{\phi}_i - \phi_i)}{\delta_k} \tag{4.3}$$

最后,ω_L 由净分离量在时间 k 处与 $k-1$ 处比值的对数得到,并且由于起始分离总是被重新整理为初始时刻,所以它很容易表示为

$$\omega_L = \frac{1}{k}\sum_{k=1}^{k\to\infty}\ln\left(\frac{\delta_k}{\delta_0}\right) \tag{4.4}$$

通常,这些计算需要花费较长时间,从而确定具有高精度的 ω_0。然而,最重要的是需要简单地确定 ω_L 是否为正,并且获得近似值。

ω_L 的计算从 3 个不同的时间开始,$t = 2\times10^4$s,2.5×10^4s,3×10^4s。每次计算都是从之前所描述的初始扰动开始,并在计算开始之前引入 10^3 个时间步长,以便为扰动解确定方向。每次计算进行 3×10^4 个时间步长,每次的运行平均值如图 4.4 所示。可以看到,即使在 $t = 2\times10^4$s 时,所得解中仍然存在一些初始瞬态,这在第一次计算 ω_L 的平均值时非常明显。但是,当样本数量变大并且与其他两个计算一致时,平均值最终会稳定下来。取 3 个最终值的平均值并使用 $1/\sqrt{ft}$ 来估计精度的阶(其中,f 为特征频率,t 为计算时间),ω_L 最终为 0.38 ± 0.05。该步骤量化了具有轻微扰动的初始条件所产生解发散的非线性速率,并且与图 4.3 中所示的估计一致。

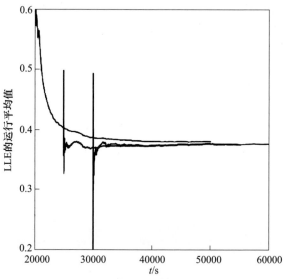

图 4.4 开始于不同时刻的 3 种 ω_L 的求解均值

4.2.4 分形维数

在确定 ω_L 是否为正后,混沌问题的第二个重要特征是动力学的分形维数,参见 B.6.7 节。分形维数代表吸引子的"奇异性"(Grassberger 和 Procaccia (1983))。有几种方法来确定分形维数,不同方法所确定的结果会稍有不同。在本节中将使用相关维数,因为它比其他方法容易计算且能快速收敛(Abarbanel(1996))。

通常,在 d_E 维空间中缩小超球面的半径 r,并对内点的个数进行计数,得到相关总和 $C(r)$ 来确定相关维数。随着总数趋于无穷大,相关数总和趋近于相关积分,可表示为式(B.101),当半径趋于零时,有

$$C(r) \propto r^{d_C} \tag{4.5}$$

因此,$C(r)$ 与 r 的斜率在对数图上进行表示,如图 4.5(a)所示,对应相关维数为 d_C。

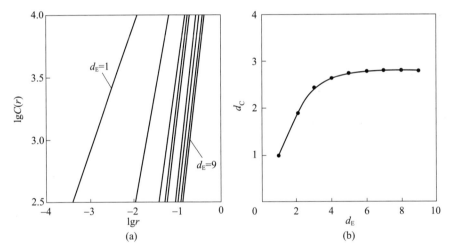

图 4.5 公式维数计算值随内在维数的变化

(a)式(4.5)作为半径值之和的变化,其中斜率代表着公式维数,分离曲线代表着不同的内在维数并标注出了最大值与最小值;(b)式(4.5)随内在维数的变化。

此时,一部分问题在于,计算分形维数的过程中同时存在两个未知数:关联维数和相间维数。例如,无论是在二维空间、三维空间还是任何更高维数的空间中构造一条直线,均有 $d_C=1$。此时,该物体的维数称为内在维数,参见 B.6.8 节。在这种情况下,问题的维数是无穷的,或者当偏微分方程用有限差分格式求解时,离散空间域具有 N 段,对应的维数是 $2N$ 维的。但是,可能没有必要使用所有的 $2N$ 变量来描绘问题的动态变化。因此,首先用一个内在维数计算关联

维数,它通常是一个较低的值,然后重复多次,每次增加内在维数。在某一时刻,关联维数停止变化,此时给出最小内在维数。

为了创建相空间,变量 u 从 $t=2.5\times10^4$s 到 $t=6.5\times10^4$s,每进行 250 次迭代,便被记录在空间域 d_E 等距位置处。图 4.5(a) 给出了 $C(r)$ 在 d_E 从 1 到 9 时,对数坐标中的变化。图 4.5(b) 为 d_C 作为 d_E 的函数的连续变化。关联维数在 $d_C \approx 2.8$ 处平衡,最小内在维数为 $d_E = 6$。这表明原则上可以仅使用 6 个状态变量来避免模拟系统的动态重叠(Abarbanel(1996))。

4.2.5 导致混沌的路径

前两节主要介绍单个参量,即 ω_L 和分形维数。这一节中,将定性讲解从稳定状态到混沌状态的演进。针对这一过程,KY 方程(式(2.99))中的系数 C 将成为控制参量,它能够体现出与线性色散关系(如式(2.102))的波增长速度的直接关系。因此,通过调整 C 从负值(稳定)开始并逐渐增加到正值(不稳定)以探究系统的动力学特性。所有的计算均包含黏度效应,边界和初始及网格条件($N=512$ 个,$\Delta t=0.0002$s)均与上一节中相同。对于静止状态,采用 2.5.5 节中所提出的求解格式进行计算。如图 4.4 所示为 $t=2.5\times10^4$s 时的计算结果,本节将对其进行长期的动力学分析。

通过对经过计算域中心的参量进行轨迹可视化可以观察到其动态变化,在下图中标记为 α_0 和 u_0。利用这种相空间结构,较容易看到变量如何接近吸引子,即平衡位置,对应常数的均匀值为 $\alpha=0, u\approx0.141$。前者是由式(2.98)中的耗散作用导致,后者是由周期性边界条件所决定。这样的条件保证了当 $N\to\infty$ 时,u 的积分值守恒,$\int_{-\pi}^{\pi} e^{-4x^2} dx = \sqrt{\pi/4}\,\mathrm{Erf}(2\pi) \approx 0.141$。此外,尽管 6 个内在维度保证了所有混沌动力学状态在混沌区域中的可视化,一个额外的维度被添加到相空间用于开展进一步的动力学分析。u 在边界和空间域中心之间的差 $u_L - u_0$ 提供了有用的第三维。该变量可用于区分 2π 周期函数和 π 周期函数,且在均匀平衡条件,其平衡值为零。

对于线性稳定的双曲线系统,当 $C<0$ 时,解快速接近平衡状态。当 C 变为正值时,由于扩散作用,即计算域在截止波长之内,系统保持线性稳定。当域的大小(对应最大波长)等于截止波长 $\lambda_0(C^*) = L$ 时,存在 C 的临界值。在本例中,$L = 2\pi, \upsilon = 0.05\text{m}^2/\text{s}$ 并利用平衡值 $\alpha=0$ 得到 $C^* = 0.1025$。当 C 接近 C^* 时,到达平衡位置的衰减速率急剧减慢。对于 $C=0.102$,此过程如图 4.6 所示,其中图(a)显示状态变量缓慢旋转到吸引子中,图(b)显示时空演变的简要关系。

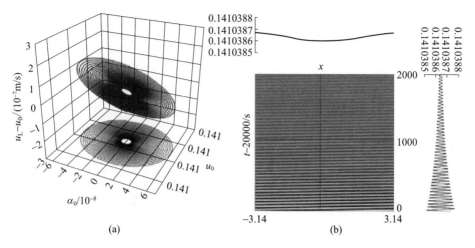

图 4.6 $u(x,t)$ 在 $C=0.102$ 时的相空间与灰度图表示了系统的不对称稳定性
(转载自 Fullmer 等(2014),经 Elsevier 出版社许可)

随着 C 增加到略微大于 C^*,系统逐渐由稳态状态转变为不稳定状态,并且产生一个 2π 周期行波。波以恒定速度传播,在达到驻波状态后,如图 4.7(b) 中灰度等值线中的平行线,此过程对应于相空间中的极限环。如图 4.7(a) 所示,波的幅值和极限环尺寸随着 C 的增加而增大。如图 4.7(a) 下部所示,$C=0.105$,极限环变形并开始转化为心形。如图 4.8 所示,当 C 超过 0.107,极限环的形状变得更加复杂,轨迹中出现了卷曲。这与陡波前沿和二次波图案的发展对应。

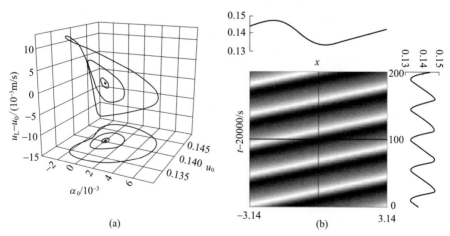

图 4.7 $C=0.102,0.1025,0.103,0.105$ 时的相空间图以及与 $u(x,t)$ 在 $C=0.103$ 时的灰度图,展示了 2π 周期的极限环随着 C 的增大幅值增加
(转载自 Fullmer 等(2014),经 Elsevier 出版社许可)

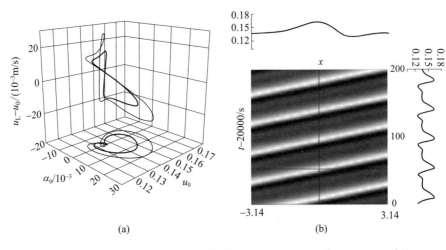

图 4.8　$C=0.107, 0.109, 0.111$ 时的相空间图及 $u(x,t)$ 在 $C=0.109$ 时的
灰度图,展示了 2π 周期的极限环随着 C 的增大幅值增加
(转载自 Fullmer 等(2014),经 Elsevier 出版社许可)

在 $C=0.112$ 时,轨迹变得具有间歇性,长周期的规则波被另一波的短脉冲所打断。除了准周期和周期倍增外(Sprott(2003)),间歇性是导致混沌的 3 种基本分岔类型之一。在相空间中,很难区分长时间数据的间歇性和混沌现象。然而,在图 4.9(b) 中,时间信号的短暂中断较容易识别。

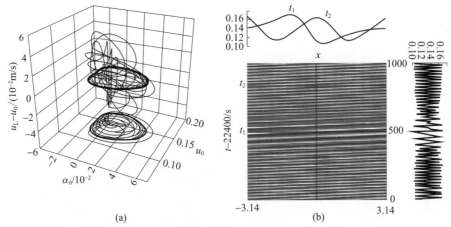

图 4.9　$u(x,t)$ 在 $C=0.115$ 时的相空间图与灰度图表示了一个短暂的爆发,
在 π 周期的极限环的周围形成了断断续续的混沌扰动
(转载自 Fullmer 等(2014),经 Elsevier 出版社许可)

此规律持续到 $C=0.116$。C 在 $0.116\sim0.120$ 间出现另一个稳定的行波,其波长为空间域的 $1/2$。在图 4.10 中可以理解该特征,其表明由于在等值线图

上方 π 周期波的存在，极限环在三维空间中是平坦的。

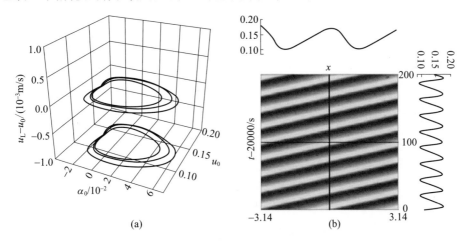

图 4.10　$C=0.116,0.118,0.120$ 时的相空间图以及 $u(x,t)$ 在 $C=0.109$ 时的灰度图，展示了 2π 周期的极限环随着 C 的增大幅值增加
（转载自 Fullmer 等（2014），经 Elsevier 出版社许可）

最后，在另一个短暂的间歇区后，系统在 $C=0.125$ 处变得混乱。图 4.11 显示了 $C=0.150$ 的混沌状态，其仅绘制了相空间中轨迹的一小部分。可以看到演化轨迹纠缠在一起，以至于难以从图中区分出来；这里需要 6 个维度的空间来将混沌轨迹区分开。在图 4.11（b）中，$u(x,t)$ 的等值线图表明驻波的规律性（均匀的幅度、周期、传播速度等）消失，并且动力学特性变得更加复杂。随着 C 增加到原始 KY 模型值中 $C=1$，这种混沌状态的复杂性增加。

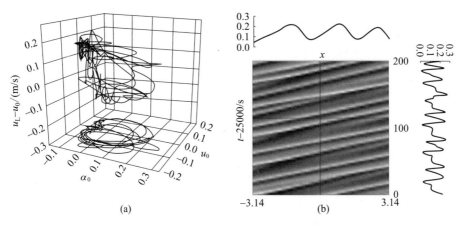

图 4.11　$u(x,t)$ 在 $C=0.150$ 时的相空间图与灰度图表示了混沌行为
（转载自 Fullmer 等（2014），经 Elsevier 出版社许可）

4.2.6 数值收敛性

现在已经证明 KY 方程是混沌的,可以根据广泛用于湍流的现代非线性统计理论来考虑模型的稳定性。首先,频率之间的非线性能量传输意味着新的耗散机制,线性理论并没有考虑到这一点,例如物质激波的形成,这使得模型满足李雅普诺夫稳定性。其次,数值收敛的问题,即需要重新评估混沌状态,从而判断数值格式的网格何时是充足的。

当 ω_L 为正,任何细小的扰动都会产生分叉,无法直接区分混沌与极限环收敛,这里需要另一种方法。混沌理论提供了几种可能的选择,其中一些曾被讨论过,例如 ω_L 和分形维数。这些方法是稳定的,即与随时间变化的解不同;这些方法对初始条件的扰动不敏感(Abarbanel(1996))。然而,这些参量的计算网格需耗费大量的计算资源。并且,由于希望 KY 方程的分析对 FFM 进行指导,计算这些物理问题的量可能是困难的。因此,从具有类似时空收敛问题的众多著名物理模型中引入一些概念具有一定的帮助,这里即采用了 Navier-Stokes 湍流理论。

在大涡模拟中求解 Navier-Stokes 方程时,对于较高雷诺数的情况,无法将特定时间的解作为网格尺寸的评判依据进行比较。但是,基于平均量来评估收敛是可行的,例如用于内部流动的壁面法则,采用自相关函数或者能谱法。虽然,对于非物理 KY 系统来说这些可能没有那么明确,但它们具有一个共同特征——都是平均值。因此,可通过傅里叶变化 $\alpha(x) \rightarrow \alpha(k)$ 与 $u(x) \rightarrow u(k)$ 来对收敛进行评估,如图 4.12(b)所示。第一个样本取 $t=4s$,此时流体域被波填满,之后增加 36 个样本,直至 $t=40s$。

对于 $N=256 \sim 4096$ 个的连续细化网格,$C=0.150$ 的功率谱的平均振幅如图 4.12(b)所示。此时,需确定网格能够满足"足够好地求解"。对当前的数值方法来说,似乎 $N=512$ 个时网格即满足需求,因为它正确地获得了 99.99% 的谱振幅,从最大振幅 0.1 到约 0.00001,其中最后一位有着显著误差。相比之下,$N=256$ 个仅正确地捕获了大约 99% 的光谱,而更精密的网格对于不断增长的数值误差而言,它们的作用被大大削弱了。这表明,尽管与线性迎风方法相比,数值方法可被认为是"高度精确的",但在谱域中仍显得非常粗糙。

将图 4.12(a)中极限环的光谱与混沌的光谱进行比较。可以发现,在前一种情况下,各种傅里叶分量是孤立的并且不相互作用,而在后一种情况下,相互作用下满足李雅普诺夫稳定性。

此时,可以将现有的 KY 方程和 Kuramoto-Sivashinsky(KS)方程进行比较,后者通常用于从物理角度导出化学反应模型(Hyman 和 Nicolaenko(1986))。在这两种模型中,混沌行为是类似的:能量是在小波数处产生的,其中模型是线性

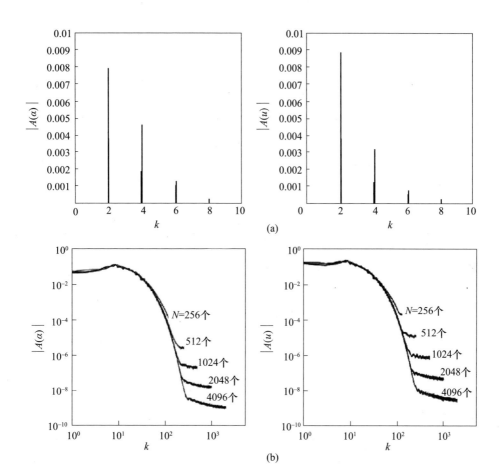

图 4.12　在(a)$C=0.120$,(b)$C=0.150$,$t\in[4,40]$时,对于一个 1Hz 的样本在不同网格密度下,时间域中每个变量的幅值平均能量范围

不稳定的,并且通过非线性作用,如激波样的结构转化成更大波数,直到能量被黏性作用耗散,达到足够大的波数。这就是截断误差以指数方式增长将导致两个不同网格上相同初始条件演变成两个不同的解的原因,而不是由于指数的增长而导致数值偏移。

最后,应该注意的是,图 4.12 有助于解释图 2.19 中 MMS 不同的发散情况,其中当网格数 $N<256$ 个时,无法获得 KY 方程的解。这似乎是没有足够数量的高波数节点来耗散在大尺度下所产生能量的结果,这不是对控制方程的通用网格分辨率要求高,而是数值方法特有的一种性质。具有更好谱分辨率的不同格式可能会在较粗糙的网格下获得有效解。因此,在图 2.19 所示的所有情况中,隐含的 KY 方程已经主导了 MMS,并且尝试得到一个类似于具有较大修改源项的 KY 方程的解。更精细的网格能够解决该问题,并在达到准稳态时接近误差

的渐近值。另外,较粗糙的网格根本无法分辨足够的谱来耗散大量的能量,从而导致无法求解。

4.3 定通量模型的混沌状态

4.3.1 FFM 的非线性模拟

现在已经确定了 KY 方程的混沌状态,接下来将通过类似的 FFM 模型实现混沌状态的模拟。本节将展示几个结果令人十分满意的非线性模拟案例,如 Barnea 和 Taitel(1994)以及 Picchi 和 Poesio(2016)使用的模型。用于模拟运动不稳定性下圆管中波的非线性演化,它与 FFM 方程(式(2.33)与式(2.34))非常相似。虽然这些并非混沌结果,但它们表现出了明显的非线性行为。

与第 3 章中 Thorpe 实验对应的 TFM 模拟不同,本节中流动变成充分发展状态并产生了波动,因此介绍的内容将变得更加复杂。此外,一个更加完善的 FFM 被用来与第 2 章中仅适用于密度比等于 1 的 FFM 进行比较。之后,本节将推导包含速度形状因子(Kocamustafaogullari(1985),Picchi 等(2014)),以及适用波状流的界面剪切模型(Andritsos 和 Hanratty(1987))的 FFM,并粗略推导黏性应力。

4.3.2 Thorpe 实验对应的混沌状态

在圆管中进行的水 - 油试验中,Thorpe(1969)将观察到的现象进一步延伸到混沌状态(Vaidheeswaran(2016))。实验段由直径 $D = 0.02\text{m}$ 和长 $L = 2.4\text{m}$ 的有机玻璃管组成。本节将延长 Thorpe 实验(1969)的持续时间,从而使波浪可以进一步演变为混沌状态,因此 $L/H > 2$,对于圆管 $H = D$。Thorpe 实验的持续时间为 0.350s,而新实验将持续约 10s。此外,实验通过减小雷诺数,使得 D_{hyd} 比 Thorpe 实验的值小 3 倍,从而达到远离 KH 界面不稳定性的湍流不稳定性。

在 4.3.4 节中将展示 TFM 的线性稳定性分析,这部分与 Barmak 等(2016)针对充分发展的层流分层流所开展的更完整的 Orr - Sommerfeld 稳定性分析一致。因此,本节提出的层流 FFM 应能够以类似于第 3 章中研究 Thorpe 实验时所采用的方法获得流动状态中的线性 KH 不稳定行为。本章重点关注实验后期的非线性混沌行为。

实验段如图 4.13 所示,通道两端封闭,充满水和油,密度分别为 $\rho_1 = 1000\text{kg/m}^3$, $\rho_2 = 720\text{kg/m}^3$。其余物性为 $\mu_1 = 0.001\text{Pa} \cdot \text{s}, \mu_2 = 0.0005\text{Pa} \cdot \text{s}, \sigma = 0.04\text{N/m}$。初始条件下,管子水平静置使混合物完全分离,达到分层平衡状态。然后突然倾斜到指定的角度,随着水向下运动推动油上升,从而产生逆流流动模式。

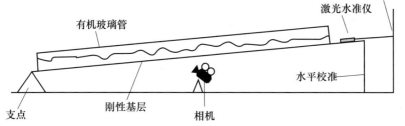

图 4.13　新实验的示意图

倾斜角度为 3.1°时,从侧面观察的一系列流动照片如图 4.14 所示。管后

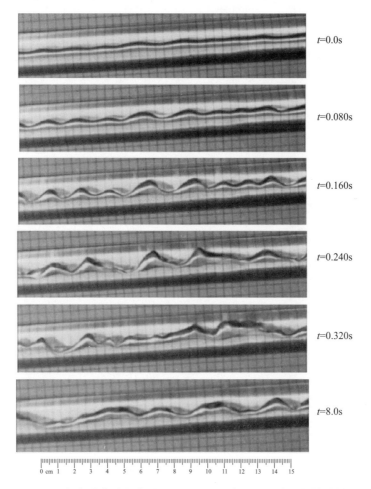

图 4.14　新实验中波的演进过程($t=0\mathrm{s}$ 对应界面上波的起始时刻)
（转载自 Vaidheeswaran 等(2016),经 ASME 许可）

的网格为 5mm×5mm。这些照片可以与倾角为 4.1°的 Thorpe 实验进行比较。对应于波初始快速增长的前 4 个轮廓(其持续时间约为 320ms),在形状和时间上与 Thorpe 相当。在本实验中关注点在波浪初始生长之后并演变的 10s 左右,如图 4.14 中的最后两帧。在该过程中,波浪停止生长,波浪轮廓不再具有周期性与线性。

4.3.3 圆管中充分发展流动对应的 FFM

对于 4.3.2 节给出的实验,采用不可压缩的 FFM 对其模拟(如式(2.33)~式(2.35)),由于如下几个原因不能完成对它的建模:

(1) $r_\rho \approx 1$,近似值式(2.29)和式(2.30)不再成立,需用式(2.27)和式(2.28)替代。

(2) 与 Thorpe(1969)关于近似弹状流中波的初始生长实验相比,需要协方差项(与动量通量分布参数或速度分布形状因子相关)来模拟充分发展的层流两相流。

(3) 充分发展波的界面剪切关系式与光滑界面的关系式不同。

(4) 通道形状是圆柱形,而不是矩形。

虽然这些因素大大增加了模型的复杂性,但它们可以采用直接的方式结合到方程中。遵循 Kocamustafaogullari(1985)对协方差或形状因子进行处理的方法,不可压缩动量方程现在变为

$$\rho_1 \frac{D_1 u_1}{Dt} + \rho_1 \frac{\partial}{\partial x} \alpha_1 \text{cov}[u_1^2] = -\frac{\partial p_{2i}}{\partial x} + \rho_1 g_y D \frac{\partial h/D}{\partial x} + \sigma D \frac{\partial^3 h/D}{\partial x^3} + \rho_1 g_x - \frac{1}{\frac{\alpha_1 A}{P_{w1}}} \frac{f_1}{2} \rho_1 u_1^2 + \frac{1}{\frac{\alpha_1 A}{P_i}} \frac{f_i}{2} \rho_2 |u_R|(u_2 - u_1) + \frac{\rho_1}{\alpha_1} \frac{\partial}{\partial x}\left(\alpha_1 v_1 \frac{\partial u_1}{\partial x}\right) \tag{4.6}$$

$$\rho_2 \frac{D_2 u_2}{Dt} + \rho_2 \frac{\partial}{\partial x} \alpha_2 \text{cov}[u_2^2] = -\frac{\partial p_{2i}}{\partial x} + \rho_2 g_y D \frac{\partial h/D}{\partial x} + \rho_2 g_x - \frac{1}{\frac{\alpha_2 A}{P_{w2}}} \frac{f_2}{2} \rho_2 u_2^2 - \frac{1}{\frac{\alpha_2 A}{P_i}} \frac{f_i}{2} \rho_2 |u_R|(u_2 - u_1) + \frac{\rho_2}{\alpha_2} \frac{\partial}{\partial x}\left(\alpha_2 v_2 \frac{\partial u_2}{\partial x}\right) \tag{4.7}$$

式中:Kocamustafaogullari(1985)区域均匀运算表示为

$$\text{cov}[u_k^2] = \langle u_k^2 \rangle - \langle u_k \rangle^2 \tag{4.8}$$

假设每一种流体单独流过一个等径的圆管,而不是一个半圆的管,这样在层流条件下,有

$$\text{cov}[u_k^2] = \frac{1}{3}\langle u_k \rangle^2 \tag{4.9}$$

进一步,如在图 4.15 中显示的管道两相流几何所示,需对矩形通道中的界面水平的定义进行了修正。首先,将基本关系线性化,有 $\varphi = 2Arcos\left(1 - 2\frac{h}{D}\right)$ 及 $\alpha_1 = 1 - \frac{1}{2}(\varphi - \sin\varphi)$;当 $\varphi \approx \frac{1}{2}$ 时,可得 $\varphi \approx \pi(1/2 + \alpha_1)$,然后,有

$$\frac{h}{D} = \frac{1}{2}(1 - \cos\varphi) \approx \frac{1}{2}\left\{1 - \cos\left[\frac{\pi}{2}\left(\frac{1}{2} + \alpha_1\right)\right]\right\} \tag{4.10}$$

$$\frac{\partial h/D}{\partial x} \approx \frac{\pi}{4}\sin\left[\frac{\pi}{2}\left(\frac{1}{2} + \alpha_1\right)\right]\frac{\partial \alpha_1}{\partial x} \tag{4.11}$$

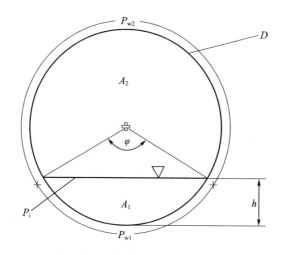

图 4.15 分层流状态下的管道截面

第 3 章中主要关注的是从平滑界面开始发展的波状流初始状态,而本节重点在于对充分发展波状流混沌状态的模拟。这里关注的重点是持续的混沌状态。因为对界面周围的高度非线性流动结构未知,因此如何表征充分发展波的界面力存在很大的不确定性。到目前为止,对于空气-水两相流动,最先进的一维公式是由 Andritsos 和 Hanratty(1987)提出的,如下所示:

$$\frac{f_i}{f_2} = 1 + 15\sqrt{\frac{h}{D}}\left[\frac{u_2 - u_1}{(u_2 - u_1)_C} - 1\right] \tag{4.12}$$

式中:$(u_2 - u_1)_c$ 为对应于临界条件 $C = 0$ 时(式(4.15))的相对速度。

需要注意的是,除了其他参量外,公式中并不包括式(2.64)给出的掩蔽效应。

利用新的假设,遵循 2.2.1 节中推导平板间 TFM 动量方程的方法,可以通过式(4.6)与式(4.7)得到 FFM 的守恒方程。FFM 连续性方程与式(2.33)相同:

$$\frac{\partial \alpha_1}{\partial t} + u_1 \frac{\partial \alpha_1}{\partial x} + \alpha_1 \frac{\partial u_1}{\partial x} = 0 \tag{4.13}$$

含有速度形状系数的动量方程可以写为

$$\frac{\partial u_1}{\partial t} + B_{22} \frac{\partial u_1}{\partial x} - \frac{1 - \alpha_1}{1 - \alpha_1 + \alpha_1 r_\rho} C \frac{\partial \alpha_1}{\partial x}$$

$$= \frac{1 - \alpha_1}{1 - \alpha_1 + \alpha_1 r_\rho} \left\{ \frac{\sigma D}{2\rho_1} \frac{\partial^3}{\partial x^3} \left\{ 1 - \cos\left[\frac{\pi}{2}\left(\frac{1}{2} + \alpha_1\right)\right] \right\} + F_{\text{visc}} + F \right\} \tag{4.14}$$

其中

$$C = \left(\frac{1}{1-\alpha_1} + \frac{1}{3}\right) r_\rho (u_2 - u_1)^2 - \frac{1}{3}(1 + r_\rho)u_1^2 - \frac{\pi}{4}\sin\left[\frac{\pi}{2}\left(\frac{1}{2} + \alpha_1\right)\right](1 - r_\rho)g_y D \tag{4.15}$$

$$B_{22} = \frac{1 - \alpha_1}{1 - \alpha_1 + \alpha_1 r_\rho}\left[u_1 + r_\rho \frac{\alpha_1}{1-\alpha_1}(2u_2 - u_1) + \frac{2}{3}\frac{\alpha_1}{1-\alpha_1}(1 - \alpha_1 - \alpha_1 r_\rho)u_1\right] \tag{4.16}$$

由于假设 $r_\rho \to 0$ 消除,因此该模型更加完备,与第 3 章当中的完全不可压缩 TFM 模型等价。

由层流流动假设可得当前的范宁摩擦因数为 $f_k = 16/Re_k$,式中 $D_{hk} = 4 \times \frac{\alpha_k A}{P_{wk} + P_i}$。那么对应的受力为

$$F = (1 - r)g_x - \frac{1}{\frac{\alpha_1 A}{P_{w1}}} \frac{16}{D_{h1}} u_1 + \frac{1}{\frac{\alpha_2 A}{P_{w2}}} \frac{16}{D_{h2}} r_\rho u_2 +$$

$$\left(\frac{1}{\alpha_1} + \frac{1}{\alpha_2}\right) \frac{1}{\frac{A}{P_i}} \frac{16}{D_{h2}} \left\{1 + 15\sqrt{\frac{h}{D}}\left[\frac{(u_2 - u_1)}{(u_2 - u_1)_c} - 1\right]\right\} r_\rho u_2 \tag{4.17}$$

假设对于不同流体有效黏度是相同的,因此黏性力为

$$F_{\text{visc}} = v_\text{T}\left[\left(\frac{1}{\alpha_1}+\frac{r_\rho}{\alpha_2}\right)\frac{\partial}{\partial x}\alpha_1\frac{\partial u_1}{\partial x}+\frac{r_\rho}{\alpha_2}\frac{\partial}{\partial x}\frac{u_1}{\alpha_2}\frac{\partial \alpha_1}{\partial x}\right] \quad (4.18)$$

此外,需要空泡份额式(2.17)以及实验条件下的定通量条件 $j = \alpha_1 u_1 + \alpha_2 u_2 = 0$ 来使方程封闭。

对于不同流体,有效黏度相同。有效黏度可借助3.6.2节中针对波动产生涡的虚拟端流模型确定时所对应的结果为

$$v_\text{T} = 0.0015 D |u_2 - u_1| \quad (4.19)$$

Fullmer 等(2011)提出了一维雷诺应力项,其产生与多维 CFD 模拟获得的雷诺应力等量的能量耗散。它是根据湍流黏度和 CFD 与一维应变速率张量之间的协方差决定的。对于充分发展的流动,渐近协方差约为7,其乘以式(4.19)成为新实验的有效黏度 $v_\text{T} = 0.00004 \text{m}^2/\text{s}$。

4.3.4 KH 不稳定性

首先将一维 FFM 线性稳定性分析与使用 Barmak 等(2016)的两个 Orr-Sommerfeld方程的更完整分析进行比较。图4.16中所示的液-液流动状态图与2.4.2节气液分层流动相似。条件与本实验非常相似:水-油流动,运动黏度比 $\frac{v_1}{v_2} = m = 2$,密度比 $r_\rho = \frac{1}{r} = 0.8$,表面张力 $\sigma = 0.03 \text{N/m}$。平行板通道尺寸为 $H = 0.02\text{m}$。Barmak 等(2016)的稳定性分析考虑了所有波长。图4.16的点线边界是指忽略形状因子,剪切力封闭方程中的记忆项,以及剪切力修正的 TFM 的长波线性稳定边界。实线是多维 Navier-Stokes 解的 Orr-Sommerfeld稳定边界。Barmak 等(2016)观察到,对于那些与本实验非常相似的条件,考虑到所有效应,没有校正的 TFM 长波稳定边界接近 Orr-Sommerfeld 稳定边界。

接下来考虑FFM与 $F=0$ 的色散关系,式(4.13)和式(4.14)可以写为

$$A\frac{\partial}{\partial t}\boldsymbol{\phi} + B\frac{\partial}{\partial x}\boldsymbol{\phi} + D\frac{\partial^2}{\partial x^2}\boldsymbol{\phi} + E'\frac{\partial^3}{\partial x^3}\boldsymbol{\phi} = 0 \quad (4.20)$$

其中

$$\boldsymbol{B} = \begin{bmatrix} u_1 & \alpha_1 \\ -\dfrac{1-\alpha_1}{1-\alpha_1+\alpha_1 r_\rho}C & B_{22} \end{bmatrix} \quad (4.21)$$

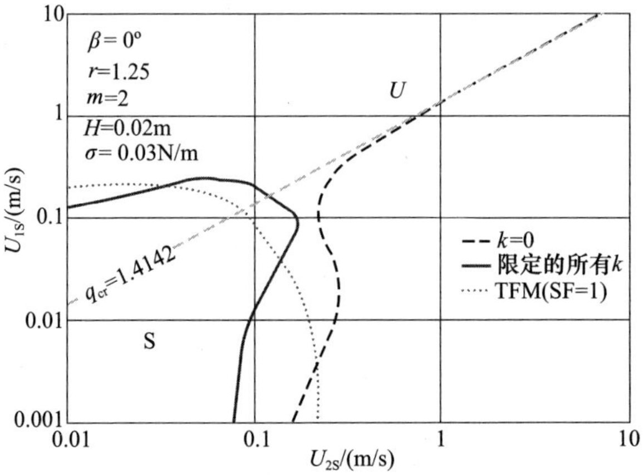

图 4.16 Barmak 等(2016)稳定性分析与 Orr–Sommerfeld 分析(实线)以及 TFM(点线)的比较

$$D \approx \begin{bmatrix} 0 & 0 \\ 0 & -\dfrac{1-\alpha_1}{1-\alpha_1+\alpha_1 r_\rho} v_T \end{bmatrix} \quad (4.22)$$

$$E' = \begin{bmatrix} 0 & 0 \\ -\dfrac{1-\alpha_1}{1-\alpha_1+\alpha_1 r_\rho}\dfrac{\sigma D}{\rho_1} & 0 \end{bmatrix} \quad (4.23)$$

式中: C 和 B_{22} 不包括形状因子,即在波初始生长期间的潜在流动假设(Thorpe(1969)),而不是随后的完全发展的层流。

遵循 2.4.1 节的色散分析,包括运动黏度和表面张力,试验条件为 $D=0.02\text{m}$, $\alpha_1=0.542$, $j=0$, $u_1=0.12\text{m/s}$, $r_\rho=0.72$, $v_T=40\text{mm}^2/\text{s}$ 和 $\dfrac{\sigma H}{\rho_1}=0.8\times 10^{-6}\text{m}^4/\text{s}^2$,试验结果如图 4.17 所示。第一个重要结果是 KH 不稳定时的快波增长率。

当 $v=0$, $\sigma=0$ 时,欧拉一维 TFM 色散关系可从式(2.39)的解得到。超过 KH 限制,该模型是线性不适定的,即随着波长收缩到零,增长率无限增加。对于任何相对速度,零波长增长率是无限的,除了均匀流动的情况,即零相对速度。这是众所周知的不适定 TFM 条件(Gidaspow(1974))。增加运动黏度使得模型适定,但在零波长下增长率仍然很高, $\omega_i=\dfrac{\alpha_1 C}{v}=1000\text{s}^{-1}$,实际上仍是不适定的。

另外,图 4.17 显示通过引入表面张力,当增长速率降低到与观察到的初始生长相当的值时,可以较好地解决该模型的不适定问题。截止波长对应于水-油的表面张力,即 $\sigma = 0.04\text{N/m}$,约为 50mm。此外,对于 $t = 0.08\text{s}$,最危险的波长约为 60mm,约为图 4.14 所示波长的 3 倍。

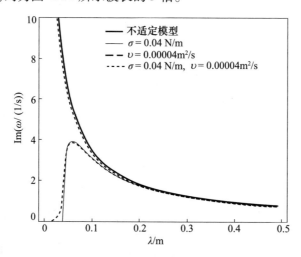

图 4.17　FFM 色散关系

(转载自 Vaidheeswaran 等(2016),经 ASME 许可)

图 4.17 还表明,与表面张力相比,黏度对线性稳定性的影响可忽略不计。表面张力稳定(Ramshaw 和 Trapp(1978))最早的说明是,对于不稳定的流动,通过引入适当的短波长物理量,TFM 将呈现适定的表现。然而,即使模型适定,仍然存在强烈的指数波增长,这对一维 TFM 的实际应用提出了挑战。在下一节中,介绍了克服这一非线性模拟的问题。结果表明,黏度在非线性稳定机制中起着关键作用。

4.3.5　非线性模拟

当前的非线性模拟由 Vaidheeswaran 等(2016)采用 4.3.3 节中所展示的 FFM 方法开展。Lopez de Bertodano 等(2016)也进行了类似模型的模拟研究。模拟的主要目的是了解当波浪充分发展时,存在线性不稳定的适定 FFM 在长期模拟中表现如何。相应的一维模型采用 2.5.5 节中描述的二阶方法求解,该方法同样应用在了 4.3 节中的 KY 方程求解。需要指出的是,该模型没有针对波浪的初始增长进行过优化。

FFM 的典型初始非线性行为表现出类似 Burgers 的波浪陡峭现象(Whitham(1974))。然后,如先前在 4.2 节和 4.3 节中 KY 方程所描述的那样,由于黏度和陡波前沿的非线性相互作用,波停止生长。

模拟运行 2000s,比实验持续时间长两个数量级。应用周期性边界条件以模拟无限长管道中心位置的状态。除此之外,模拟的几何尺寸与实验相同,即长度 $L=2.4\mathrm{m}$,直径 $D=0.02\mathrm{m}$,倾斜角度 $\theta=2.4°$,以获得与实验的 $\theta=3.1°$ 相似的结果。对于运动学条件,式(4.17)中的 $F=0$,加上空泡份额的初始扰动,尽可能减少不必要的初始瞬态。初始条件是 $\alpha(x,0) = \alpha_{10} + \delta\left[\exp\left(\frac{x-0.8}{0.01}\right)^2 - \exp\left(\frac{x-1.6}{0.01}\right)^2\right]$,$\alpha_{10}=0.542$,$\delta=0.02$。根据运动条件 $F=0$,令计算域初始条件为均匀速度 $u_1=-0.1\mathrm{m/s}$。计算中采用了 3 种不同尺寸的网格进行模拟,网格尺寸 Δx 分别为 1mm、0.5mm、0.025mm,对应的时间步长 Δt 为 0.2ms、0.1ms、0.05ms。

模拟结果与实验的对比如图 4.18 和图 4.19 所示。图 4.18 比较了剖面上空泡份额的计算结果与实验期间拍摄的照片。通过对比可以发现,虽然由于混

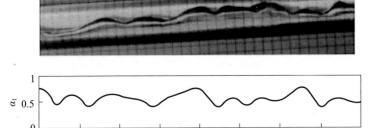

图 4.18　FFM 模拟所得到的波形结果与实验结果的对比
(转载自 Vaidheeswaran 等(2016),经 ASME 许可)

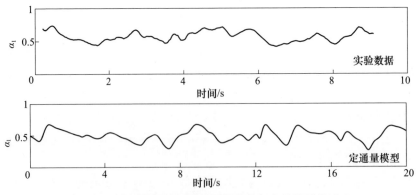

图 4.19　FFM 模拟结果随时间的变化与实验结果的对比

沌状态导致它们不会完全相同,但是波浪在形状方面是相似的。然而,应该注意,空间尺度是不同的,如模拟波长大约是实验观察波长的两倍。

然而,由于实验时间短,大约 10s,使得难以获得足够的统计数据用于对比时域分析中的结论。尽管这样,图 4.19 还是尝试比较时间序列,可以看到混沌时间曲线再次相似,但时间尺度还是相差 2 倍。

可以从几个原因解释在倾角和波长上的差异:①一维模型的局限性;②封闭法则的不确定性,特别是界面力式(4.12),对分布有很大影响;③周期性边界条件是利用有限长度模拟部分来近似无限长的实验段。这些不确定性造成的影响,需要进一步研究,但值得注意的是,通过这样一个简单的模型可以捕捉混沌波动力学。

4.3.6 李雅普诺夫指数

对于上一节中所开展的模拟,根据 4.2.2 节中描述的步骤计算最大李雅普诺夫指数 ω_L。模拟初始条件的扰动如下:

$$\alpha_1(x,0) = \alpha_{10} + (\delta + \delta_{01})e^{\left(\frac{x-0.8}{0.01}\right)^2} - (\delta + \delta_{02})e^{\left(\frac{x-1.6}{0.01}\right)^2} \quad (4.24)$$

根据 Sprott(2003)的研究,扰动幅度为 $\delta_{01} = \delta_{02} = \pm 10^{-8}$。模拟空泡份额初始条件的 4 种不同扰动,如式(4.24)所示,$(\delta_{01}, \delta_{02})$ 对应的符号分别为(+,+),(+,-),(-,+)以及(-,-)。

每个扰动解与未扰动情况之间的差异视为误差,由式(2.115)定义的 L_2 范数给出。ω_L 为正表示解是发散的,因此系统是混乱的。ω_L 数值的大小是对系统可预测性丧失速率的估计。图 4.20 所示为具有初始扰动的每个扰动解与初

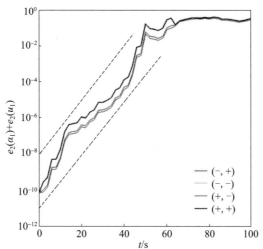

图 4.20 初值的小扰动对 $\theta = 2.4°$ 时 4 种求解方法所造成的偏差
(转载自 Vaidheeswaran 等(2016),经 ASME 许可)(见彩图)

始不具有扰动状态的解相比 L_2 范数的偏差。ω_L 的估值为正，$\omega_L \approx 0.27\mathrm{s}^{-1}$。这可以与图 3.2 中的最大线性增长率 $\omega_{i,\max} \approx 4\mathrm{s}^{-1}$ 进行比较，大于 ω_L 一个数量级，即 $\omega_L \ll \omega_{i,\max}$。这表明混沌波浪不稳定性比光滑界面的初始不稳定性更平缓。此外，图 4.20 所示的超过 60s 的渐近行为表明混沌允许模型成为有界的。因此，这种非线性分析说明了 FFM 的李雅普诺夫稳定性。

4.3.7 数值收敛性

根据 4.2.6 节中的论证与图 4.12 的结果，混沌状态也可以由图 4.21 所示的空泡谱平均振幅予以证明模拟相对于网格分辨率的收敛性。对于当前的分析，计算域长为 1m，模拟在波浪变得混乱后持续 2000s。

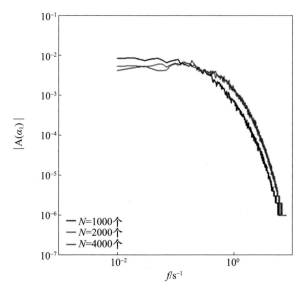

图 4.21　$\theta = 2.4°$ 时混沌现象的傅里叶变化（见彩图）

从图 4.21 中可以清楚地看出，随着网格的细化，计算在统计意义上收敛。这证明了原则上只要模型合适，具有短波长耗散机制的不稳定 FFM 仍会收敛，即非椭圆方程。这里可以得到关于 TFM 性质的一个重要结论：当它不再是双曲线形式后，可以捕获局部波的不稳定非线性行为。因此，尽管对于某些工程应用时需要用到双曲线模型，但是从数学或者物理的角度并没有这样的需要。此外，如果感兴趣的是局部不稳定性的模拟，则双曲线模型可能是不适用的。

4.3.8 分形维数

混沌状态的另一个判断信息是在 4.3.3 节中提出的分形维数。图 4.22 所示为$C(r)$随r的变化,其斜率表明相关维度d_C的变化情况。如4.3.2节中讨论的那样,这里同时存在两个未知数,即相空间轨迹的分形相关维数d_C和吸引子内在的相空间维数d_E。图4.22(a)给出了$C(r)$曲线与一系列d_E维度的半径为r的球中点数的对应关系。d_C作为d_E的函数,每条曲线在对数坐标下的最大斜率如图4.22(b)所示。可以看出,在这种情况下,相关维数在$d_C \approx 7.35$处饱和,对应最小内在维度$d_E = 18$。与最小内在维度为6的KY方程(参见图4.5)相比,分层流FFM原则上至少需要18种模式来反映非线性动力学。这种类型的行为被认为是高维度混沌现象。

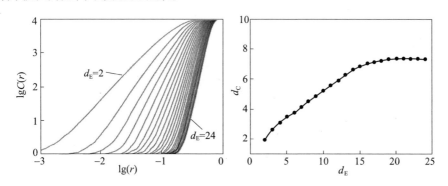

图4.22 对于倾斜角$\theta = 2.4°$时,混沌振荡现象(a)内在维度计算与(b)公式维度的计算随内在维度的变化

4.4 总结与讨论

本章基于Kreiss和Yström(2002)方法和FFM模拟结果进行了非线性分析。之前,在第2章中证明了在线性动力学方面,KY方程与FFM相似,如TFM一样。它们作为IBVP问题会在一定条件下出现不适定,换句话说,方程组的特征虽是复杂的,但当模型考虑黏度作用时,模型会演变成抛物线-双曲线型方程。

2.5.5节提出的二阶有限差分数值方法被用于求解KY方程。将该模拟结果与利用谱分析方法进行的KY方法进行对比可得在$t = 4s$之前,两种方法所得结果符合较好。但是,对于更长的时间,例如$t = 40s$,两种解出现不同。首先,假设网格太粗糙,需要进一步细化。然而,经过4次连续的改进,观察到解并没有收敛,无论是对于KY方法结果还是换一种方法的结果。于是,通过使用单个网格($N = 512$个)并对初始条件施加4个不同的小扰动证明了收敛中存在的问题:每个存在小扰动的解均偏离了未受扰动情况下的解。这种对初始条件的极端敏感表明了这些KY方程的解是混沌的。进一步,证明解是有界的,即满足李雅普诺夫稳定,并且当解在平衡状态附近达到一种静止状态时,计算出长期状态下对应的 ω_L。结果表明 ω_L 为正,证明了方程的解确是混沌的。然后,通过计算分形相关维度表征了奇异吸引子。结果显示这种混沌状态所需的最小内在维度为 6。

一旦混沌状态被量化,使用系数 C 作为控制变量来研究从稳态到混沌状态的路径。对于具有较小正值的 C,解会渐近地接近平衡稳态。当 C 接近临界值 C^* 时,靠近稳态的衰减速率减慢,直到出现极限环,其波长等于计算域的尺度,即 L 周期。进一步增加 C 会增加极限周期的幅度和波形的不对称性,最终出现了间歇性:稳定的 $L/2$ 周期波会被短暂的混乱行为所打断。间歇性的频率逐渐降低,直到达到稳定的 $L/2$ 周期的极限环。类似的模式会不断重复,直到最终达到 $C \approx 0.125$ 的混沌状态。从本质上讲,适定模型中从一个稳定吸引子到一个奇异吸引子的转变描述了从稳定状态到混沌波浪状态的转换过程。

本章中重新审视了收敛问题,并且试图寻找量化网格效应的随机方法,这不依赖于在特定时间比较特定解的方法。基于 $4\sim40s$ 范围内的平均而得到的两个解变量的波数(傅里叶)谱被使用,以替代直接的比较。虽然不同的网格会产生不同的解,但是在该时间范围内谱中的平均波数会逐渐变成一个稳定状态,与初始条件无关。这样,可以从统计角度对收敛情况进行评估。

FFM 在周期域中通过数值方法求解,根据与 Thorpe 实验(1969)类似的新实验,将模拟参数设置为与之条件匹配的值。该实验重点关注波浪在其初始生长过程中的混沌行为。FFM 非线性模拟产生了高度动态的波浪形式。然后,通过两种定量方式确认了混沌状态。首先,计算得到了 ω_L 为正,比线性对照物小一个数量级,使得模型更加易于求解。李雅普诺夫分析表明,发散的轨迹最终演进成一个奇异吸引子。从分形维数分析得到的吸引子的内在维数为 18,表明与 KY 方程相比,FFM 将获得一个高维混沌状态。

从模拟中获得的连续傅里叶谱证明了随机意义上的收敛性。一个显著特征是这些谱看起来与 Kolmogorov 湍流谱类似,这对应了其具有的较高内在维度。然而,相似性不会特别大,因为谱代表着不同的现象,即它们分别对应着一维的 FFM 的界面状态与三维湍流涡旋的状态。然而,这里可以引申出类似的情况,即在涡流的拉伸和转动机理与黏度作用结合确保 Navier-Stokes 方程的李雅普诺夫稳定性,界面波陡化与黏度的结合则可能限制了 FFM 动力学状态,使其最终满足李雅普诺夫稳定。

通过 FFM 将 TFM 稳定性分析扩展到超出线性理论分析的范畴。用非线性理论描述饱和增长情况与混沌状态,这仅在特定的适定 FFM 模型进行模拟时是可行的。但是,只关注不适定的问题是不够的,还需观察非线性动力学行为。新遇到的 FFM 混沌行为与众所周知的线性理论明显不同,线性理论只能决定不稳定的 TFM 是否瞬间增长(不适定)或呈指数增长(适定),并且仅在非常短的时间间隔内有效。另外,非线性稳定性分析确定所模拟的变化是否长期有界并且可以更好地理解两相流体力学,例如,可以将一些流动状态转变作为适定模型在两个吸引子之间的转变来进行分析。

参考文献

Abarbanel, H. D. I. (1996). *Analysis of observed chaotic data*. New York: Springer.

Andritsos, N. , & Hanratty, T. J. (1987). Interfacial instabilities for horizontal gas-liquid flows in pipelines. *International Journal of Multiphase Flow*, 13, 583 – 603.

Arai, M. (1980). Characteristics and stability analyses for two-phase flow equation systems with viscous terms. *Nuclear Science and Engineering*, 74, 77 – 83.

Barmak, I. , Gelfgat, A. , Ullmann, A. , Brauner, N. , & Vitoshkin, H. (2016). Stability of stratified two-phase flows in horizontal channels. *Physics of Fluids*, 28, 044101.

Barnea, D. , & Taitel, Y. (1994). Interfacial and structural stability of separated flow. *International Journal of Multiphase Flow*, 20, 387 – 414.

Lopez de Bertodano, M. A. , Fullmer, W. D. , & Clausse, A. (2016). One-dimensional two-fluid model for wavy flow beyond the Kelvin-Helmholtz instability: Limit cycles and chaos. *Nuclear Engineering and Design*. Retrieved from, http://authors.elsevier.com/sd/article/S0029549316301716.

Fullmer, W. D. , Lopez de Bertodano, M. A. , & Ransom, V. H. (2011). The Kelvin-Helmholtz instability: Comparisons of one- and two-dimensional simulations. In *14th International Topical Meeting on Nuclear Reactor Thermal Hydraulics*(NURETH – 14), Toronto.

Fullmer, W. D. , Lopez de Bertodano, M. A. , & Clausse, A. (2014). Analysis of stability, verification and chaos with the Kreiss-Yström equations. *Applied Mathematics and Computation*, 248, 28 – 46.

Grassberger, P. , & Procaccia, I. (1983). Characterization of strange attractors. *Physical Review Letters*, 50 (5), 346 – 349.

Gidaspow, D. (1974). Round Table Discussion (RT – 1 – 2): Modeling of Two-Phase Flow, Proc. 5th Int. Heat Transfer Conf. , Tokyo, Japan, September 3 – 7.

Hyman, L. M. , & Nicolaenko, B. (1986). The Kuramoto-Sivashinsky equation: A bridge between PDE'S and dynamical systems. *Physica D Nonlinear Phenomena*, 18, 113 – 126.

Keyfitz, B. L. , Sever, M. , & Zhang, F. (2004). Viscous singular shock structure for a non-hyperbolic Two Fluid model. *Nonlinearity*, 17, 1731 – 1747.

Kocamustafaogullari, G. (1985). Two-fluid modeling in analyzing the interfacial stability of liquid film flows. *International Journal of Multiphase Flows*, 11, 63 – 89.

Kreiss, H. – O. , & Yström, J. (2002). Parabolic problems which are ill-posed in the zero dissipation limit. *Mathematical and Computer Modelling*, 35, 1271 – 1295.

Picchi, D. , Correra, S. , & Poesio, P. (2014). Flow pattern transition, pressure gradient, hold-up predictions in gas/non-Newtonian power-law fluid stratified flow. *International Journal of Multiphase Flow*, 63, 105 – 115.

Picchi, D., & Poesio, P. (2016). A unified model to predict flow pattern transitions in horizontal and slightly inclined two-phase gas/shear-thinning fluid pipe flows. *International Journal of Multiphase Flow*, *84*, 279–291.

Ramshaw, J. D., Trapp, J. A. (1978). Characteristics, stability and short wavelength phenomena in two-phase flow equation systems. *Nuclear Science and Engineering*, *66*, 93–102.

Richardson, L. F. (1926). Atmospheric Diffusion Shown on a Distance-Neighbour Graph. *Proceedings of the Royal Society of London. Series A*, *110*, 709–737.

Sprott, J. C. (2003). *Chaos and time series analysis*. Oxford, UK: Oxford University Press.

Thorpe, J. A. (1969). Experiments on the instability of stratified shear flow: Immiscible fluids. *Journal of Fluid Mechanics*, *39*, 25–48.

Vaidheeswaran, A., Fullmer, W. D., Chetty, K., Marino, R. G., & Lopez de Bertodano, M. (2016). Stability analysis of chaotic wavy stratified fluid-fluid flow with the 1D fixed-flux two-fluid model. In *Proceedings of ASME 2016 HT/FEDSM/ICNMM*, Washington, DC, USA, July 10–14.

Whitham, G. B. (1974). *Linear and nonlinear waves*. New York: Wiley.

第 2 部分

垂直泡状流

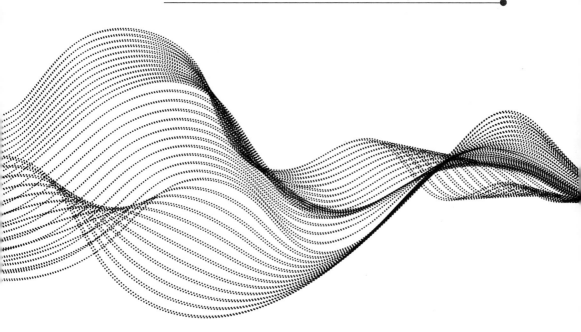

第 5 章
定通量模型

摘要: 本章基于第 2 章所介绍的定通量模型来进一步考察竖直泡状流的稳定性。本章通过引入虚拟质量力和界面压力来得到条件适定两流体模型。之后,在计算模型中考虑了碰撞引发力并应用了基于 Alajbegovic 等(1999)的 Enskog 动量方程推导得到的界面碰撞力。当在定通量模型中引入上述碰撞力时,会消除 Kelvin – Helmholtz 型不稳定性,并形成无条件的适定模型。考虑到上述模型的机理和声波与物质波速有关,这导致它们会在一定程度上影响到模型的计算精度。尽管通过上述方法无法得到完整的两流体模型,但至少可以在正确的波速条件下得到适定计算模型。本章最后通过数值模拟考察了稳定流动中定通量适定模型的非线性特性,以及与吉尼斯生啤酒流动条件相似的运动学不稳定波。其中,定通量适定模型的非线性分析最早可追溯到 Park 等(1998)的相关研究。

5.1 引　言

竖直泡状流涵盖的范围很广,包括从鼓泡塔到水池中的单气泡上升运动。在这些流动中由于气泡的大小和分布形态不断变化,这导致整个气泡流动过程无法达到稳定状态。由此可见,气泡的稳定流动仅为一种理想状态。在众多的能源技术中,沸腾传热的应用使泡状流动具有很高的研究价值。虽然在本章中的介绍不会涉及相变或气泡大小的变化,这里将通过物理适定的定流量模型介绍 SWT 和 KH 流体动力学不稳定性。

基于线性稳定理论的适定泡状流 TFM 首先在方程中考虑了两个力的作用,即 Stuhmiller(1977)交界面压力和虚拟质量力。两个力相加即可得到 Pauchon 和 Banerjee(1986)的 TFM 模型。在第 2 章研究结果的基础上,得到了两方程 FFM 模型,该模型可以得到与 Pauchon 和 Banerjee(1986)模型相同的结果,同时和 Haley 等(1986)的更完整模型的结果保持一致。该模型可以突破不适定方程的限制而得到临界空泡份额。该模型基于 Enskog 运动方程的碰撞核心导出了弹性碰撞力,从而取消了不适定条件的限制。其中,所述的 Enskog 运动方程为非稀释性气体玻耳兹曼方程的扩展(Garzó 和 Santos(2003))。引入弹性碰撞力为粒子流动中常用处理手段,在相关研究中该力称为"粒子压力"。尽管通过上述方法最终得到的泡状流 FFM 不同于 SWT,不过通过色散分析发现,Whitham(1974)流动不稳条件在该模型中仍然适用。

Park 等首先对 TFM 在竖直泡状流中的应用开展了非线性分析。在研究中将非线性分析拓展为稳定流和运动学不稳定流的非线性模拟,研究结果中发现了预期的物质激波。此外,还在 Guinness 波中得到了有限循环。可见,在之前章节中推导得到的用于非稳态水平分层流的适定 TFM 同样适用于竖直泡状流区。

5.2 可压缩两流体模型

5.2.1 可压缩模型方程

基于 2.2.1 节的内容,首先在可压缩泡状流中应用简化的泡状流 TFM 来分析虚拟质量力对等熵声波的影响。该模型仅包含曳力和虚拟质量力 M_1^D 和 M_1^{VM},得到的方程如下:

$$\frac{D_1 \alpha_1}{Dt} + \alpha_1 \frac{\partial u_1}{\partial x} + \frac{\alpha_1}{\rho_1 c_1^2} \frac{D_1 p}{Dt} = 0 \tag{5.1}$$

$$-\frac{D_2 \alpha_1}{Dt} + \alpha_2 \frac{\partial u_2}{\partial x} + \frac{\alpha_2}{\rho_2 c_2^2} \frac{D_2 p}{Dt} = 0 \tag{5.2}$$

$$\alpha_1 \rho_1 \frac{D_1 u_1}{Dt} = -\alpha_1 \frac{\partial p}{\partial x} - \rho_1 g + M_1^D + M_1^{VM} \tag{5.3}$$

$$\alpha_2 \rho_2 \frac{D_2 u_2}{Dt} = -\alpha_2 \frac{\partial p}{\partial x} - \rho_2 g - M_1^D - M_1^{VM} \tag{5.4}$$

式中:假设 $p_2 = p_1 = p$;M_1^{VM} 为交界面虚拟质量力,将在第 6 章进行讨论;M_1^D 为曳力,将在 5.4.4 节进行讨论。

考虑到代数项不进行特征分析,暂时不需要对曳力建立本构模型。

5.2.2 虚拟质量力

虚拟质量力是当气泡加速度和周围液体加速度不同时作用在气泡上的瞬态曳力,即气泡加速运动时置换周围液体所需的附加惯性力。该力在气-液瞬态泡状流中尤为重要。这主要是由于该力与连续相密度成正比,这使它比气泡自身的惯性力更为重要。Drew 和 Lahey(1987)推导得到的虚拟质量力的基本形式如下。

$$M_1^{\text{VM}} = -M_2^{\text{VM}} = \alpha_2 \rho_1 C_{\text{VM}} \left[\left(\frac{\partial u_1}{\partial t} + u_1 \frac{\partial u_1}{\partial x} \right) - \left(\frac{\partial u_2}{\partial t} + u_2 \frac{\partial u_2}{\partial x} \right) \right] \quad (5.5)$$

在文献中同样可以找到其他形式的虚拟质量力,不过式(5.5)是目前为止在多相流 CFD 程序中应用最多的方程。Zuber(1964)通过势流理论推导得到了虚拟质量力系数 C_{VM} 计算模型。考虑到稀释限值,在这里可取 $C_{\text{VM}} = 0.5$。特征方程 $\det[\boldsymbol{B} - c\boldsymbol{A}] = 0$ 和 2.2.2 节所述内容相似,只不过矩阵中包含的是虚拟质量而不是流体静力学项。

$$\boldsymbol{A} = \begin{bmatrix} 1 & 0 & 0 & \dfrac{\alpha_2}{c_2^2 \rho_2} \\ -1 & 0 & 0 & \dfrac{\alpha_1}{c_1^2 \rho_1} \\ 0 & \alpha_2(C_{\text{VM}}\rho_1 + \rho_2) & -\alpha_2 C_{\text{VM}}\rho_1 & 0 \\ 0 & -\alpha_2 C_{\text{VM}}\rho_1 & \alpha_1 \rho_1 + \alpha_2 C_{\text{VM}}\rho_1 & 0 \end{bmatrix} \quad (5.6)$$

$$\boldsymbol{B} = \begin{bmatrix} u_2 & \alpha & 0 & \dfrac{\alpha_2 u_2}{c_2^2 \rho_2} \\ -u_1 & 0 & \alpha_1 & \dfrac{\alpha_1 u_1}{c_1^2 \rho_1} \\ 0 & \alpha_2(C_{\text{VM}}\rho_1 + \rho_2)u_2 & -\alpha_2 C_{\text{VM}}\rho_1 u_1 & \alpha_2 \\ 0 & -\alpha_2 C_{\text{VM}}\rho_1 u_2 & (\alpha_1 + \alpha_2 C_{\text{VM}})\rho_1 u_1 & \alpha_1 \end{bmatrix} \quad (5.7)$$

对于均相流这一特殊流动状态,$u_1 = u_2 = u$,简化 TFM 的特征值为 $c_{1-4} = u, u, u + c_{2\phi}, u - c_{2\phi}$,其前两项为物质波波速,后两项为声波波速。

$$c_{2\phi} = \sqrt{\dfrac{\rho_2(C_{\text{VM}}\rho_1 + \alpha_1 \tilde{\rho})}{\left(\dfrac{\alpha_2 \rho_1}{c_1^2} + \dfrac{\alpha_1 \rho_2}{c_2^2}\right)(C_{\text{VM}} \bar{\rho} + \alpha_1 \rho_2)}} \quad (5.8)$$

式中:$\tilde{\rho} = \alpha_2 \rho_1 + \alpha_1 \rho_2$,$\bar{\rho} = \alpha_1 \rho_1 + \alpha_2 \rho_2$。

反之,当 $u_1 \neq u_2$ 时,物质波特征值为虚数,因而该模型为不适定。能量方程中额外增加了两个实数特征值,$c_{5,6} = u_1, u_2$,不会改变 TFM 的稳定性。

已有研究表明,虚拟质量力对两相声速有显著的影响(Watanabe 等(1990),Watanabe 和 Kukita(1992))。图 5.1 所示为声速随式(5.8)中弥散相浓度 α_2 的变化关系。可见,通过虚拟质量力预测得到的声速与 Henry 等(1971)的实验结果符合很好。

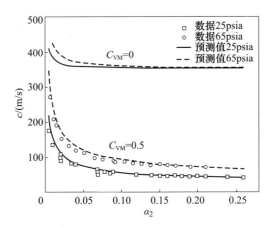

图 5.1　两相声速预测值与 Henry(1971)蒸汽 – 水数据的对比

5.3　不可压缩两流体模型

本节首先对 Pauchon 和 Banerjee(1986)得到的适用于两个平行平板间竖直泡状流的绝热不可压缩一维 TFM 进行讨论。该模型与 5.2 节模型的主要差异是在液相动量方程中引入了交界面压差。

$$\frac{D_1 \alpha_1}{Dt} + \alpha_1 \frac{\partial u_1}{\partial x} = 0 \tag{5.9}$$

$$-\frac{D_2 \alpha_1}{Dt} + \alpha_2 \frac{\partial u_2}{\partial x} = 0 \tag{5.10}$$

$$\rho_1 \frac{D_1 u_1}{Dt} = -\frac{\partial p_{1i}}{\partial x} - \rho_1 g + \frac{1}{\alpha_1}\left[M_1^D + M_1^{VM} - (p_{1i} - p_1)\frac{\partial \alpha_1}{\partial x}\right] - \frac{f_1}{H}\rho_1 |u_1| u_1 \tag{5.11}$$

$$\rho_2 \frac{D_2 u_2}{Dt} = -\frac{\partial p_{1i}}{\partial x} - \rho_2 g - \frac{1}{\alpha_2}(M_1^D + M_1^{VM}) \tag{5.12}$$

式中:假设 $p_2 = p_{1i}$。

为保证求解的完整性,在式(5.11)中引入了壁面摩擦力,该力在后续的讨论将忽略不计。不可压缩条件意味着声速 $c_{2\phi} = \pm \infty$,需要注意的是,虚拟质量力的定义和交界面压力 p_{1i} 令模型有条件适定这两点是需要进行证明的。物质波的特征速度将通过定通量假设来分析,这样可以使模型简化为两个方程(见第 2 章)。不过,计算过程中需首先引入交界面压力模型。在 5.4.2 节中将讨论可以使 TFM 无条件适定的碰撞力模型。

5.3.1 界面压力

Stuhmiller(1977)对气泡与液体产生相对运动时交界面和主流液体产生的压力进行积分和差分得到了交界面压力,这对模型的稳定性有重要的意义。这一点在数学上和分层流中的流体静压类似,例如,流动的稳定区随着静压的提高而扩大。该计算模型的物理推导过程基于泡状流,不过在一些商业程序中已被人为地应用到其他的流型中以实现无条件的双曲型(Bestion(1990))。对于本实例,交界面压力可表示为

$$p_{1i} - p_1 = - C_p\rho_1 (u_1 - u_2)^2 \tag{5.13}$$

式中:$C_p = 1/4$ 适用于势流中的稀疏颗粒工况,再加上与之对应的 $C_{VM} = 1/2$ 可以使式(5.9)~式(5.12)将所述的 TFM 封闭。

5.3.2 定通量模型的推导

本节以前面所述的不可压缩 TFM 为基础,通过 Lopez de Bertodano 等的推导过程得到 FFM。之后,在 5.4 节中将解释交界面压力如何使泡状流方程变稳定(其和静压在水平分层流中的作用相似)。此外,虚拟质量同样对不可压泡状流流动的稳定性起着至关重要的作用。

以下的分析通过 2.3.2 节的步骤,将四方程 TFM 简化为与 SWT 相似的两个 PDE 模型。其中,第一个 PDE 为式(5.9)和式(5.10)两个连续性方程之和,守恒方程形式如下:

$$\frac{\partial}{\partial t}(\rho_1\alpha_1 + \rho_2\alpha_2) + \frac{\partial}{\partial x}(\rho_1\alpha_1 u_1 + \rho_2\alpha_2 u_2) = 0 \tag{5.14}$$

式(5.11)和式(5.12)两个动量方程之差可以消除压力项:

$$\left(1 + \frac{C_{VM}}{\alpha_1}\right)\frac{D_1}{Dt}\rho_1 u_1 - \left(1 + \frac{C_{VM}}{r\alpha_1}\right)\frac{D_2}{Dt}\rho_2 u_2 + \frac{\partial}{\partial x}C_p\rho_1 |u_2 - u_1|(u_2 - u_1) +$$

$$\frac{C_p}{\alpha_1}\rho_1 (u_2 - u_1)^2 \frac{\partial \alpha_1}{\partial x}$$

$$= -(\rho_1 - \rho_2)g - \frac{2}{\alpha_1 H}\frac{f_1}{2}\rho_1 |u_1|u_1 + \left(\frac{1}{\alpha_1} + \frac{1}{\alpha_2}\right)M^D \tag{5.15}$$

为了方程组封闭,需要两个额外方程,可使用截面含气率条件:

$$\alpha_1 + \alpha_2 = 1 \tag{5.16}$$

此外,还有容积流密度条件:

$$\alpha_1 u_1 + \alpha_2 u_2 = j \tag{5.17}$$

式中：j 为总体积通量。

如之前所述，j 通常认为是关于时间的函数，不过在此可以类比定通量假设认为 j 是常数。

这样可将两个 PDE 模型写成如下的矩阵形式：

$$\frac{\mathrm{d}}{\mathrm{d}t}\underline{\psi} + \frac{\mathrm{d}}{\mathrm{d}x}\underline{\varphi} = \underline{\varsigma} \tag{5.18}$$

其中

$$\underline{\psi} = \begin{bmatrix} \rho_1\alpha_1 + \rho_2\alpha_2 \\ (1+\beta)\rho_1 u_1 - \left(1+\dfrac{\beta}{r}\right)\rho_2 u_2 \end{bmatrix} \tag{5.19}$$

$$\underline{\varphi} = \begin{bmatrix} \rho_1\alpha_1 u_1 + \rho_2\alpha_2 u_2 \\ \dfrac{1}{2}(1+\beta)\rho_1 u_1^2 - \dfrac{1}{2}\left(1+\dfrac{\beta}{r_\rho}\right)\rho_2 u_2^2 + C_p\rho_1(u_2-u_1)^2 + \gamma\alpha_1 \end{bmatrix} \tag{5.20}$$

式中：$\gamma = \dfrac{C_p}{\alpha_1}\rho_1(u_2-u_1)^2$，$\beta = C_{\mathrm{VM}}/\alpha_1$，$r_\rho = \rho_2/\rho_1$，方程源项表示为

$$\underline{\varsigma} = \begin{bmatrix} 0 \\ -(\rho_1-\rho_2)g - \dfrac{2}{\alpha_1 H}\dfrac{f_1}{2}\rho_1|u_1|u_1 + M^D \end{bmatrix} \tag{5.21}$$

然后，将方程组转换为基本变量，$\underline{\phi} = [\alpha_1, u_1]^T$，则有

$$\boldsymbol{A}\frac{\partial}{\partial t}\underline{\phi} + \boldsymbol{B}\frac{\partial}{\partial x}\underline{\phi} = \underline{F} \tag{5.22}$$

其中，$\boldsymbol{A} = \boldsymbol{I}$。

为了简化分析，在后续的变形中将 γ 和 β 视为常数。得到的最终结果和完整的 TFM 没有区别，这一点 Pauchon 和 Banerjee(1986) 已在完整 TFM 分析中进行了证明。基于 2.3.2 节的推导过程，通过线性代数分析和密度比 $r_\rho = \rho_2/\rho_1$ 的泰勒级数得到矩阵 $\boldsymbol{B}$。同样，这里假设 $r_\rho \ll 1$，这一点和常压条件下空气-水流动实验中忽略 r_ρ 项一致。据此，得到的简化矩阵 $\boldsymbol{B}$ 为

$$\boldsymbol{B} \approx \begin{bmatrix} u_1 & \alpha_1 \\ \dfrac{(1+\alpha_1)C_p - C_{\mathrm{VM}}}{C_{\mathrm{VM}} + \alpha_1 - \alpha_1^2}(u_2-u_1)^2 & u_1 + \dfrac{2\alpha_1(C_{\mathrm{VM}} - C_p)}{C_{\mathrm{VM}} + \alpha_1 - \alpha_1^2}(u_2-u_1) \end{bmatrix} \tag{5.23}$$

源项变为

$$\underline{F} \approx \frac{\alpha_1 \alpha_2}{C_{VM} + \alpha_1 \alpha_2} \begin{bmatrix} 0 \\ -g - \frac{2}{\alpha_1 H} \frac{f_1}{2} |u_1| u_1 + \left(\frac{1}{\alpha_1} + \frac{1}{\alpha_2}\right) \frac{M^D}{\rho_1} \end{bmatrix} \quad (5.24)$$

此时,TFM 可以表示为与浅水理论相似的形式,即

$$\frac{\partial \alpha_1}{\partial t} + u_1 \frac{\partial \alpha_1}{\partial x} + \alpha_1 \frac{\partial u_1}{\partial x} = 0 \quad (5.25)$$

$$\frac{\partial u_1}{\partial t} + \left[u_1 + \frac{2\alpha_1 (C_{VM} - C_p)}{C_{VM} + \alpha_1 \alpha_2} (u_2 - u_1)\right] \frac{\partial u_1}{\partial x} + C \frac{\partial \alpha_1}{\partial x}$$

$$= \frac{\alpha_1 \alpha_2}{C_{VM} + \alpha_1 \alpha_2} \left[-g - \frac{1}{\alpha_1 H} \frac{f_1}{2} |u_1| u_1 + \left(\frac{1}{\alpha_1} + \frac{1}{\alpha_2}\right) \frac{M^D}{\rho_1}\right] \quad (5.26)$$

其中

$$C = \frac{(1 + \alpha_1) C_p - C_{VM}}{C_{VM} + \alpha_1 \alpha_2} (u_2 - u_1)^2 \quad (5.27)$$

这个两方程模型在数学上比一维 SWT 复杂(式(2.33)和式(2.33))。主要是由于两方程模型在动力方程的对流项中引入了附加项。

5.4 线性稳定性

本节基于第 2 章内容和 Pauchon 和 Banerjee(1986)提出的方法对泡状流一维 TFM 进行了线性稳定性分析。首先,基于 Pauchon 和 Banerjee(1986)的方法通过交界面的压差证明 TFM 的 KH 条件稳定和适定性。之后,通过引入碰撞力证明模型的无条件稳定性。不过,在如第 2 章所述的适定条件下,仍存在一定的运动学不稳定性。考虑到多维不稳定性分析会导致不同类型的不稳定性,本节同第 2 章一样不对其进行分析。对于如羽流不稳定性的多维不稳定性分析将在第 9 章最后进行讨论。

5.4.1 特征分析

首先基于特征方程 $\det[\boldsymbol{B} - c\boldsymbol{A}] = 0$ 求解特征速度 c,得到如下结果:

$$c_{1,2}^* = \frac{\alpha_1}{C_{VM} + \alpha_1 - \alpha_1^2} (C_{VM} - C_p) \times$$

$$\left\{1 \pm \sqrt{1 + \frac{C_p [C_{VM}(1 + \alpha_1) + \alpha_1 - \alpha_1^3] - C_{VM}(C_{VM} + \alpha_1 - \alpha_1^2)}{\alpha_1 (C_{VM} - C_p)^2}}\right\} \quad (5.28)$$

其中, $c^* = \dfrac{c - u_1}{u_2 - u_1}$。当 $0 \leqslant \alpha_1 \leqslant 1$ 时, 对表达式取平方根得到的条件稳定性准则(如在一定范围 α_2 稳定)可以简化为 $C_p \geqslant 0$, 完整的稳定性准则为 $\dfrac{C_p[C_{VM}(1+\alpha_1)+\alpha_1-\alpha_1^3]-C_{VM}(C_{VM}+\alpha_1-\alpha_1^2)}{\alpha_1(C_{VM}-C_p)^2}$。例如, 在图 5.2 中, 当 $C_p = \dfrac{1}{4}$, $C_{VM} = \dfrac{1}{2}$ 时, 模型在 $\alpha_2 < 0.26$ 的条件下稳定。图中的上下两条曲线分别表示两个特征速度。它们为 Pauchon 和 Banerjee(1986)基于 FFM 得到的经典的条件稳定结果。不过, 在实验中发现了更高空泡份额条件下的稳定泡状流。一个用来解决这一缺陷的方法是在模型中引入更多的物理现象。后续的分析中将讨论可以使 TFM 无条件稳定的碰撞力效应。

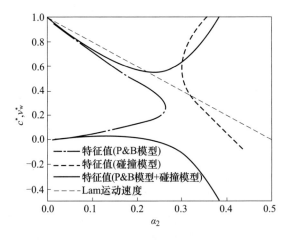

图 5.2 Stokes 气泡的物质波速和运动学速度

5.4.2 碰撞力

在泡状流中, 表面张力对流动稳定起到了重要的作用, 这一点和分层流类似但较难直接模拟。一个简单可行的方法是假设表面张力可以使气泡维持球型并具有弹性, 因此气泡之间会碰撞但不会合并或破裂。这一假设可能不适用于工业中较大变形的泡状流动, 不过在微气泡流动中适用性很好, 如生啤酒中的氮气泡。读者如有兴趣可观看 Alexander 和 Zare(2004)的视频, 其展示了放大的 Guinness 气泡运动过程。交界面碰撞力模型的推导基于 Alajbegovic 等(1999)的 Enskog 方程, 结果如下:

$$\boldsymbol{M}^{coll} = -\nabla \cdot [(\rho_2 + C_{VM}\rho_1)\chi(\alpha_2)\alpha_2^2(2\overline{\boldsymbol{u}_2'\boldsymbol{u}_2'} + \overline{\boldsymbol{u}_2' \cdot \boldsymbol{u}_2'}\boldsymbol{I})] \quad (5.29)$$

式中: $\overline{\boldsymbol{u}_2'\boldsymbol{u}_2'}$ 为气泡的法向湍流切应力张量; $\chi(\alpha_2)$ 为接触位置的对相关函数,

也称为径向分布函数（RDF），RDF 考虑了有限数目气泡密度的影响（Garzó 和 Santos(2003)）。

式(5.29)表示弥散相压力,与弥散相脉动动能成正比。水力学压力和脉动在微观尺度上的关系(比如温度)可类比气体运动理论中的理想气体状态方程。通常认为,在 TFM 中引入包含空泡梯度项(Bestion(1990))和上面所述的碰撞力项的交界面作用力,TFM 可能变为双曲线型,在粒子流社区中多采用碰撞力,如粒子压力,使得 TFM 稳定(Fullmer 和 Hrenya(2017))。

基于绕球流动的势流理论(Drew 和 Passman(1999)),由气泡产生液相湍流流动可以表示为

$$\overline{u'_1 u'_1} = \begin{pmatrix} 4/5 & 0 & 0 \\ 0 & 3/5 & 0 \\ 0 & 0 & 3/5 \end{pmatrix} \alpha_2 \frac{1}{2} C_{VM} |u_2 - u_1|^2 \tag{5.30}$$

进一步,如果气泡和液相处于湍流平衡态,基于9.3.6节的内容,得

$$\overline{u'_2 u'_2} = \frac{1}{1 + \tau_{tb}/\tau_{te}} \overline{u'_1 u'_1} \tag{5.31}$$

式中：τ_{te} 为气泡发生涡的时间常数；τ_{tb} 为与气泡惯性相关的时间常数。

将式(5.30)和式(5.31)代入式(5.29)得到的碰撞力为

$$M^{coll} = -\nabla \cdot \left[\begin{pmatrix} 3.6 & 0 & 0 \\ 0 & 3.2 & 0 \\ 0 & 0 & 3.2 \end{pmatrix} \frac{1}{1 + \frac{\tau_{te}}{\tau_{tb}}} (\rho_2 + C_{VM}\rho_1) \chi(\alpha_2) \alpha_2^3 \frac{1}{2} C_{VM} |u_2 - u_1|^2 \right] \tag{5.32}$$

式中：径向分布函数(RDF)为常数,χ 为与弥散相浓度 α_2 相关的单调递增函数。在 RDF 方程中应用最广的为如下函数(Carnahan 和 Starling(1969))：

$$\chi(\alpha_2) = \frac{2 - \alpha_2}{2(1 - \alpha_2)^3} \tag{5.33}$$

理论上,RDF 方程在气泡填充量最大时趋于无穷,对于随机的球状粒子系统,该值约为0.64。Ma 和 Ahmadi(1988)提出的 RDF 方程可以用来考察气泡最大填充量的影响。当变形气泡使空泡份额接近于1时(Ishii 和 Hibiki(2006)),最大填充密度具有显著的影响。不过这一条件会有悖于式(5.29)推导过程中所基于的二元瞬态碰撞假设。因此,在后续的讨论中选用如式(5.33)所示的简化 RDF 方程并选用空泡份额 $\alpha_2 > 0.6$。最后,联立式(5.32)和式(5.33)并代替 $\alpha_2 = 1 - \alpha_1$,得到的碰撞力轴向分布为

$$M_x^{\text{coll}} = -\frac{\partial}{\partial x}\left[\frac{1.8}{1+\frac{\tau_{\text{te}}}{\tau_{\text{tb}}}}\frac{(1+\alpha_1)(1-\alpha_1)^3}{2\alpha_1^3}C_{\text{VM}}(\rho_2+C_{\text{VM}}\rho_1)(u_2-u_1)^2\right] \quad (5.34)$$

基于式(5.17)所述的定通量假设,将碰撞产生的动量传递项代入 TFM 并使密度比 $r_\rho \ll 1$,可将动量方程式(5.26)改写为

$$\frac{\partial u_1}{\partial t} + \left\{u_1 + \frac{2\alpha_1\left[C_{\text{VM}}-C_p+\frac{1.8}{1+\tau_{\text{te}}/\tau_{\text{tb}}}\frac{(1+\alpha_1)(1-\alpha_1)^2 C_{\text{VM}}^2}{2\alpha_1^3}\right]}{C_{\text{VM}}+\alpha_1\alpha_2}(u_2-u_1)\right\}\frac{\partial u_1}{\partial x} + C'\frac{\partial \alpha_1}{\partial x}$$

$$= \frac{\alpha_1\alpha_2}{C_{\text{VM}}+\alpha_1\alpha_2}\left[-g-\frac{2}{\alpha_1 H}\frac{f_1}{2}|u_1|u_1+\left(\frac{1}{\alpha_1}+\frac{1}{\alpha_2}\right)\frac{M^{\text{D}}}{\rho_1}\right] \quad (5.35)$$

其中

$$C' = C + \frac{1.8}{1+\tau_{\text{te}}/\tau_{\text{tb}}}C_{\text{VM}}^2\frac{(3-\alpha_1^2)(1-\alpha_1)^2}{2\alpha_1^3(C_{\text{VM}}+\alpha_1\alpha_2)}(u_2-u_1)^2 \quad (5.36)$$

C 通过式(2.27)得到。

图 5.2 示出了一些特征值,包含了与 Guinness 生啤酒中 $d_B = 120\,\mu\text{m}$ 氮气泡相似条件的碰撞力(Robinson 等(2008))。对于 $\nu_1 = 2\times 10^{-6}\,\text{m}^2/\text{s}$ 的斯托克斯流,其气泡时间常数项和气泡诱导涡的时间常数分别为 $\tau_{\text{tb}} = \frac{1}{18}C_{\text{VM}}\frac{d_B^2}{\nu_1}$ 和 $\tau_{\text{te}} \approx \frac{d_B}{u_2-u_1}$,其中 $u_2-u_1 = \frac{1}{18}g\frac{d_B^2}{\nu_1}$。则时间常数比 $\tau_{\text{te}}/\tau_{\text{tb}} \approx 0.01 \ll 1$。最后,RDF 中快速增加所带来的影响使得模型变得无条件适定。

可在数学上对比泡状流中的碰撞力和水平波状流中的静力学力,这主要是由于两个力的机制均可用一阶空泡梯度表示。在本示例条件下,两者的主要区别在于该项可以使模型在所有的相对速度条件下稳定,如 $\det[\boldsymbol{B}-c\boldsymbol{A}]=0$ 意味着排除了 KH 不稳定性的影响。因此,在球型小气泡条件下总能达到动力学稳定。不过,通过后续章节的讨论可知,系统仍可能存在运动学不稳定性。

5.4.3 色散关系:运动学不稳定性

式(5.25)和式(5.35)所述的色散关系通过下式获得

$$\det[-\mathrm{i}\omega\boldsymbol{A}+\mathrm{i}k\boldsymbol{B}-\boldsymbol{F}']=0 \quad (5.37)$$

其中

$$\boldsymbol{F}' = \frac{\partial \boldsymbol{F}}{\partial \boldsymbol{\phi}} = \begin{bmatrix} 0 & 0 \\ F_\alpha & F_u \end{bmatrix} \quad (5.38)$$

得到的如下泡状流方程远比分层流要复杂,有

$$\omega = uk - bk - \mathrm{i}\frac{F_u}{2} \pm \sqrt{\left(\mathrm{i}\frac{F_u}{2}\right)^2 + \mathrm{i}F_u(b+v_w)k + a\,(bk)^2} \quad (5.39)$$

对于 Pauchon 和 Banerjee(1986)模型,$a = \dfrac{C_p[C_{VM}(1+\alpha_1) + \alpha_1 - \alpha_1^3] - C_{VM}(C_{VM} + \alpha_1 - \alpha_1^2)}{\alpha_1(C_{VM} - C_p)^2}$,

$b = \dfrac{\alpha_1}{C_{VM} + \alpha_1 - \alpha_1^2}(C_{VM} - C_p)(u_2 - u_1)$。这时,色散关系可表示为

$$\omega = uk - bk - \mathrm{i}\frac{F_u}{2} \pm \sqrt{\left(\sqrt{(1+a)}\,bk + \mathrm{i}\frac{F_u}{2}\right)^2 + \mathrm{i}F_u[(1-\sqrt{1+a})b + v_w]k}$$

(5.40)

最后,通过该方程可知,运动学稳定性条件和 SWT 条件相同(Whitham(1974))。如 $v_w \leqslant c$。

5.4.4 曳力

5.4.4.1 层流区(Stokes 流)

现讨论层流条件下 TFM 的界面曳力。对于斯托克斯(Stokes)流而言,常用的关联式为

$$M^D = \frac{18v}{d_B^2}\rho_1\alpha_2(u_2 - u_1) \quad (5.41)$$

将动量方程除以 $g\rho_1$,式(5.26)的 RHS 可转换为如下的无量纲形式:

$$\frac{F}{g} = \frac{\alpha_1\alpha_2}{C_{VM} + \alpha_1\alpha_2}\left[-1 + \left(\frac{1}{\alpha_1} + \frac{1}{\alpha_2}\right) \times 4.5\alpha_2\left(\frac{u_2}{u_0} - \frac{u_1}{u_0}\right)\right] \quad (5.42)$$

式中: $u_0 = \dfrac{gd_B^2}{4v}$。

在 $j = 0$ 的条件下,基于运动学条件 $F = 0$ 得到的速度为

$$\frac{u_1}{u_0} = -\frac{1}{4.5}\alpha_2(1-\alpha_2), \quad \frac{u_2}{u_0} = \frac{1}{4.5}(1-\alpha_2) \quad (5.43)$$

则通过式(2.50)得到的运动学波速为

$$v_w^* = \frac{v_w}{u_0} = \frac{1}{4.5}\frac{\alpha_1[C_{VM}(-1+2\alpha_1) + \alpha_1(-1+3\alpha_1 - 2\alpha_1^2)]}{C_{VM} + \alpha_1(1-\alpha_1)} \quad (5.44)$$

由图 5.2 可知,对于 $C_p = \dfrac{1}{4}$ 和 $C_{VM} = \dfrac{1}{2}$,包含碰撞力的模型运动学不稳定条件($v_w > c$)为 $\alpha_2 < 0.17$。

通过 α_2 为 0.1~0.2 范围内正特征值的色散关系得到的波增长速度 $v_i^* = \dfrac{\omega_i/k}{u_0}$ 随波长 $\lambda^* = \dfrac{2\pi/k}{u_0/\tau_{tb}}$ 的变化关系如图 5.3 所示。其与图 5.2 中的结果一致,例如,当 $\alpha_2 < 0.17$ 时,波速递增。此外,在波长为零时,波增长率 $\omega_i = 0$,这使得模型适定。这一点在第 2 章分层流运动学不稳定性中也有说明。

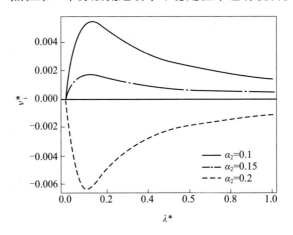

图 5.3　Stokes 区泡状流的色散关系

5.4.4.2　湍流区(变形气泡)

湍流界面的曳力为

$$M^D = \frac{3}{4}\frac{C_D}{d_B}\rho_1\alpha_2 |u_2 - u_1|(u_2 - u_1) \tag{5.45}$$

在定义变形气泡阻力系数之前,先将随阻力系数变化的动量方程无量纲化。依据之前章节所述的方法,动量方程的 RHS 变为

$$\frac{F}{g} = \frac{\alpha_1\alpha_2}{C_{VM} + \alpha_1\alpha_2}\left[-1 + \left(\frac{1}{\alpha_1} + \frac{1}{\alpha_2}\right)\alpha_2\left(\frac{u_2}{u_0} - \frac{u_1}{u_0}\right)^2\right] \tag{5.46}$$

式中:$u_0 = \sqrt{\dfrac{4}{3}\dfrac{gd_B}{C_D}}$。

当 $j = 0$ 时,运动学条件($F = 0$)下得到的速度为

$$\frac{u_1}{u_0} = -\alpha_2\sqrt{1-\alpha_2},\quad \frac{u_2}{u_0} = \sqrt{1-\alpha_2} \tag{5.47}$$

而运动学波速为

$$v_w^* = \frac{v_w}{u_0} = \frac{C_{VM}(-1 + 3\alpha_1 - \alpha_1^2) - \alpha_1^2 + 4\alpha_1^3 - 3\alpha_1^4}{2\sqrt{1-\alpha_1}[C_{VM} + (1-\alpha_1)\alpha_1]} \tag{5.48}$$

图 5.4 所示为在 $C_p=1/4$ 和 $C_{VM}=1/2$ 条件下的特征值。可以看出,在较大范围内流动为运动学不稳定的,例如,仅在空泡份额小于 30% 条件下满足 $v_w > c$,因此,在湍流泡状流条件下,该模型适定,但运动学不稳定。不过,考虑到经典的气-水湍流实验中并没有观察到运动学不稳定性,上述分析结果尚且存疑。首先,相比于其他模型(如 Haley 等(1991)),本模型并不完整,没有包含湍流扩散力。其次,湍流流动中变形气泡系数的值和势流流动中标准球型气泡有显著差异。例如,图 5.4 中给出的典型的 3~5mm 气泡在 $C_p=1$ 和 $C_{VM}=2$ 条件下运动学不稳定性几乎得以消除。

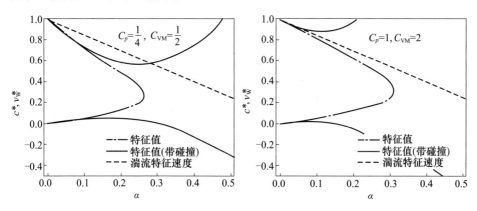

图 5.4 湍流流动中的物质波速和运动学波速

碰撞模型的建立基于气泡之间为弹性碰撞。不过在标准稳定和压力条件下,碰撞会使 3~5mm 的气泡产生变形。图 5.5 将 $C_p=1/4$ 与 $C_{VM}=1/2$ 条件下的特征速度与 Kytomaa 和 Brennen(1991)的实验结果进行了对比。其中,碰撞系

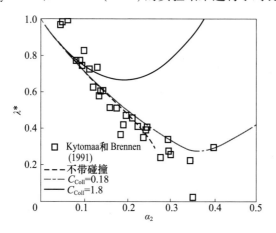

图 5.5 气泡流动特征值与实验结果对比

数的变化范围从 $C_{\text{coll}} = \dfrac{1.8}{1+\tau_{\text{te}}/\tau_{\text{tb}}} \approx 1.8$ 到 $C_{\text{coll}} = 0.18$。对比过程还考虑了弹性碰撞偏差及模型假设带来的偏差。由图 5.5 可以看出,在如此大的碰撞系数范围内,模型依然适定。

5.5 非线性模拟

5.5.1 稳定波演变

本节基于之前章节建立的 FFM 来讨论在方程中引入交界面压力和碰撞机制后对非线性稳定性的影响。为了保证模型的完整性,在动量方程中引入了黏性项。

$$\frac{\partial \alpha_1}{\partial t} + u_1 \frac{\partial \alpha_1}{\partial x} + \alpha_1 \frac{\partial u_1}{\partial x} = 0 \tag{5.49}$$

$$\frac{\partial u_1}{\partial t} + \left\{ u_1 + \frac{2\alpha_1 \left[C_{\text{VM}} - C_p + \dfrac{1.8}{1+\tau_{\text{te}}/\tau_{\text{tb}}} \dfrac{(1+\alpha_1)(1-\alpha_1)^2 C_{\text{VM}}^2}{2\alpha_1^3} \right]}{C_{\text{VM}} + \alpha_1\alpha_2}(u_2 - u_1) \right\} \frac{\partial u_1}{\partial x} + C' \frac{\partial \alpha_1}{\partial x} =$$

$$\frac{\alpha_1\alpha_2}{C_{\text{VM}} + \alpha_1\alpha_2} \left[-g - \frac{2}{\alpha_1 H}\frac{f_1}{2}|u_1|u_1 + \left(\frac{1}{\alpha_1} + \frac{1}{\alpha_2}\right)\frac{M^{\text{D}}}{\rho_1} \right] + v\frac{\partial^2 u_1}{\partial x^2} \tag{5.50}$$

式中:M^{D} 通过文献 Ishii 和 Chawla(1979)中的模型式(9-7)计算。

此外,有

$$C' = \frac{(1+\alpha_1)C_p - C_{\text{VM}}}{C_{\text{VM}} + \alpha_1\alpha_2}(u_2 - u_1)^2 + \frac{1.8}{1+\tau_{\text{te}}/\tau_{\text{tb}}}C_{\text{VM}}^2 \frac{(3-\alpha_1^2)(1-\alpha_1)^2}{2\alpha_1^3(C_{\text{VM}} + \alpha_1\alpha_2)}(u_2 - u_1)^2 \tag{5.51}$$

采用 2.5.5 节所述的二阶格式来减小数值衰减的影响。通过简单假想实验的空泡传递波来证明使非适定问题稳定化的必要性。初始空泡份额分布为高斯波和高频正弦波的叠加,即

$$\alpha_2 = \alpha_{2,0} + \delta_1 \exp\left[-\left(\frac{2\pi}{\lambda_1}\right)^2(x-x_0)^2\right] + \delta_2 \sin\left(\frac{2\pi x}{\lambda_2}\right) \tag{5.52}$$

式中,$\delta_1 = 0.1$,$\delta_2 = 0.005$,$\lambda_1 = 0.1$,$\lambda_2 = 0.25$。当取 $\alpha_{2,0} = 0.25$ 时,由图 5.4 可知模型运动学稳定,因此对于无波长的有界问题不需要考虑黏性项。尽管如此,在当前计算过程中考虑了水的黏度,取值 $v = 10^{-6} \text{m}^2/\text{s}$。计算域的长度为 1m,计算网格数为 500 个、1000 个和 2000 个。时间步长的选取满足 $Co = (u_2 + v_{\text{w}})\Delta t/\Delta x = 0.04$。图 5.6 所示为空泡波从高斯型向三角形演变的示例,不需要进行人工正则化或数值

正则化即可实现收敛。

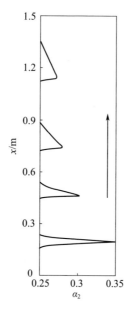

图 5.6 高斯初始条件下模拟空泡波的演变和向上传递过程

波的非线性形状由后部的激波和前部的膨胀波组成,与 Burgers 方程相反。这一现象可通过漂移流空泡传输方程进行详细说明。该方程的推导过程见 6.2 节及 B.3.2 节的描述。应用式(6.10)所述的波传播方程:

$$\frac{\partial \alpha_2}{\partial t} + (u_2 + v_w)\frac{\partial \alpha_2}{\partial x} = 0 \tag{5.53}$$

其中,空泡波传播速度为

$$u_2 + v_w = Coj + V_{gj} + \alpha_2 \frac{\mathrm{d}V_{gj}}{\mathrm{d}\alpha_2} \tag{5.54}$$

而漂移速度由如下的简化关系式求解:

$$V_{gj} = (1 - \alpha_2)u_R \tag{5.55}$$

通过式(6.3)定义相对速度 $u_R = \sqrt{\dfrac{g}{\dfrac{3}{4}\left(\dfrac{1}{\alpha_1} + \dfrac{1}{\alpha_2}\right)\dfrac{C_D}{d_B}\alpha_2}}$。式中采用式(9.7)所示的阻力系数。分析可知,$u_2 + v_w$ 随 α_2 的降低而增加。因此,低浓度初始高斯波的前端要比后端传递得更快,导致前端形成稀散波。反之,初始的尾流会很快地赶上前端波形,形成了尾部激波样的结构。

图 5.7 所示为在不考虑气泡间相互碰撞(如不适定条件)时模型的高频数值振荡过程。当 $N=500$ 个时,短波被抑制,得到的结果与适定 FFM 相似(包括交界面压力和碰撞力的 FFM)。不过,随着节点数的增加,非适定 FFM 的多数程序结果呈现高频振荡特性,这一点和图 2.23 所示结果类似。

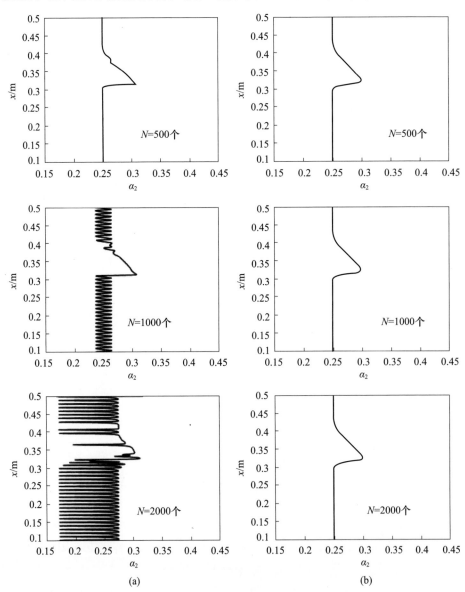

图 5.7 (a)非适定 FFM 和(b)适定 FFM 条件下非线性物质波向上传递过程的数值模拟结果对比

5.5.2 Guinness 运动学非稳定波

通过 5.4.2 节中对斯托克斯泡状流的分析可知,在一定参数范围内 FFM 处于运动学不稳定状态。同时,Robinson 等(2008)在对 Guinness 波进行实验研究和分析过程中发现了运动学不稳定性。研究过程 Guinness 气泡的大小约为 0.12mm,这一点和 5.4.4 节中所述的斯托克斯区一致(如 $Re_b < 1$)。所采用的长度和时间比例尺如下:

$$l_0 = \frac{u_0^2}{g}, \quad t_0 = \frac{l_0}{u_0} = \frac{u_0^2}{g} \tag{5.56}$$

将式(5.35)和式(5.41)无量纲化后合并,得

$$\frac{\partial u_1}{\partial t} + \left\{ u_1 + \frac{2\alpha_1 \left[C_{VM} - C_p + \dfrac{0.9}{1+\tau_{te}/\tau_{tb}} \dfrac{(1+\alpha_1)(1-\alpha_1)^2 C_{VM}^2}{\alpha_1^3} \right]}{C_{VM} + \alpha_1 \alpha_2}(u_2 - u_1) \right\} \frac{\partial u_1}{\partial x} + C' \frac{\partial \alpha_1}{\partial x}$$

$$= \frac{\alpha_1 \alpha_2}{C_{VM} + \alpha_1 \alpha_2} \left[-1 + 4.5 \frac{u_1}{\alpha_1 \alpha_2} + \frac{v}{\alpha_1} \frac{\partial}{\partial x}\left(\alpha_1 \frac{\partial u_1}{\partial x} \right) \right] + v \frac{\partial^2 u_1}{\partial x^2} \tag{5.57}$$

式中,C' 通过式(5.51)定义,RHS 中的最后一项由 Robinson 等(2008)引入(式中,$v = 0.05\,\text{m}^2/\text{s}$),该项将方程和波增长联系在一起。基于 Lopez de Bertodano 等(2013)的模化过程,本计算域包含 10 个无量纲数和周期性边界条件。初始条件为如下的扰动液体截面含气率和速度分布:

$$\alpha_1 = \alpha_{1,0} + \sum_{i=1}^{5} \delta_0 e^{-k^2(x-x_{0,i})^2}, \quad u_1 = u_{1,0} + \sum_{i=1}^{5} \delta_0 e^{-k^2(x-x_{0,i})^2} \tag{5.58}$$

式中,单位波长所对应的波数为 $k = 2\pi$,$x_{0,i}$ 的取值为 1、3、5、7 以及沿计算域方向的 9 个无量纲数。扰动幅值 δ_0 取 10^{-4},$\alpha_{1,0}$ 在运动学稳定条件下取 0.7,在运动学不稳定条件下取 0.9。两种工况下的初始速度 $u_{1,0}$ 均取为 0。此外,网格数 $N=200$ 个,时间步长满足 $\Delta t/\Delta x = 0.2\,\text{s}/\text{m}$。整个计算过程的无量纲时间为 $t = 4000\,\text{s}$。计算结果符合线性稳定理论。当 $\alpha_{2,0} > 0.17$ 时,流动处于图 5.2 所示的稳定状态。自变量可归一化为

$$\phi^* = \frac{\phi - \phi_{\min}}{\phi_{\max} - \phi_{\min}} \tag{5.59}$$

其中,$\phi = [u_1, \alpha_1]^T$。

图 5.8(a)所示为当通道中心区 $\alpha_{1,0} = 0.7$ 时 α_1^* 的短期变化过程。该条件考虑了碰撞项,因此模型适定。由图可知,扰动幅值随时间逐渐降低直至到达稳定状态。当 $\alpha_{1,0} = 0.9$ 时,通过线性稳定性分析可知流动为运动学不稳定,计算

结果呈现周期性振荡(图5.8(b))。为了深入分析模型的非线性稳定特性和有界性,可采用相-空间图来观察计算结果的长期演变过程。对于本算例,液相速度的时间序列数据通过在 $x=5.0$(如,v_1^*)和 $x=5.5$(如,v_2^*)条件下计算得到。由图5.9(a)可知,在稳定条件下计算结果快速衰减为一点。反之,在运动学不稳定条件下计算结果形成了有限环(图5.9(b))。此外,在时间步长 $\Delta t/\Delta x=0.2\mathrm{s/m}$,网格数 $N=500$、1000、2000、4000 个的条件下开展了收敛性分析。图5.9(b)所示为有限环随节点加密而收敛的过程,可见,适定模型会使有限环收敛。图5.10所示为有限环中傅里叶离散项与KY有限环谱(图4.12)的对应关系。

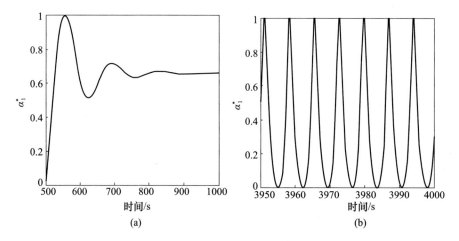

图5.8 稳定与非稳定条件下空泡份额随时间的变化关系
(转载自 Lopez de Bertodano 等(2013),经 Begell House 许可)

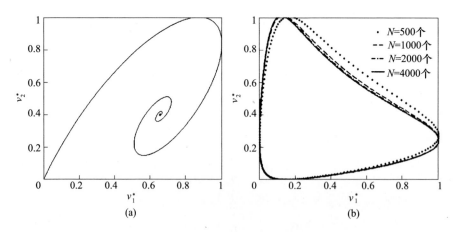

图5.9 稳定与非稳定条件下的相图
(转载自 Lopez de Bertodano 等(2013),经 Begell House 许可)

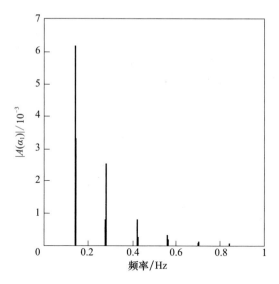

图 5.10　有限环条件下的傅里叶谱图

波长的计算结果与 Robinson 等(2008)的分析结果一致,比实验观测值小两个数量级。此外,对黏性项的计算结果更小。Benilov 等(2013)指出,容器尺寸是导致上述结果的重要因素,即,品脱型的玻璃会在壁面附近形成剪切层,进而产生多维不稳定性。

尽管如此,一维模型的模拟分析适用于 TFM 验证。此外,基于该模型发现在运动学不稳定条件下,泡状流不会产生混沌现象。不过在大量粒子非稳定流中(同样为运动学不稳定性(Batchelor(1988))),通过 TFM 的 CFD 模拟发现了混沌现象(Fullmer 和 Hrenya(2016))。

5.6　总结与讨论

在泡状流条件下对包含虚拟质量和交界面压力的 FFM 进行线性稳定性分析可得到公认的 Pauchon 和 Banerjee(1986)得出的结论,如模型的条件适定性。通过在模型中引入气泡弹性碰撞力进一步分析发现,弹性碰撞力可使模型无条件适定,即对于所有的空泡份额条件。碰撞力是通过常用的运动学理论导出,在粒子流社区中称此力为粒子压力。弹性碰撞的机制来自表面张力的作用,它使小气泡在相互碰撞过程中不会发生合并维持近似球型。由此可知,在第 2 章分相流的示例中对表面张力的描述并不明确。对于竖直泡状流和水平分层流而言,它们在稳定性机制上的本质区别在于,需要在各自的流动区域内通过物理机制建立自身的适定 TFM。此外,所采用的物理机制需采用正确的物质波速,从而得到具有精确波传播特征值的适定 TFM。

对稳定孤波和 SWT 运动学不稳定性开展了非线性分析。通过对适定 FFM 开展稳定性分析得到了类 Burgers 波,不过流动方向相反。色散分析表明,尽管模型变得复杂,但模型依然存在 Whitham(1974)提出的运动学 SWT 不稳定性。此外,研究表明由于黏性 FFM 具有适定性,这使 SWT 二阶格式不稳定性模拟能够收敛。本章的数值分析和之前章节的主要区别在于没有发现混沌现象。不过,对于弥散流而言,由于存在粒子群不稳定性(也是一种运动学不稳定性(Wallis(1969),Batchelor(1988),Fullmer 和 Hrenya(2017)),混沌现象不能忽略不计。在三维 TFM 模拟中已经发现混沌现象(Agrawal 等(2001)或 Fullmer 和 Hrenya(2016)及其所引用的相关参考文献)。

参考文献

Agrawal, K., Loezos, P. N., Syamlal, M., & Sundaresan, S. (2001). The role of meso-scale structures in rapid gas-solid flows. *Journal of Fluid Mechanics*, 445, 151–185.

Alajbegovic, A., Drew, D. A., & Lahey, R. T., Jr. (1999). An analysis of phase distribution and turbulence in dispersed particle/liquid flows. *Chemical Engineering Communications*, 174, 85–133.

Alexander, C. A., & Zare, R. N. (2004). Do bubbles in Guinness go down? Retrieved from http://www.stanford.edu/group/Zarelab/guinness/.

Batchelor, G. K. (1988). A new theory of the instability of a uniform fluidized-bed. *Journal of Fluid Mechanics*, 193, 75–110.

Benilov, E. S., Cummins, C. P. and Lee, W. T. (2013). Why do bubbles in Guinness sink? *American Journal of Physics*, 81(2), 88. http://arxiv.org/pdf/1205.5233v1.pdf.

Bestion, D. (1990). The physical closure laws in the CATHARE code. *Nuclear Engineering and Design*, 124, 229–245.

Carnahan, N. F., & Starling, K. E. (1969). Equations of state for non-attracting rigid spheres. *Journal of Chemical Physics*, 51, 635–636.

Drew, D. A., & Lahey, R. T., Jr. (1987). The virtual mass and lift force on a sphere in rotating and straining inviscid fluid. *International Journal of Multiphase Flow*, 13(1), 113–121.

Drew, D. A., & Passman, S. L. (1999). *Theory of multicomponent fluids*. Springer, Berlin: Applied Mathematical Sciences.

Fullmer, W. D., & Hrenya, C. M. (2016). Quantitative assessment of fine-grid kinetic-theory-based predictions of mean-slip in unbounded fluidization. *AIChE Journal*, 62(1), 11–17.

Fullmer, W. D., & Hrenya, C. M. (2017). The clustering instability in rapid granular and gas-solid flows. *Annual Review of Fluid Mechanics*, 49, 485–510.

Grazó, V., & Santos, A. (2003). *Kinetic theory of gases in shear flows*. Dordrecht, the Netherlands: Springer.

Haley, T. C., Drew, D. A., & Lahey, R. T. (1991). An analysis of the eigenvalues of bubbly two-phase flows. *Chemical Engineering Communications*, 106, 93–117.

Henry, R. E., Grolmes, M. A., & Fauske, H. K. (1971) *Pressure-pulse propagation in two-phase one- and two-component mixtures* (Technical Report ANL – 7792). Argonne National Laboratory.

Ishii, M., & Chawla, T. C. (1979). *Local drag laws in dispersed two-phase flow*. Argonne: ANL.

Ishii, M., & Hibiki, T. (2006). *Thermo-fluid dynamics of two-phase flow*. Berlin: Springer.

Kytomaa, H. K. & Brennen, C. E. (1991). Small Amplitude Kinematic Wave Propagation in Two-component Media, *International Journal of Multiphase Flow*, 17(1), 13 – 26.

Lopez de Bertodano, M. A., Fullmer W., Vaidheeswaran, A. (2013). One-Dimensional Two-Equation Two-Fluid Model Stability. *Multiphase Science and Technology*, 25(2), 133 – 167.

Ma, D., & Ahmadi, G. (1988). A kinetic-model for rapid granular flows of nearly elastic particles including interstitial fluid effects. *Powder Technology*, 56(3), 191 – 207.

Park, S. W., Drew, D. A., & Lahey, R. T., Jr. (1998). The analysis of void wave propagation in adiabatic monodispersed bubbly two-phase flows using an ensemble-averaged two fluid model. *International Journal of Multiphase Flow*, 24, 1205 – 1244.

Pauchon, C., & Banerjee, S. (1986). Interphase momentum interaction effects in the averaged multifield model. *International Journal of Multiphase Flow*, 12, 559 – 573.

Robinson, M., Fowler, A. C., Alexander, A. J., & O'Brien, S. B. (2008). Waves in Guinness. *Physics of Fluids*, 20, 067101.

Stuhmiller, J. H. (1977). The influence of interfacial pressure forces on the character of two-phase flow model equations. *International Journal of Multiphase Flow*, 3, 551 – 560.

Wallis, G. B. (1969). *One-dimensional two-phase flow*. New York: McGraw-Hill.

Watanabe, T., Hirano, M., Tanabe, F., & Kamo, H. (1990). The effect of the virtual mass force term on the numerical stability and efficiency of system calculations. *Nuclear Engineering and Design*, 120, 181. doi: 10.1016/0029 – 5493(90)90371 – 4.

Watanabe, T., & Kukita, Y. (1992). The effect of the virtual mass term on the stability of the two-fluid model against perturbations. *Nuclear Engineering and Design*, 135, 327. doi: 10.1016/0029 – 5493(92)90200 – F.

Whitham, G. B. (1974). *Linear and nonlinear waves*. New York: Wiley.

Zuber, N. (1964). On the dispersed two-phase flow in the laminar flow regime. *Chemical Engineering Science*, 19, 897. doi: 10.1016/0009 – 2509(64)85067 – 3.

第 6 章
漂移流模型

摘要: 本章介绍稳定及线性不稳定的漂移流模型(DFM)。将运动学条件应用于第 5 章的 FFM,得到漂移流波传播方程。这种处理方式消除了 SWT 和 KH 的不稳定性,保留了物质波速和波的非线性演化,使其能分析一些稳态的工程问题,例如液位肿胀、排水和物质的不连续传播。然后去除固定通量近似,采用漂移流假设的 Ishii 和 Hibiki(2006)DFM 混合动量方程,即得到了运动平衡条件。这与前几章的固定通量假设是相对应的,因为它确定了相对速度,而现在允许总流量 j 波动。为了说明这种差异的具体含义,将 DFM 应用于沸腾通道的两个全局不稳定性的线性分析:流量漂移和密度波不稳定性。

DFM 是分析全局物质波不稳定性的最佳 TFM 近似,若流动状态稳定,则正是因为它排除了 FFM 特别处理的局部不稳定性。因此,FFM 和 DFM 是天然对应,它们提供了 TFM 稳定性的广泛图谱,这种广泛的稳定谱是 TFM 在工程两相流中广泛应用的原因之一。

6.1 引　　言

漂移流模型(DFM)可以认为是 TFM 的直接前身,该模型展示了其长物质波的不稳定性,如图 1.1 所示。尽管 Ishii 参考 TFM(Ishii(1975),第 10 章)获得了较大开创性的工作,但依然没有提出完整统一的 DFM 控制方程组,漂移流模型是 20 世纪 60 年代早期(Wallis(2013))由 Zuber 的通用电气集团开发的。20 世纪 60 年代中后期,开放文献中出现了漂移速度的本构关系(Zuber 和 Findlay(1965),Zuber 和 Staub(1967)),Zuber 被广泛认为是 DFM 之父,虽然它是一种专门针对分散两相流的方法,但是几十年来在整个多相流领域中被广泛使用,例如(Wallis(1969),Hewitt(1982)),并且一直受到核反应堆安全程序(ISL(2003))的信赖。

DFM 可以认为是 TFM 的简化版本,因为它仅包含 3 个流体动力学方程,即式(6.41)~式(6.43)。DFM 的本质是只对混合速度进行主动求解,即一种未知的系统变量。相位速度,特别是分散相速度,是通过相速度与体积中心速度之间的相对或漂移速度的封闭代数关系确定,即总容积流密度(Ishii(1977))。虽然与 TFM 相比简化了一些,但 DFM 仍然表现出长波长物质的不稳定性,参见图 1.1。

DFM 还可以进一步简化为空泡传输方程,可以准确地预测控制两相流系统不稳定性的动态空泡份额波动。首先,应用运动条件和固定流量条件,将 TFM 动量方程转化为代数关系,并将其代入气体连续性方程中。运动条件消除了 SWT 和 KH 不稳定性,使空泡传输方程无条件稳定。由此,得到了保持物质波速和波形非线性演化的稳定单方程 DFM。该模型适用于几个实际关注的问题分析,例如排水问题、液位肿胀问题及物质不连续的传播等。

其次,去掉固定的流量条件,用混合动量方程代替 TFM 的两个动量方程,同时保持固定相对速度的平衡运动条件,可以得到动态 DFM。这样,DFM 具有进行全局不稳定性分析的能力,同时排除了 FFM 的局部 KH 和 SWT 不稳定性。由于这些不稳定性与流态变化有关,在稳定性的意义上,DFM 与 FFM 是对应的,在已知流态稳定的情况下,DFM 最适合分析系统的不稳定性。这就完成了 TFM 物质波稳定性的研究,因为它将全局物质波不稳定性从局部物质波不稳定性中隔离出来。当然,这是使用混合动量方程和运动平衡条件的结果,这应该与固定流量条件下的 FFM 相对速度动量方程进行对比,即在 DFM 中加入 TFM 动量方程,在 FFM 中减去 TFM 动量方程。

在严格推导出完整的 TFM 之前,动态 DFM 的制定和求解(Ishii(1971))具有重要历史意义。我们采用了 Ishii 和 Hibiki(2006)的漂移流动量方程。密度波(DW)不稳定性和流量漂移,即静态 Ledinegg(1938)不稳定性,可以在这个数学框架内进行分析。虽然这些不稳定性不包括两相流整体不稳定性的全谱,但它们在工程锅炉设计中具有重要意义,并代表了与闪蒸、冷凝等相变现象有关的其他不稳定性。更复杂的物理问题,如热非平衡等也可以用 DFM 分析,但超出了本章的范围。感兴趣的读者,可参考几篇关于两相流全局不稳定性的优秀综述,如 Ruspini(2014)等。

由于 DW 的不稳定性依赖于过冷区和两相区的相互作用,因此必须对沸腾通道的动量方程进行积分。密度波振荡体现在加热通道入口处的压力损失和流体质点到达通道出口所需的时间上,因此改变了密度和相关的两相压力损失。积分系统在线性控制理论中是众所周知的,数学方法是相应的拉普拉斯变换,这并非巧合,其具有处理时间延迟的能力。

有大量文献使用均相平衡模型的积分动量方程进行稳定性分析。例如,

Wallis 和 Heasley(1961)得到了拉格朗日均相空泡传输方程的解,并用它表示动量积分。另外,利用积分法对密度波的不稳定性进行线性分析,直到 Ishii(1971)发表相关成果后,DFM 才得以完整地执行。Ishii 的方法包括 3 个步骤:首先将连续性方程和能量方程与动量方程解耦,得到沿特征线积分到通道任意位置的拉格朗日空泡传输方程,然后沿整个试验段对动量方程进行积分,得到一个动态常微分积分方程,最后利用线性扰动分析和拉普拉斯变换,得到了一个具有时滞的传递函数,即频域中的指数项,该项由 D 分割方法求解。

我们将采用 Achard 等(1985)的等效方法代替 Ishii 的方法,因为具有时间延迟的积分微分动量方程的表述更清楚。然后用与第 2 章相同的方法对这个方程进行线性化,从而得到一个全局物质波稳定性的线性扰动方程。与第 2 章的不同之处在于,现在用拉普拉斯变换得到传递函数比用傅里叶分析得到色散关系更方便。虽然数学更加复杂,但基本思想是一样的。为了一致性,将保留傅里叶分析的符号,使用 $i\omega$ 而不是 s。最后,D 分割技术给出了具有多个时延的传递函数的根,最终得到由 Ishii(1971)确定的过冷和相变无量纲数的稳定性曲线。对于流量漂移也获得类似的图。用 Achard 方程得到的结果与 Ishii 的结果一致,这应该不足为奇。

6.2 空泡传输方程

稳定的漂移流空泡传输方程是单方程模型,可以从式(5.25)和运动条件得出,即在式(5.26)中设定 $F=0$。这种方法进一步简化了 FFM,消除了 SWT 和 KH 不稳定性的可能性。运动条件可写为

$$-g - \frac{1}{\alpha_1 H} \frac{f_1}{2} \rho_1 |u_1| u_1 + \left(\frac{1}{\alpha_1} + \frac{1}{\alpha_2}\right) \frac{3}{4} \frac{C_D}{d_B} \alpha_2 |u_2 - u_1|(u_2 - u_1) = 0 \quad (6.1)$$

忽略壁面摩擦项进一步简化等式,即

$$-g + \left(\frac{1}{\alpha_1} + \frac{1}{\alpha_2}\right) \frac{3}{4} \frac{C_D}{d_B} \alpha_2 |u_2 - u_1|(u_2 - u_1) = 0 \quad (6.2)$$

由于 $u_R = u_2 - u_1$,则

$$u_R = \sqrt{\frac{g}{\frac{3}{4}\left(\frac{1}{\alpha_1} + \frac{1}{\alpha_2}\right)\frac{C_D}{d_B}\alpha_2}} \quad (6.3)$$

由于 DFM 在瞬态沸腾和闪蒸系统的分析中是最成功的,现在引入了相间的传质。各相之间带有质量传递的 TFM 连续性方程 Γ 如下所示:

$$\frac{\partial \alpha_1}{\partial t} + \frac{\partial \alpha_1 u_1}{\partial x} = -\frac{\Gamma}{\rho_1} \quad (6.4)$$

$$\frac{\partial \alpha_2}{\partial t} + \frac{\partial \alpha_2 u_2}{\partial x} = -\frac{\Gamma}{\rho_2} \quad (6.5)$$

相转移率 Γ 被认为是恒定的,以简化对于均匀的热通量和(或)均匀的闪蒸的分析。当然,这个限制可以通过考虑 TFM 能量方程来消除,这将带来更多的数学复杂性。

现在的目标是从气体连续性方程式(6.5)出发,得到具有相变的漂移流空泡传输方程。由 Zuber 和 Findlay(1965)定义的一维漂移流代数模型为

$$\langle j_2 \rangle = C_0 \langle \alpha_2 \rangle \langle j \rangle + \langle \alpha_2 \rangle V_{gj} \quad (6.6)$$

式中:运算符号$\langle\ \rangle$代表横截面面积平均;$C_0 = \dfrac{\langle j_2 \rangle}{\langle \alpha_2 \rangle \langle j \rangle}$,$V_{gj} = \dfrac{\langle \alpha_2(u_2 - j) \rangle}{\langle \alpha_2 \rangle}$分别为分布参数和漂移速度。

由于到目前为止一维模型中定义的所有量都是横截面积平均值,因此可以去掉平均算子,将气速定义为

$$u_2 = \frac{j_2}{\alpha_2} = C_0 j + V_{gj} \quad (6.7)$$

容积流密度为

$$j = \alpha_1 u_1 + \alpha_2 u_2 \quad (6.8)$$

漂移速度 V_{gj} 和分布参数 C_0 在几个著名的文献中都有详细的描述和关联,如 Wallis(1969)以及 Ishii 和 Hibiki(2006)。试验表明,它们可以直接用于实验测量各种垂直气液流型,包括泡状流、帽状泡状流、弹状流、搅浑流和泡沫流。DFM 将所有这些数据关联在一起,因此它比大多数其他两相流模型验证效果更好。基于这一事实,DFM 已获得广泛的工业认可。将式(6.7)代入式(6.5),可以得到漂移流空泡传输方程,即

$$\frac{\partial \alpha_2}{\partial t} + \frac{\partial \alpha_2 (C_0 j + V_{gj})}{\partial x} = -\frac{\Gamma}{\rho_2} \quad (6.9)$$

其非守恒的形式为

$$\frac{\partial \alpha_2}{\partial t} + \frac{\partial \alpha_2}{\partial x}\left(C_0 j + V_{gj} + \alpha_2 \frac{\mathrm{d} V_{gj}}{\mathrm{d} \alpha_2}\right) + \alpha_2 \frac{\partial j}{\partial x} = \frac{\Gamma}{\rho_2} \quad (6.10)$$

对于稳定的 DFM,容积流密度 j 要么是稳态绝热流动,或者对于常数 Γ 是 x 的规定线性函数,这将在 6.3 节中说明。因此,该模型适用于解析解。此外,色散关系为空泡传输速度,并且总是实数,有

$$\frac{\omega}{k} = C_0 j + V_{gj} + \alpha_2 \frac{dV_{gj}}{d\alpha_2} \tag{6.11}$$

因此，TFM 简化为一个稳定的一阶单向波动方程，该方程保留了物质波的非线性波动行为，即物质激波和膨胀波。运动条件排除了任何局部不稳定性，从而形成了工程分析的实用模型。单向波动方程可以通过特征线方法进行解析求解，本章和下一章将详细介绍这一过程。

6.3 空泡传输方程的应用

6.3.1 液位肿胀

竖直罐中的液位肿胀问题在核反应堆安全中至关重要，属于波的传播问题。几何形状可以被认为是在入口处封闭并且部分填充有饱和水的竖直管道。当管道经历突然和稳定的减压时，问题就出现了。

该问题的线性化空泡传输方程的解，即 $\frac{dV_{gj}}{d\alpha_2} = 0$，Wulff(1985) 使用特征线方法进行了求解。首先，添加 TFM 连续性方程式(6.4)和式(6.5)获得漂移流连续性方程，即

$$\frac{\partial j}{\partial x} = \left(\frac{\rho_1 - \rho_2}{\rho_1 \rho_2}\right) \Gamma \tag{6.12}$$

假设质量传递率 Γ 是均匀和恒定的，可以对该等式进行积分，使得总流量现在随着高度线性增加，有

$$j = j_0 + \left(\frac{\rho_1 - \rho_2}{\rho_1 \rho_2}\right) \Gamma x \tag{6.13}$$

这个重要的等式也将用于 6.4 节中的动态 DFM 以导出积分动量方程。为了简化问题，假设 $\frac{dV_{gj}}{d\alpha_2} = 0, j_0 = 0$ 和 $C_0 = 1$，因此空泡传输方程变为

$$\frac{\partial \alpha_2}{\partial t} + (j + V_{gj}) \frac{\partial \alpha_2}{\partial x} = \frac{\Gamma}{\rho_2} \left(1 - \frac{\rho_1 - \rho_2}{\rho_1} \alpha_2\right) \tag{6.14}$$

定义

$$t^* = \frac{\Gamma}{\rho_2} t, \quad x^* = \frac{x}{x_0}, \quad \beta = \frac{\rho_1 - \rho_2}{\rho_1}, \quad V_{gj}^* = \frac{\rho_2 V_{gj}}{x_0 \Gamma} \tag{6.15}$$

式中：x_0 为初始表面能级。

空泡传输方程可以以无量纲的形式表示为

$$\frac{\partial \alpha_2}{\partial t^*} + (\beta x^* + V_{gj}^*)\frac{\partial \alpha_2}{\partial x^*} = 1 - \beta \alpha_2 \qquad (6.16)$$

其相应的特征方程为

$$\frac{\partial x^*}{\partial t^*} = \beta x^* + V_{gj}^* \qquad (6.17)$$

空泡分布由两个区域的两个解给出,这两个区域通过主要特征值 $x^* = \frac{V_{gj}^*}{\beta} \times (e^{\beta t^*} - 1)$ 划分得到,空泡分布如图 6.1 所示。在左侧,空泡传输方程对应于 $t^* = 0$ 处从罐底开始的波尚未到达 x 的区域,因此 $\frac{\partial \alpha_2}{\partial x^*} = 0$。在该区域中的空泡份额是均匀的,且

$$\alpha_2 = \frac{1}{\beta}(1 - e^{-\beta t^*}) \qquad (6.18)$$

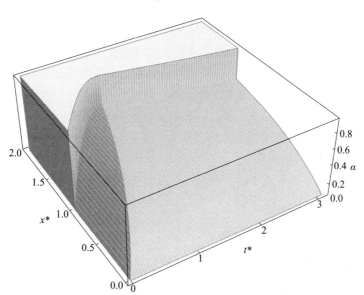

图 6.1 液位肿胀的空泡传输方程解

在特征边界的右侧,波已经过去,空泡分布仅取决于位置,即 $\frac{\partial \alpha_2}{\partial t^*} = 0$,且

$$\alpha_2 = \frac{x^*}{V_{gj}^* + \beta x^*} \qquad (6.19)$$

水平方程是从界面蒸汽平衡方程分离获得的,即

$$\alpha_{2\mathrm{i}}\left(u_{2\mathrm{int}} - \frac{\mathrm{d}x_{\mathrm{i}}}{\mathrm{d}t}\right) = j_{\mathrm{int}} - \frac{\mathrm{d}x_{\mathrm{i}}}{\mathrm{d}t} \tag{6.20}$$

气泡到达界面的速度为

$$u_{2\mathrm{int}} = j_{\mathrm{int}} + V_{gj} \tag{6.21}$$

从此时开始,下角标 int 指的是交界面。表面水平的微分方程是结合式(6.20)和式(6.21)得到的,即

$$\frac{\mathrm{d}x_{2\mathrm{int}}}{\mathrm{d}t} = j_{\mathrm{int}} - \frac{1-\alpha_{2\mathrm{int}}}{\alpha_{2\mathrm{int}}} V_{gj} \tag{6.22}$$

结合式(6.22)与式(6.13)得到最终的无量纲特征方程为

$$\frac{\mathrm{d}x_{\mathrm{int}}^*}{\mathrm{d}t^*} - \beta x_{\mathrm{int}}^* = -\frac{1-\alpha_{2\mathrm{int}}}{\alpha_{2\mathrm{int}}} V_{gj}^* \tag{6.23}$$

方程解取决于水平面位于主特征线的哪一侧,因为表面处的空泡份额方程在式(6.18)和式(6.19)之间变化。初始解为

$$x_{\mathrm{int}}^* = \mathrm{e}^{\beta t^*}\left[1 + \frac{V_{gj}^*}{\beta}(1 - \mathrm{e}^{-\beta t^*}) + V_{gj}^* \lg\left(\frac{\beta - 1 + \mathrm{e}^{-\beta t^*}}{\beta}\right)\right] \tag{6.24}$$

直至求解时间取决于主特征线与表面相交时刻,即

$$t_c^* = -\frac{1}{\beta}\lg\left[1 - \beta(1 - \mathrm{e}^{-1/V_{gj}^*})\right] \tag{6.25}$$

与之相对应的水平面位置为

$$x_{\mathrm{int\,c}}^* = \mathrm{e}^{\beta t_c^*}\left[1 + \frac{V_{gj}^*}{\beta}(1 - \mathrm{e}^{-\beta t_c^*}) + V_{gj}^* \lg\left(\frac{\beta - 1 + \mathrm{e}^{-\beta t_c^*}}{\beta}\right)\right] \tag{6.26}$$

之后,水平面位置由隐式方程给出,则有

$$t_{\mathrm{int}}^* = 1 + \frac{1}{\beta}\lg\left(\frac{V_{gj}^* + x_{\mathrm{int}}^*}{V_{gj}^* + x_{\mathrm{int\,c}}^*}\right) - \frac{1}{1-\beta}\lg\left[\frac{x_{\mathrm{int}}^*(V_{gj}^* + x_{\mathrm{int\,c}}^*)}{x_{\mathrm{int\,c}}^*(V_{gj}^* + x_{\mathrm{int}}^*)}\right] \tag{6.27}$$

图 6.1 显示了针对水蒸气的模型计算结果,其中 $p = 5\mathrm{MPa}, \rho_1 = 780\mathrm{kg/m^3}$, $\rho_2 = 25\mathrm{kg/m^3}, \Gamma = 4\mathrm{kg/(m^3 \cdot s)}, V_{gj} = 0.5\mathrm{m/s}$,且初始表面水平面在 $x_0 = 3.125\mathrm{m}$ 处。

6.3.2 排水

证明 DFM 多功能性的另一个例子是泡沫柱的排水问题(Wallis(1969))。现讨论 Miles 等(1943)的实验,计算几何体结构是两端封闭的管道,最初填充有

均匀的泡沫混合物。柱长 0.367m,初始空泡份额为 $\alpha_{20} = 0.977$。Wallis(1969)用分析图解法解决了这个问题。但是,最准确的 DFM 关联式通常是非线性的,这使得问题比以前的液位肿胀示例更难以求得解析解,所以这里通过数值模拟来解决。Wallis 建议使用漂移速度关系式 $V_{gj} = 0.139\, \alpha_1^{1.8}$ m/s。

一部分解可以通过特征线方法解析获得,并且将其与使用 Mathematica 获得的完整数值解进行比较,这是有指导性价值的,结果如图 6.2 所示。在这种情况下,没有蒸汽源,因此空泡传输方程(6.10)应用在没有相变源的情况中。此外,$j = 0$ 并且假设 $C_0 = 1$。

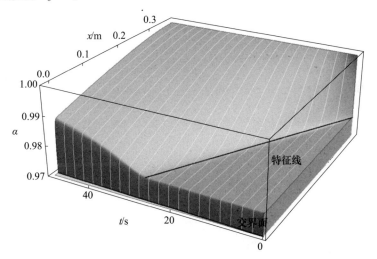

图 6.2 Miles 等(1943)的泡沫柱排水空泡传输方程解

稀疏波从柱顶向下传播到界面,与前一情况相反,如图 6.2 所示的非线性膨胀波。这个 0.367m 高的泡沫在一段时间内就会排干,当少量的水在柱底聚集时,液体和泡沫之间的界面在瞬态结束时达到约 10mm。当满足下式给出的主要特征值时,第一个膨胀波到达柱的底部。

$$\frac{dx}{dt} = V_{gj0} + \alpha_{20} \frac{dV_{gj0}}{d\alpha_2} = 0.139 [(1-\alpha_{20})^{1.8} + 1.8\alpha_{20}(1-\alpha_{20})^{0.8}] \quad (6.28)$$

与柱底部的液体泡沫界面相遇。此界面在此期间以如下速度移动:

$$\frac{dx_i}{dt} = V_{gj0} = 0.139\, (1-\alpha_{20})^{1.8} \quad (6.29)$$

在主特征线与液体-泡沫界面相遇之后,界面上方的空泡份额开始增加,如图 6.2 所示。最后泡沫柱完全排出。在图 6.2 所示的数值解的情况下,交界面位置由空泡份额传输方程隐式求解。

6.3.3 物质激波的传播

本节以 Bernier(1982)的气泡柱排水实验为基础,考察了空泡不连续性的传播问题。在 Bernier 的实验中,2.17m 高的气泡柱最初通过喷雾器提供气泡,沿着 $\alpha_{20} = 0.22$ 的柱施加初始空泡份额。然后,喷雾器处的空气流量减少,并且在空泡份额降低到 $\alpha_2 = 0.1$ 时发生瞬变。这一过程可以通过无相变源的式(6.10)给出的空泡传输数值解来说明,如图 6.3 所示。为了求解,由式(6.7)得到容积流密度,其中 $j_2 = j, C_0 = 1$,得到下式:

$$j = \frac{\alpha}{1-\alpha} V_{gj} \tag{6.30}$$

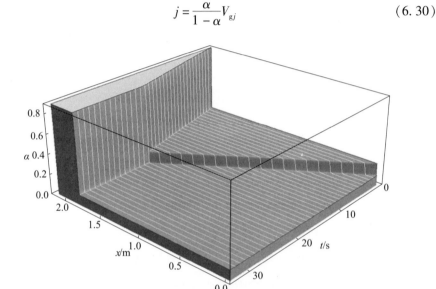

图 6.3　Bernier(1982)孔隙不连续性实验的空泡传输方程解

Ishii(1977)针对扭曲气泡提出的漂移速度关系式用于这一问题求解,即

$$V_{gj} = V_{gj}^{ZF} \alpha_1^{1.75} \tag{6.31}$$

其中,Zuber 和 Findlay(1965)的漂移流量速度由下式给出:

$$V_{gj}^{ZF} = 1.41 \left[\frac{\sigma g (\rho_1 - \rho_2)}{\rho_1^2} \right]^{1/4} \tag{6.32}$$

在大气条件下,$V_{gj} = 0.162 \alpha_1^{1.75}$ m/s。考虑到流动状态的差异,该部分与前一部分的漂移速度关系式非常相似,这是非常值得注意的。图 6.3 显示了向上传播、到达表面并且在新的较低稳定空泡激波的空泡震动情况。激波的传播速度可用与 B.3.1 节中的 Burgers 方程类似的方式获得,即

$$\frac{dx}{dt} = \frac{(j+V_{gj})\alpha_R + (j+V_{gj})\alpha_L}{\alpha_R - \alpha_L} \tag{6.33}$$

柱中的水量保持恒定,因此需要排水以填充减少的气泡。因此,水位从 2.17m 降低到 1.88m。根据式(6.33),激波传播到表面所需的时间为 19.8s,非常接近数值结果。事实上,这个问题可以用式(6.33)得到解析解。

6.4 动态漂移流模型

到目前为止,我们处理的瞬态过程都是由物质输运驱动的,即空泡份额的波动力学。在本节中,动量方程引入的动态效应将包含在分析中,尽管在数学上更复杂,但能得到更丰富的特征信息。目前的分析仅限于沸腾通道流动,汇集了大部分相关的理论和实验发展。

6.4.1 混合物动量方程

连续性方程和空泡传输方程保持了动态 DFM 的运动条件以避免 KH 不稳定性,因此式(6.12)和式(6.10)依然有效。如图 6.4 所示,由均匀加热通道的热力学平衡条件定义的质量传递源变为 $\Gamma = \frac{q_0'' P_H}{A_{xs} h_{12}}$。反过来,由于要去掉固定流量假设,需要动量方程来确定总通量 j。简单起见,分析仅限于常数 $V_{gj} = 1$m/s 和 $C_0 = 1$ 的情况。此外,通道具有沿着流动方向均匀分布的恒定摩擦力 f 和入口处的局部摩擦因数 K_i。

以质量流速为中心的两相区域混合动量方程由 Ishii 和 Hibiki(2006)推导得出,如下所示:

$$-\frac{\partial p}{\partial x} = \rho_m \left(\frac{\partial v_m}{\partial t} + v_m \frac{\partial v_m}{\partial x} \right) + \frac{\partial}{\partial x}\left(\frac{\alpha}{1-\alpha} \frac{\rho_1 \rho_2}{\rho_m} V_{gj}^2 \right) + \frac{f\rho_m v_m^2}{2D_H} + \rho_m g \tag{6.34}$$

其中

$$\rho_m = (1-\alpha)\rho_1 + \alpha\rho_2, \quad v_m = \frac{(1-\alpha)\rho_1 u_1}{\rho_m} = j + \left(1 - \frac{\rho_1}{\rho_m}\right)V_{gj} \tag{6.35}$$

现在获得一组无量纲方程组,它将减少常数参数的数量并得到自然的无量纲群。方便起见,将为有量纲参数和无量纲变量保留相同的命名法,因为从这一点开始,将没有量纲变量了。下式是 Achard 等(1981)采用的简化时间量程:

$$t_0 = \frac{\rho_1 A_{xs}}{q_0'' P_H}(h_1 - h_i) \tag{6.36}$$

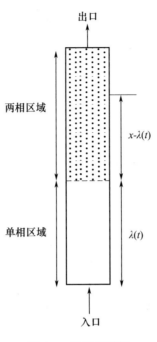

图 6.4　沸腾通道图

式(6.36)中的时间为焓 h_i 的流体质点进入通道直到达到饱和焓 h_1 所需的时间,速度大小为

$$v_0 = \frac{L_H}{t_0} \tag{6.37}$$

当稳态沸腾边界恰好是通道长度 L_H 时,上式为稳态入口速度。其他的无量纲参数为 $x = \dfrac{x}{L_H}, t = \dfrac{t}{t_0}, v_m = \dfrac{v_m}{v_0}, j = \dfrac{j}{v_0}, V_{gj} = \dfrac{V_{gj}}{v_0}$。此外,无量纲密度和压力定义为 $\rho = \dfrac{\rho}{\rho_1}$ 和 $p = \dfrac{p}{\rho_1 v_0^2}$。因此,顺理成章地得到以下无量纲数:

$$N_{SUB} = \frac{(\rho_1 - \rho_2)(h_1 - h_i)}{\rho_2 h_{12}} \quad (过冷数) \tag{6.38}$$

$$Fr = \frac{v_0^2}{gL_H} \quad (Fr \text{ 数}) \tag{6.39}$$

$$\Lambda = \frac{fL_H}{2D_H} \quad (摩阻数) \tag{6.40}$$

此外,即使 j 是已经求得的变量,Ishii(1971)定义了相变数而非直接呈现结果:

$$N_{\text{PCH}} = \frac{N_{\text{SUB}}}{\bar{j}} \quad \text{（相变数）}$$

式中：$\bar{j}$ 为稳态无量纲总流量。

然后无量纲动态 DFM 可以写成混合物连续性方程、空泡传输方程和混合物动量方程：

$$\frac{\partial j}{\partial x} = N_{\text{SUB}} \tag{6.41}$$

$$\frac{\partial \alpha}{\partial t} + (j + V_{gj})\frac{\partial \alpha}{\partial x} + N_{\text{SUB}}\alpha = \frac{\rho_1}{\rho_1 - \rho_2} N_{\text{SUB}} \tag{6.42}$$

$$-\frac{\partial p}{\partial x} = \rho_m \left(\frac{\partial v_m}{\partial t} + v_m \frac{\partial v_m}{\partial x} + \Lambda v_m^2 + Fr^{-1} \right) + \frac{\partial}{\partial x}\left(\frac{\alpha}{1-\alpha} \frac{\rho_2}{\rho_m} V_{gj}^2 \right) \tag{6.43}$$

以上这些公式的特征速度为 $c = j + V_{gj}$。色散关系仍由式(6.11)给出，表明该模型局部稳定，即双曲线形式。这可以通过以下简单事实来解释：空泡传输方程是单向波动方程，其强加了绝热情况沿特征线的零波增长，当有传质情况存在时，强加均匀的波增长。因此，局部稳定性的本质原因是 KH 和 SWT 不稳定性已经通过运动学条件从 TFM 中精准地去除了。然而，正如将在 6.5 节和 6.6 节中论述的那样，DFM 在全局或整体意义上并不总是稳定的，这是它最大的优点。

6.4.2 积分动量方程

如 6.3.1 节中所述，式(6.41)和式(6.42)可以沿特征线解析积分，以获得沿通道的流量。现在将得到的流量和空泡份额插入到式(6.43)中并予以整合。但在进行积分之前，首先需要定义系统和热力学过程。出于本章的研究目的，图 6.4 中所示系统的组件被高度简化，但可根据工程要求随时添加更多组件，具体可以参考 Lahey 和 Moody 等(1977)的研究结果。

该系统由均匀加热的通道组成，入口处存在一段过冷流动区域，后面有两相流动区域。计算过程中先将动量方程在这两个区域中积分，然后总压降不变的条件下将它们加在一起。过冷长度 $\lambda(t)$ 是分析中的关键变量。它被定义为 $t-1$ 时刻进入通道的流体质点在 t 时刻的位置(注意无量纲过冷停留时间等于1)。

对于过冷区域，流量 j 是均匀的 $\left(\frac{\partial j}{\partial x} = 0 \right)$，那么可以写为

$$\lambda(t) = \int_{t-1}^{t} j_i(t') \, dt' \tag{6.44}$$

式中:j_i为入口处的流量。

请注意,通过区分式(6.44),得

$$\frac{d\lambda}{dt} = \frac{d}{dt}\int_{t-1}^{t} j_i(t')dt' = j_i(t) - j_i(t-1) \tag{6.45}$$

单相区域上的动量积分方程很简单,因为流量是均匀的,密度为定值,即

$$\Delta p_{1\phi} = \int_{x=0}^{\lambda(t)} \left(-\frac{\partial p}{\partial x}\right)_{1\phi} dx = \lambda(t)\left(\frac{dj_i}{dt} + \Lambda j_i^2 + Fr^{-1}\right) + K_i j_i^2 \tag{6.46}$$

由于混合密度和流量是空间位置的函数,因此两相区域上的动量积分方程更加复杂。两相区域中的流量可以通过积分式(6.41)获得。

$$j(x,t) = j_i(t) + N_{SUB}[x - \lambda(t)] \tag{6.47}$$

将 $\frac{dx}{dt} = j + V_{gj}$ 在特征方程中替换式(6.47),得

$$\frac{dx}{dt} = j_i(t) + N_{SUB}[x - \lambda(t)] + V_{gj}$$

上式结合式(6.45),得

$$\frac{d(x-\lambda)}{dt} + N_{SUB}(x-\lambda) = j_i(t-1) + V_{gj}$$

乘以积分因子并重新整理,得

$$\frac{d(x-\lambda)e^{-N_{SUB}t}}{dt} = e^{-N_{SUB}t}[j_i(t-1) + V_{gj}]$$

积分后,得

$$x - \lambda(t) = e^{N_{SUB}t}\int_{t_1}^{t} e^{-N_{SUB}t''}[j_i(t''-1) + V_{gj}]dt''$$

式中:t_1为在t时刻x位置处两相区域中的流体微元通过沸腾边界的时间。

现在定义$t' = t - t''$,得到包含沸腾区域时间延迟效应的经典关系为

$$x - \lambda(t) = \int_{0}^{t-t_1} e^{N_{SUB}t'}[j_i(t-1-t') + V_{gj}]dt' \tag{6.48}$$

注意,$t - t_1$为t时刻x位置处流体微元在沸腾区域中的停留时间,然后,在时间t离开通道($x=1$)的质点的两相停留总时间$\tau_t(t)$为

$$1 = \lambda(t) + \int_{0}^{\tau_t(t)} e^{N_{SUB}t'}[j_i(t-1-t') + V_{gj}]dt' \tag{6.49}$$

空泡传输方程式(6.42)可以用物质导数来表示,即

$$\frac{\mathrm{D}\alpha}{\mathrm{D}t} + N_{\mathrm{SUB}}\alpha = \frac{\rho_1}{\rho_1 - \rho_2}N_{\mathrm{SUB}} \tag{6.50}$$

可以对两相区域积分以获得沿特征线的空泡份额,结果为

$$\alpha(t) = \frac{\rho_1}{\rho_1 - \rho_2}\left[1 - \mathrm{e}^{N_{\mathrm{SUB}}(t-t_1)}\right] \tag{6.51}$$

因此,可以容易地获得无量纲混合物密度,即

$$\rho_{\mathrm{m}} = \frac{(1-\alpha)\rho_1 + \alpha\rho_2}{\rho_1} = \mathrm{e}^{-N_{\mathrm{SUB}}(t-t_1)} \tag{6.52}$$

最后,结合式(6.35)、式(6.47)和式(6.52),混合物速度为

$$v_{\mathrm{m}} = j_{\mathrm{i}}(t) + N_{\mathrm{SUB}}[x - \lambda(t)] + V_{gj}[1 - \mathrm{e}^{N_{\mathrm{SUB}}(t-t_1)}] \tag{6.53}$$

有了这些表达式,可以通过对式(6.34)在沸腾区域积分得到两相动量方程:

$$\Delta p_{2\phi} = \int_{\lambda(t)}^{1}\left[\rho_{\mathrm{m}}\left(\frac{\partial v_{\mathrm{m}}}{\partial t} + v_{\mathrm{m}}\frac{\partial v_{\mathrm{m}}}{\partial x} + \Lambda v_{\mathrm{m}}^2 + Fr^{-1}\right) + \frac{\partial}{\partial x}\left(\frac{\alpha}{1-\alpha}\frac{\rho_2}{\rho_{\mathrm{m}}}V_{gj}^2\right)\right]\mathrm{d}x$$

$$\tag{6.54}$$

式(6.54)可以通过式(6.48)将空间积分变量更改为时间来简化,结果如下所示:

$$\Delta p_{2\phi} = \int_{0}^{\tau_{\mathrm{t}}(t)}\rho_{\mathrm{m}}\left(\frac{\partial v_{\mathrm{m}}}{\partial t} + v_{\mathrm{m}}\frac{\partial v_{\mathrm{m}}}{\partial x} + \Lambda v_{\mathrm{m}}^2 + Fr^{-1}\right)\mathrm{e}^{N_{\mathrm{SUB}}t'}[j_{\mathrm{i}}(t-t'-1) + V_{gj}]\mathrm{d}t'$$

使用式(6.45)、式(6.52)和式(6.53)表示ρ_{m}、v_{m}和λ,用变量j_{i}的非线性积分微分表达式推导出总通道压降:

$$\Delta p = K_{\mathrm{i}}j_{\mathrm{i}}(t)^2 + [\lambda(t) + I_{\mathrm{o}}]\left[\Lambda j_{\mathrm{i}}(t)^2 + Fr^{-1} + \frac{\mathrm{d}j_{\mathrm{i}}(t)}{\mathrm{d}t}\right] + I_{\mathrm{o}}j_{\mathrm{i}}(t-1)N_{\mathrm{SUB}} +$$
$$I_1[N_{\mathrm{SUB}}^2 + 2j_{\mathrm{i}}(t)N_{\mathrm{SUB}}\Lambda] + I_2N_{\mathrm{SUB}}^2\Lambda + I_3N_{\mathrm{SUB}}V_{gj} + I_42j_{\mathrm{i}}(t)\Lambda V_{gj} +$$
$$2I_5N_{\mathrm{SUB}}\Lambda V_{gj} + (I_6\Lambda + I_7)V_{gj}^2 \tag{6.55}$$

其中

$$I_0 = \int_0^{\tau_{\mathrm{t}}(t)}[j_{\mathrm{i}}(t-t'-1) + V_{gj}]\mathrm{d}t'$$

$$I_1 = \int_0^{\tau_{\mathrm{t}}(t)}\left\{\int_0^{t'}\mathrm{e}^{N_{\mathrm{SUB}}t''}[j(t-1-t'') + V_{gj}]\mathrm{d}t''\right\}[j_{\mathrm{i}}(t-t'-1) + V_{gj}]\mathrm{d}t'$$

$$I_2 = \int_0^{\tau_{\mathrm{t}}(t)}\left\{\int_0^{t'}\mathrm{e}^{N_{\mathrm{SUB}}t''}[j(t-1-t'') + V_{gj}]\mathrm{d}t''\right\}[j_{\mathrm{i}}(t-t'-1) + V_{gj}]\mathrm{d}t'$$

$$I_3 = \int_0^{\tau_t(t)} (1 - 2e^{N_{SUB}t'})[j_i(t-t'-1) + V_{gj}]dt'$$

$$I_4 = \int_0^{\tau_t(t)} (1 - e^{N_{SUB}t'})[j_i(t-t'-1) + V_{gj}]dt'$$

$$I_5 = \int_0^{\tau_t(t)} (1 - e^{N_{SUB}t'})\left\{\int_0^{t'} e^{N_{SUB}t''}[j_i(t-t'-1) + V_{gj}]dt''\right\}[j_i(t-t'-1) + V_{gj}]dt'$$

$$I_6 = \int_0^{\tau_t(t)} (1 - e^{N_{SUB}t'})^2[j_i(t-t'-1) + V_{gj}]dt'$$

$$I_7 = (1 - e^{-N_{SUB}\tau_t})e^{-N_{SUB}\tau_t}r_\rho$$

先前积分的上限是两相停留时间,由式(6.49)给出。然而,在对后续方程式线性化时,该停留时间将被认为是定值并且等于其稳态结果,满足如下关系式:

$$e^{N_{SUB}\tau_t} = 1 + N_{SUB}\frac{1 - \bar{j}}{\bar{j} + V_{gj}} \tag{6.56}$$

因此

$$\tau_t = \frac{1}{N_{SUB}}\ln\left[1 + \frac{N_{SUB}(1 - \bar{j})}{\bar{j} + V_{gj}}\right] \tag{6.57}$$

式中: $\bar{j}$ 为稳态无量纲总流量。

6.5 延迟漂移流模型

对式(6.55)的分析非常重要。通常的方法是在稳态下线性化,然后对拉普拉斯变换方程的根进行分类。这项任务将在6.6节和6.7节中开展。在进一步综合分析之前,先回顾总结现有研究结果并深入研究隐藏在复杂方程背后的物理规律。

接下来的内容是在沸腾通道条件下,针对延迟理论中漂移流的扩展,目的在于开发均相模型(Clausse 等(1996),Delmastro 等(2001))。相应的式(6.44)、式(6.51)和式(6.53)将用于理解沸腾通道不稳定背后的机制,并且避免了求解式(6.55)所示的复杂完整方程。假设 j_i 以一定的角频率 ω 在稳态值 $\bar{j} = N_{SUB}/N_{PCH}$ 附近振荡,则

$$j_i(t) = \bar{j} + \delta j \sin(\omega t) \tag{6.58}$$

由式(6.44),得

$$\lambda(t) = \int_{t-1}^{t} j_i(t') dt' = \bar{j} + \frac{\delta j}{\omega}\{\cos[\omega(t-1)] - \cos(\omega t)\} \quad (6.59)$$

因此,有

$$\cos[\omega(t-1)] = \cos\left[\omega\left(t-\frac{1}{2}-\frac{1}{2}\right)\right] = \cos\left[\omega\left(t-\frac{1}{2}\right)\right]\cos\frac{\omega}{2} + \sin\left[\omega\left(t-\frac{1}{2}\right)\right]\sin\frac{\omega}{2}$$
(6.60)

$$\cos(\omega t) = \cos\left[\omega\left(t-\frac{1}{2}+\frac{1}{2}\right)\right] = \cos\left[\omega\left(t-\frac{1}{2}\right)\right]\cos\frac{\omega}{2} - \sin\left[\omega\left(t-\frac{1}{2}\right)\right]\sin\frac{\omega}{2}$$
(6.61)

过冷长度振荡的表达式为

$$\lambda(t) = \bar{j}_i + \frac{2\delta j}{\omega}\sin\frac{\omega}{2}\sin\left[\omega\left(t-\frac{1}{2}\right)\right] \quad (6.62)$$

对于低频率而言,$\sin\frac{\omega}{2}/\frac{\omega}{2} \approx 1$,因此,有

$$\lambda(t) \approx j_i\left(t-\frac{1}{2}\right) \quad (6.63)$$

另外,两相弛豫时间 τ_t 的稳态值由式(6.57)给出。值得注意的是,对于数值较大的 N_{SUB},τ_t 值较小。假设 $\tau_t(t)$ 通常是相同的,则式(6.49)可以通过以下方式近似得到:

$$1 \approx \lambda(t) + [j_i(t-1) + V_{gj}]\int_0^{\tau_t(t)} e^{N_{SUB}t'} dt'$$

即

$$1 - \lambda(t) \approx \frac{[j_i(t-1) + V_{gj}][e^{N_{SUB}\tau_t(t)} - 1]}{N_{SUB}}$$

然后可以在 $t - t_1 = \tau_t(t)$ 情况下通过评估式(6.52)预测出口密度和速度,结果为

$$\rho_e(t) = e^{-N_{SUB}\tau_t(t)} \approx \frac{j_i(t-1) + V_{gj}}{j_i(t-1) + V_{gj} + N_{SUB}[1-\lambda(t)]} \quad (6.64)$$

$$v_e(t) = j_i + N_{SUB}[1-\lambda(t)] + V_{gj}[1 - e^{N_{SUB}\tau_t(t)}]$$

$$\approx j_i(t) + N_{SUB}[1-\lambda(t)]\left[\frac{j_i(t-1)}{j_i(t-1) + V_{gj}}\right] \quad (6.65)$$

对动量方程(6.43)准静态近似,即舍弃低频有效项 $\frac{\partial v_m}{\partial t}$。为简单起见,假设

摩擦压力损失集中在通道的入口和出口处，即分布式摩擦由出口处的局部系数 K_e 代替，加速度项被忽略。而且，如果摩擦力与弗劳德数的倒数相比足够大，则重力项也可以忽略不计。在这种情况下，式(6.43)整合为

$$\Delta p = K_i j_i(t)^2 + K_e \rho_e(t) v_{\text{me}}^2(t) \qquad (6.66)$$

结合式(6.63)~式(6.66)，得

$$\Delta p = K_i j_n^2 + K_e \frac{j_{n-2} + V_{gj}}{j_{n-2} + V_{gj} + N_{\text{SUB}}(1 - j_{n-1})} \left[j_n + N_{\text{SUB}}(1 - j_{n-1}) \frac{j_{n-2}}{j_{n-2} + V_{gj}} \right]^2 \qquad (6.67)$$

其中

$$j_n = j_i(t)$$

$$j_{n-1} = j_i\left(t - \frac{1}{2}\right)$$

$$j_{n-2} = j_i(t - 1)$$

压降可以从稳态值($j_n = j_{n-1} = j_{n-2} = \bar{j}$)计算得到：

$$\Delta p = K_i \bar{j}^2 + K_e \bar{j}^2 \left(\frac{\bar{j}_e + V_{gj}}{\bar{j} + V_{gj}} \right) \qquad (6.68)$$

$$\bar{j}_e = \bar{j} + N_{\text{SUB}}(1 - \bar{j}) \qquad (6.69)$$

延迟方程(6.67)明显是沸腾通道复杂动力学的大幅简化结果。尽管如此，获得沸腾通道不稳定性机理是很有价值的，正如我们将要看到的，对于 K_i、K_e 和 Fr 较大的情况，式(6.67)与完整的漂移流微分方程具有相同的稳定性准则。

根据式(6.67)，可以使用迭代映射较容易地估计入口速度的时间序列：

$$j_n = \frac{-A + \sqrt{B^2 - 4AC}}{2A}$$

$$A = K_i + K_e \rho_e, \quad B = 2K_e \rho_e j^*, \quad C = K_e \rho_e j^{*2} - \Delta p$$

$$j^* = N_{\text{SUB}}(1 - j_{n-1}) \frac{j_{n-2}}{j_{n-2} + V_{gj}}$$

$$\rho_e = \frac{j_{n-2} + V_{gj}}{j_{n-2} + N_{\text{SUB}}(1 - j_{n-1}) + V_{gj}}$$

映射稳定性可以在稳态条件下通过给定入口速度一个扰动进行判定，有

$$j_n = \bar{j} + \delta j_n$$

线性化 δj,得

$$a_0 \delta j_{n-2} + a_1 \delta j_{n-1} + a_2 \delta j_n = 0 \tag{6.70}$$

其中

$$a_0 = 2(K_i + K_e)\bar{j}$$

$$a_1 = -K_e N_{\text{SUB}} \frac{\bar{j}^2}{\bar{j} + V_{gj}}$$

$$a_2 = K_e N_{\text{SUB}}(1 - \bar{j})\left[1 - \left(\frac{V_{gj}}{\bar{j} + V_{gj}}\right)^2\right]$$

线性差分方程(6.70)的一般解形式为 q^n,特征值 q 由特征方程给出,即

$$a_2 q^2 + a_1 q + a_0 = 0$$

其解为

$$q = \frac{-a_1 \pm \sqrt{a_1^2 - 4a_2 a_0}}{2a_0} \tag{6.71}$$

如果式(6.71)的平方根是负数,则解是振荡的,若满足以下条件则它是稳定的:

$$|q|^2 = \frac{a_1^2 - a_1^2 + 4a_2 a_0}{4a_0^2} = \frac{a_2}{a_0} < 1$$

对于密度波不稳定性,它需要满足以下条件:

$$N_{\text{SUB}} - N_{\text{PCH}} < \frac{2\left(\dfrac{K_i + K_e}{K_e}\right)}{1 - \left(\dfrac{V_{gj}}{\bar{j} + V_{gj}}\right)^2} \tag{6.72}$$

图 6.5 虚线为式(6.72)给出的 V_{gj} 各值在参数平面(N_{PCH},N_{SUB})的稳定裕度。$V_{gj} = 0$ 时,由式(6.72)可得著名的 Ishii 准则($K_e \gg 1$),它需要增加入口摩擦阻力和(或)降低出口摩擦阻力使沸腾通道稳定(Ishii(1971))。由式(6.72)给出的扩展准则可以预测,增加 V_{gj} 也具有稳定作用,这也与 Ishii 的研究结果一致。另外,如果式(6.71)的平方根为正数,则 q 是实数。在此情况下,时间演化不会发生振荡,如果 $|q| > 1$,则它将是混乱的。由于 $a_1 < 0$,这种漂移行为的稳定边界由下式给出:

$$\sqrt{a_1^2 - 4a_2 a_0} = 2a_0 + a_1$$

由该式可得

$$a_0 + a_1 + a_2 = 0 \tag{6.73}$$

将 a_0、a_1 和 a_2 的表达式代入式(6.73)可得以下漂移不稳定的条件：

$$N_{\text{SUB}} < \frac{K_i + K_e}{K_e} + \frac{N_{\text{PCH}}}{2} \left\{ 1 + V_{gj} \left[1 - \frac{V_{gj}(1 + V_{gj})}{\frac{N_{\text{SUB}}}{N_{\text{PCH}}} + V_{gj}} \right] \right\} \tag{6.74}$$

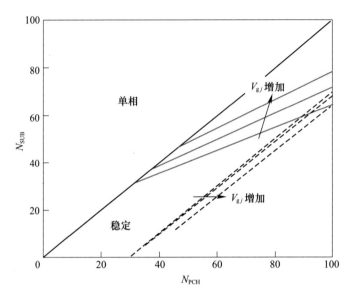

图 6.5　沸腾通道延迟模型的线性稳定性图 ($K_i = 70, K_e = 5$), $V_{gj} = 0, 0.02, 0.05$。漂移 Ledinegg 不稳定性(实线)，密度波不稳定性(虚线)

也可以基于式(6.68)，通过 Δp 对 $\bar{j}$ 的导数为零来获得式(6.74)，称为 Ledinegg 稳定极限(Ledinegg(1938))。图 6.5 所示实线为 V_{gj} 各值在参数平面($N_{\text{SUB}}, N_{\text{PCH}}$)由式(6.74)给出的稳定阈值。

6.6　流量漂移

6.6.1　均相平衡模型

现在回到 6.4 节中得到的沸腾通道的完整方程式，并分析导致流量突然甚至严重下降的 Ledinegg 不稳定性。为了简化数学计算过程，先从均匀模型(HEM)开始，即 $V_{gj} = 0$。在此基础上，假设状态是稳定的，那么式(6.55)可以很容易地整合得到 Achard 等(1985)的流量漂移方程：

$$\Delta p_{HEM} = N_{SUB} \bar{j}(1-\bar{j}) + Fr^{-1}\bar{j}(1+\tau_t) + \Lambda\left[\bar{j}^2 + \frac{1}{2}N_{SUB}\bar{j}(1-\bar{j})^2\right] + K_i\bar{j}^2 \tag{6.75}$$

图 6.6 所示为 $N_{SUB} = 1,5,10, \Lambda = 11$，且 $Fr = 1$ 时，式(6.75)的 3 条曲线。在流动曲线的斜率为负的区域，流动是不稳定的，对于 $N_{SUB} = 10$，当压力减少时，流动将发生从 a 到 b 不连续的跳跃。由图 6.6 可知，稳定性条件为

$$\frac{\partial \Delta p_{HEM}}{\partial \bar{j}} = Fr^{-1} + 2\bar{j}K_i + 2\bar{j}\Lambda + \frac{Fr^{-1}\lg\left[1-\left(1-\frac{1}{\bar{j}}\right)N_{SUB}\right]}{N_{SUB}} +$$

$$\frac{1}{2}[2+\Lambda+2\bar{j}^2\Lambda-4\bar{j}(1+\Lambda)]N_{SUB} - \frac{Fr^{-1}}{\bar{j}+(1-\bar{j})N_{SUB}} = 0 \tag{6.76}$$

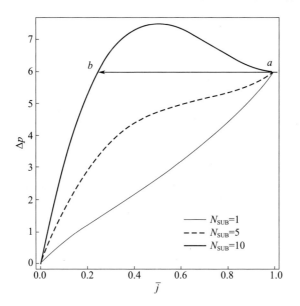

图 6.6 式(6.75)的流量压降曲线

无量纲稳定曲线不会随着系统压力的变化而变化，但 N_{PCH} 和 N_{SUB} 的合理值的范围会随着系统压力的变化而变化。图 6.7 所示为在 (N_{SUB}, N_{PCH}) 平面内，对于较低和较高工作压力情况，$\Lambda = 11, Fr = 1, K_i = 0$ 时，式(6.76)的稳定性图。由图可知，低压力锅炉的工作域更容易发生 Ledinegg 漂移，在 19 世纪，这一特征导致频繁的锅炉爆炸。图 6.8 所示为入口限制($K_i = 30$)的影响，入口限制使得锅炉更加稳定。

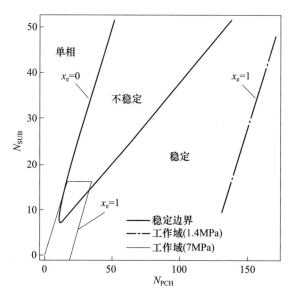

图 6.7 流量漂移稳定性图：系统压力的影响

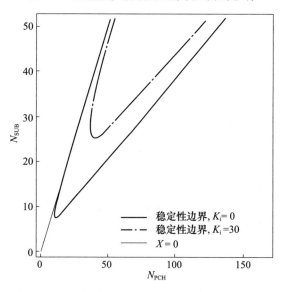

图 6.8 入口限制对流量漂移的影响（$\Lambda=11, Fr=1$）

6.6.2 漂移流模型

出于完整性的考虑，合并漂移流（DF）项，即取决于 V_{gj} 的项，则有

$$\Delta p = \Delta p_{\text{HEM}} + \Delta p_{\text{DF}} \tag{6.77}$$

其中

$$\Delta p_{DF} = a_1 V_{gj} + a_2 V_{gj}^2 + a_3 V_{gj}^3 \tag{6.78}$$

且

$$a_1 = \frac{1}{2N_{SUB}} \left\{ \begin{array}{l} 4j(1-j-j\tau_t) + 2\left\{-1-2j(-1+\Lambda) + j^2[-1+2(1+\tau_t)\Lambda] + \dfrac{\tau_t}{Fr}\right\}N_{SUB} + \\ (1-j)[-2+(1-j)\Lambda]N_{SUB}^2 \end{array} \right\}$$

$$\tag{6.79}$$

$$a_2 = \frac{1}{N_{SUB}} \left\{ -2(-1+j+2j\tau) + [-1-\Lambda+j(1+\tau_t+\Lambda+3\tau_t\Lambda)]N_{SUB} \right\} +$$

$$\left\{ \frac{(1-j)N_{SUB}r_\rho(j+V_{gj})}{[j+(1-j)N_{SUB}+V_{gj}]^2} + \frac{(1-j)^2 N_{SUB} + 2(j+V_{gj})(-1+j+j\tau_t+\tau_t V_{gj})}{2(j+V_{gj})} \right\} \tag{6.80}$$

$$a_3 = \tau_t \left(1+\Lambda - \frac{2}{N_{SUB}}\right) \tag{6.81}$$

对于 $V_{gj} = 0.1$，结果如图 6.9 所示。稳定性曲线定性上相似于均相模型的稳定性曲线，这表明了 V_{gj} 的稳定作用，这一作用与图 6.5 所示的延迟漂移流模型一致。

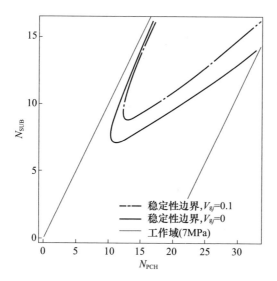

图 6.9 V_{gj} 对 Ledinegg 稳定性边界的影响($\Lambda=11, Fr=1, K_\tau=0$)

6.7 密度波不稳定性

6.7.1 均相平衡模型

如 6.5 节所示，对于延迟漂移流模型，密度波不稳定性是由加热通道入口处的流动与流体微元到达出口所需的时间关系引起的,从而改变了密度、速度,以及该处相关的两相压力损失。本节将分析式(6.55)稳态附近的特征,以此确定平面(N_{SUB}, N_{PCH})中的沸腾通道稳定性。

$V_{gj}=0$ 时,式(6.55)的相应扰动行为由 Achard 等(1981)推导得到,结果如下:

$$[\bar{j}(\bar{j}\Lambda + N_{SUB}) + Fr^{-1}]\delta I_0 + N_{SUB}^2(\delta I_1 + \Lambda \delta I_2) + \\ \bar{j}N_{SUB}[2\Lambda\delta I_1 + \tau_t\delta j_i(-1+t)] + [\bar{j}^2(K_i + \Lambda) + Fr^{-1}]\delta\lambda + \\ 2(K_i + \Lambda)\delta j_i(t) + (1+\tau_t)\frac{\partial}{\partial t}\delta j_i(t) = 0 \qquad (6.82)$$

其中,相应积分项的扰动为

$$\delta I_0 = \bar{j}\delta\tau_t + \int_0^{\tau_t}\delta j_i(-1+t-t')dt'$$

$$\delta I_1 = \\ \frac{\bar{j}}{N_{SUB}}\left[\begin{array}{l}-\int_0^{\tau_t}\delta j_i(-1+t-t')dt' + \int_0^{\tau_t}e^{N_{SUB}t'}\delta j_i(t-1-t')dt' + N_{SUB}(1-j_i)\delta\tau_t + \\ N_{SUB}\int_0^{\tau_t}\int_0^{t'}e^{N_{SUB}t''}\delta j_i(t-1-t'')dt''dt'\end{array}\right]$$

$$\delta I_2 = \\ \frac{\bar{j}^2}{N_{SUB}^2}\left[\begin{array}{l}\int_0^{\tau_t}\delta j_i(t-1-t')dt' - 2\int_0^{\tau_t}e^{N_{SUB}t'}\delta j_i(t-1-t')dt' + \\ \int_0^{\tau_t}e^{2N_{SUB}t'}\delta j_i(t-1-t')dt' + 2N_{SUB}\int_0^{\tau_t}e^{N_{SUB}t'}\int_0^{t'}e^{N_{SUB}t''}\delta j_i(t-1-t'')dt''dt' - \\ 2N_{SUB}\int_0^{\tau_t}\int_0^{t'}e^{N_{SUB}t''}\delta j_i(t-1-t'')dt''dt' - N_{SUB}^2\frac{(1-\bar{j})^2}{\bar{j}}\delta\tau_t\end{array}\right]$$

其中,由式(6.44)可知:

$$\delta\lambda(t) = \int_0^1 \delta j_i(t-t')dt' \qquad (6.83)$$

由式(6.57)可得:

$$\delta\tau_t(t) = -\frac{e^{-\tau_t N_{SUB}}}{\bar{j}}\left[\delta\lambda + \int_0^{\tau_t}e^{N_{SUB}t'}\delta j_i(-1+t-t')dt'\right] \qquad (6.84)$$

6.7.2 传递函数

将式(6.83)和式(6.84)带入式(6.82),并将 $\delta j(t) = e^{i\omega t}$ 代入,并采用拉普拉斯变换产生传递函数,有

$$\phi(i\omega) = \frac{Q(i\omega)}{i\omega(i\omega + N_{SUB})^2(i\omega + 2N_{SUB})} = 0 \qquad (6.85)$$

式中: $Q(i\omega) = a + be^{-i\omega} + ce^{-i\omega(1+\tau_t)}$ 为包含过冷和两相区域的时间延迟分子。

分子的系数如下:

$$a = 2jN_{SUB}^3\left[-jK_i + (1+\Lambda-j\Lambda)N_{SUB}\right] - \frac{2(1-j)jN_{SUB}^4}{j+(1-j)N_{SUB}}Fr^{-1} -$$

$$\left\{jN_{SUB}^2\left[5jK_i - (5+4K+9\Lambda-5j\Lambda)N_{SUB}\right] + \frac{5(1-j)jN_{SUB}^3}{j+(1-j)N_{SUB}}Fr^{-1}\right\}i\omega -$$

$$\left\{jN_{SUB}\left[2jK_i - (2+5K+7\Lambda-2j\Lambda)N_{SUB} + (1+\tau_t)N_{SUB}^2\right] + \frac{4(1-j)jN_{SUB}^2}{j+(1-j)N_{SUB}}Fr^{-1}\right\}\times$$

$$(i\omega)^2 - \left\{j\left\{jK_i + \left[-1-8K_i + (-9+j)\Lambda\right]N_{SUB} + 5(1+\tau_t)N_{SUB}^2\right\} + \right.$$

$$\left.\frac{(1-j)jN_{SUB}}{j+(1-j)N_{SUB}}Fr^{-1}\right\}(i\omega)^3 + 2j\left[K_i + \Lambda - 2(1+\tau_t)N_{SUB}\right](i\omega)^4 - j(1+\tau_t)(i\omega)^5$$

$$b = 2jN_{SUB}^3\left\{jK_i + \left[-1+(-1+j)\Lambda\right]N_{SUB}\right\} + \frac{2(1-j)jN_{SUB}^4}{j+(1-j)N_{SUB}}Fr^{-1} + \left\{jN_{SUB}^2\right.$$

$$\left\{j(5K_i - \Lambda) + 7\left[-1+(-1+j)\Lambda\right]N_{SUB}\right\} + \frac{[2j+5(1-j)N_{SUB}]jN_{SUB}^2}{j+(1-j)N_{SUB}}Fr^{-1}\right\}i\omega -$$

$$\left\{jN_{SUB}\left\{j(-4K_i + \Lambda) + \left[5-7(-1+j)\Lambda\right]N_{SUB} - 2\tau_t N_{SUB}^2\right\} + \right.$$

$$\left.\frac{[-3j-4(1-j)N_{SUB}]jN_{SUB}}{j+(1-j)N_{SUB}}Fr^{-1}\right\}(i\omega)^2 + \left\{j\left\{jK_i + \left[-1+2(-1+j)\Lambda\right]N_{SUB} + \right.\right.$$

$$\left.\left.3\tau_t N_{SUB}^2\right\} + jFr^{-1}\right\}(i\omega)^3 + j\tau_t N_{SUB}(i\omega)^4$$

$$c = -\left\{N_{SUB}^2\left[j+(1-j)N_{SUB}\right]\left[j\Lambda + (2+\Lambda-j\Lambda)N_{SUB}\right] + 2N_{SUB}^2 Fr^{-1}\right\}i\omega +$$

$$\left\{N_{SUB}\left[j+(1-j)N_{SUB}\right]\left[j\Lambda + (1+\Lambda-j\Lambda)N_{SUB}\right] - 3N_{SUB}Fr^{-1}\right\}(i\omega)^2 - Fr^{-1}(i\omega)^3$$

Ishii(1971)基于以下条件进行稳定性分析,有

$$Q_\mathrm{i}(\mathrm{i}\omega) = Q_\mathrm{R}(\mathrm{i}\omega) = 0 \tag{6.86}$$

由于 $Q(\mathrm{i}\omega)$ 中指数项的缘故,式(6.86)有无穷多个根。图 6.10 所示为函数 $Q_\mathrm{i}(\mathrm{i}\omega) = 0$ 和 $Q_\mathrm{R}(\mathrm{i}\omega) = 0$ 在 $N_{\mathrm{SUB}} = 4, \Lambda = 11, Fr = 1$ 时被绘制出的曲线,由图可知 D 分割条件。图 6.10 中的交叉点对应于图 6.11 和图 6.12 中 4 个稳态条件的前 4 个根(Ishii(1971))。

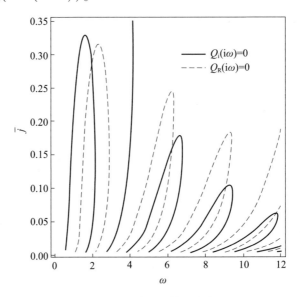

图 6.10　传递函数的零点

密度波不稳定性前两个根的路径可以通过求解平面中的 $\Lambda = 11$ 和 $Fr = 1$ 的 D 分割条件 $(N_{\mathrm{PCH}}, N_{\mathrm{SUB}})$ 获得,在图 6.11 中以红色显示,叠加在 Ishii 的原始结果上。为了完整性,图 6.8 的流量漂移曲线也被包括在内。Achard 等(1981)的结果与 Ishii(1971)的早期结果的一致性,是使用两种不同但等价的分析技术对一般线性稳定方法的验证。

图 6.11 中使用的无量纲参数平面 $(N_{\mathrm{PCH}}, N_{\mathrm{SUB}})$ 最先被 Ishii 认定为表征密度波不稳定性的最重要因素。如前一节所示,它们也适用于流量漂移,因为它们可以有效地表征压力、功率、几何尺寸等参数的影响。Ishii(1971)关于入口限制对密度波振荡影响的结果也显示在图 6.11 中。入口限制稳定了振荡,因为它有流量漂移,参见图 6.8。

---

① 1atm = 101.325kPa。

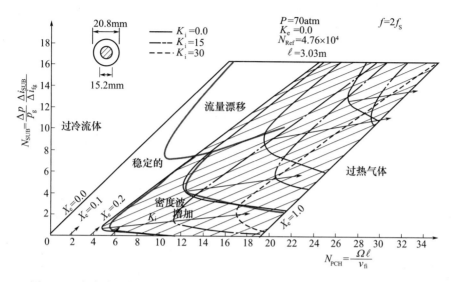

图6.11 密度波稳定图,入口限制的影响:现有模型(粗线)和Ishii模型(细线)
(转载自Ishii(1971),经作者许可)

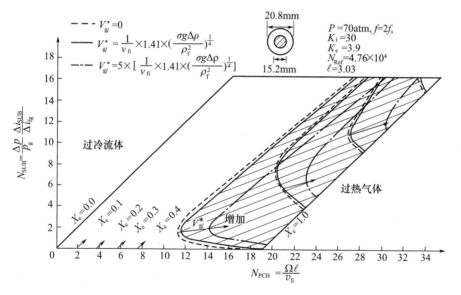

图6.12 密度波稳定性图,V_{gj}的影响(转载自Ishii(1971),经作者许可)

6.7.3 漂移流模型

包括V_{gj}在内的方程式(6.55)完整线性扰动分析已经被Rizwan-Uddin和Dorning(1986)详细阐述,此处不再重复。Ishii得到的V_{gj}效应的等效结果如

图 6.12 所示。与均相流模型相比,漂移流的作用是使流动更稳定,与图 6.9 所示的 Ledinegg 漂移相同。此外,延迟漂移流模型也发现了相同的趋势,如 6.5 节和图 6.5。值得注意的是,虽然高压条件下,漂移流的影响很小,但在大气条件下它的影响是显著的。

6.8 总结与讨论

从 FFM 中严格推导出稳定的 DFM 是最实用的两相流模型之一,因为它保留了非常长的物质波传播的能力,并且是稳定的。运动条件消除了局部不稳定性,固定流量条件去除长的局部不稳定性。在此基础上阐述了几个需要精确预测波传播的稳定但瞬态问题。

结果表明,去除固定流量条件,加入混合动量方程,得到了动态 DFM,从而为预测全局不稳定性提供了可能。将具有漂移流的 Achard 等(1985)的积分动量方程应用于流量漂移和密度波振荡。结果用 Ishii(1971)提出的无量纲数 N_{SUB} 和 N_{PCH} 表示。用 Achard 方程对 Ishii 的密度波稳定性结果进行了验证,证明了该分析的有效性,而不考虑数学方法的细节。

定通量和漂移流近似对 TFM 稳定性的作用是显而易见的,既可以分析局部不稳定性,也可以分析全局物质波不稳定性。此外,将这两种近似同时应用,可以得到 Wallis(1969)的无条件稳定 DFM,这在本章的开头已经描述过了。因此,我们围绕图 1.1 所示的各种 TFM 简化进行了全面的研究,这些简化可用于不同类型的两相流不稳定性分析。

参考文献

Achard, J. -L., Drew, D. A., & Lahey, R. T., Jr. (1981). The effect of gravity and friction on the stability of boiling flow in a channel. *Chemical Engineering Communications*, 11, 59–79.

Achard, J. -L., Drew, D. A., & Lahey, R. T., Jr. (1985). The analysis of nonlinear density-wave oscillations in boiling channels. *Journal of Fluid Mechanics*, 166, 213–232.

Bernier, R. J. N. (1982). Unsteady two-phase flow instrumentation and measurement. Ph. D. 533 Thesis, California Institute of Technology, Pasadena, CA.

Clausse, A., Delmastro, D., & Juanico, L. (1996). A simple delay model for density-wave oscillations. *Latin American Journal of Applied Research*, 26, 185–191.

Delmastro, D., Juanico, L., & Clausse, A. (2001). A delay theory for boiling flow stability analysis. *International Journal of Multiphase Flow*, 27, 657–671.

Hewitt, G. F. (1982). Void fraction. In G. Hetsroni (Ed.), *Handbook of multiphase systems*. New York: McGraw-Hill.

Ishii, M. (1971). *Thermally induced flow instabilities in two-phase thermal equilibrium.* Ph. D. Thesis, School of Mechanical Engineering, Georgia Institute of Technology.

Ishii, M. (1975). *Thermo-fluid dynamic theory of two-phase flow* (Collection de la Direction des Etudes et Researches d'Electricite de France). Paris, France: Eyrolles.

Ishii, M. (1977). *One-dimensional drift flux model and constitutive equations for relative motion between phases in various two-phase flow regimes* (Argonne National Lab. Report, ANL-77-47).

Ishii, M., & Hibiki, T. (2006). *Thermo-fluid dynamics of two-phase flow.* New York: Springer.

Lahey, R. T., Jr., & Moody, F. J. (1977). *The thermal-hydraulics of a boiling water nuclear reactor.* La Grange Park: American Nuclear Society.

Ledinegg, M. (1938). Instability of flow during natural and forced circulation. *Die Wärme, 61*(8), 891-898.

Miles, G. D., Shledovsky, L., & Ross, J. (1943). *Journal of Physical Chemistry, 49*, 93.

Rizwan-Uddin, & Dorning, J. J. (1986). Some nonlinear dynamics of a heated channel. *Nuclear Engineering and Design, 93*, 1-14.

Ruspini, L. C., Marcel, C. P., & Clausse, A. (2014). Two-phase flow instabilities: A review. *International Journal of Heat and Mass Transfer, 71*, 521-548.

Wallis, G. B. (1969). *One-dimensional two-phase flow.* New York: McGraw-Hill.

Wallis, G. (2013). Novak Zuber and the drift flux model. *Multiphase Science and Technology, 25*(2-4), 107-112.

Wallis, G. B., & Heasley, J. H. (1961, August). Oscillations in two phase flow systems. *Journal of Heat Transfer, 83*, 363-369.

Wulff, W. (1985, June). Kinematics of two-phase mixture level motion in BWR pressure vessels. In *Proceedings of Specialists Meeting on Small-Break LOCA Analysis in LWRs*, Pisa, Italy.

Zuber, N., & Findlay, J. A. (1965). Average volumetric concentration in two-phase flow systems. *Journal of Heat Transfer, 9*, 453-468.

Zuber, N., & Staub, F. W. (1967). An analytical investigation of the transient response of the volumetric concentration in a boiling forced-flow system. *Nuclear Science and Engineering, 30*, 268-278.

第 7 章
漂移流模型的非线性动力学特性与混沌

摘要：在完成沸腾通道中漂移流模型的线性稳定性分析后，本章将解决密度波经过初始生长阶段后的非线性发展问题。特别关注靠近线性稳态边缘条件下的持续振动发生情况。

首先，利用包含延迟效应的漂移流模型推导出非线性映射关系，并利用该映射关系分别对高N_{SUB}和低N_{SUB}下稳态和非稳态的极限循环发展过程进行初步分析。该简化模型能够反映漂移速度V_{gj}对极限循环的影响。

然后，将最初用来分析均相流动（DiMarco 等（1990），Clausse 和 Lahey（1990，1991）），并已得到广泛应用（尤其在核能领域）的移动节点模型（MNM）进行扩展，使之能够与漂移流模型兼容使用。移动节点模型用于模拟和分析由沸腾通道和绝热立管所组成系统的非线性动态响应特性，该系统与最新的先进水冷堆及其他应用均有一定的相关性。当N_{SUB}较高时，复杂的非线性动态响应特性受到初始沸腾状态的影响。流动处于持续的无序振动、不同周期的极限循环和准周期振动交替出现的状态。

7.1 引 言

对漂移流模型的非线性动态响应的研究，主要关注沸腾通道内不同类型的瞬态行为，如流量激增、持续的极限循环和准周期及不规则流动。已知研究最多的不稳定性是密度波不稳定性。在前面的章节中提到，该现象产生的机理是干扰传播的延迟和由边界条件强加的反馈过程。Fukuda 和 Kobori（1979）提出了不同密度波振动的经典分类。他们根据主导机理的不同，将不同现象分类如下：

第 1 类：由重力主导，主要出现在低含气率条件下的自然循环中。

第2类:由摩擦力主导,主要出现在高含气率条件下的强迫循环系统中。

第3类:由惯性力主导,主要出现在长管道中。

第2类在文献中最为常见。在这些振荡发生的过程中,两相区域内流量和含气率的变化会导致单相流动和两相间流动之间发生切换以及随之而来的压降变化。第1类不稳定性与核反应堆安全关系密切,出现在失流事故中或先进非能动冷却方案的运行过程中(Marcel 等(2013))。Ruspini 等(2014)对密度波不稳定性的分析处理进行了完善的综述总结。

目前,已有两种方法用来分析密度波的动态响应特性:扰动分析和时域数值分析。Achard 等(1985)基于霍普夫分析技术,针对均相流提出了扰动分析。他们发现非线性项能够极大地改变常规和高阶模式的稳定边界,以及一个有限幅度的强迫扰动能够使得线性稳定状态失稳。由于当时大多采用线性分析,因而后一个发现为深入研究密度波不稳定性带来了困难。该现象反映了非线性效应对两相流动的重要性。Rizwan-Uddin 和 Dorning(1986)将 Achard 分析方式外延到漂移流模型。

漂移流方程的直接数值模型是最普遍用来预测沸腾通道非线性模型的处理方法。在第6章已经提到,Rizwan-Uddin 和 Dorning(1988,1990)使用数值手段对 Achard 等(1985)改进的模型进行了整合并发现当受到强迫的周期干扰时,沸腾通道内会出现无序振动。可以使用经典的有限差分或有限体积法对空间进行离散,然后对漂移流模型进行积分处理(Ambrosini 等(2000))。

Clausse 和 Lahey(1990)提出了更简化的数值格式,在该方法中空间坐标离散成可移动的节点,节点的位置为方程中的状态变量,因而该方法也称为移动节点模型(MNM)。该模型最初用来处理均匀两相流动问题并得到广泛的应用,尤其在同时包含中子动力学和漂移流的核工程领域。在 Clausse 和 Lahey(1990,1991)、DiMarco(1990)、Chang 和 Lahey(1997)、Garea 等(1999)以及 Theler 等(2012)的努力下,MNM 经过一系列里程碑式的发展。其中,Garea 等(1999)首次将 MNM 的适用范围扩展到漂移流模型。Paruya 等(2012)通过一系列对比研究发现,在密度波数值模拟方面,MNM 具有比传统定网格离散方法更好的收敛特性。

在分析沸腾通道非线性行为方面,6.5节中提到的简化延迟漂移流模型同样是一个较好的方法(Clausse 等(1995))。使用 Hoft 分岔点法对该模型进行分析,确定入口低过冷度条件下次临界分岔点的出现(Juanico 等(1998),Delmastro 等(2001))。他们提出了以一种风险参数作为设计标准,用来评价次临界不稳定性和极限环幅值的大小。

7.2 沸腾通道动力学的非线性映射

在 6.5 节中，提到了延迟漂移流模型并展示了该模型能够用于理解流动不稳定性的机理，即沿通道方向空泡份额传播与系统积分动量平衡之间的相互作用。式(6.67)给出的映射简化形式能够用来初步理解通道内流动变为线性不稳定后所发生的现象。

前面提到，恒压降和恒入口温度的单通道系统的摩擦阻力主要集中在入口及出口处。假设该摩擦阻力足够大，进而忽略其他阻力项，如惯性项、加速压降项、重力项和分散项。在此假设条件下，外部驱动压头等于摩擦压降，因此，有

$$\Delta p = K_i j_n^2 + K_e \frac{j_{n-2} + V_{gj}}{j_{n-2} + V_{gj} + N_{SUB}(1-j_{n-1})} \left[j_n + N_{SUB}(1-j_{n-1}) \frac{j_{n-2}}{j_{n-2}+V_{gj}} \right]^2 \quad (7.1)$$

式中：j 为不同时刻的入口速度，即

$$j_n = j_i(t)$$

$$j_{n-1} = j_i\left(t - \frac{1}{2}\right)$$

$$j_{n-2} = j_i(t-1)$$

外部驱动压头为稳态值($j_n = j_{n-1} = j_{n-2} = \bar{j}$)，因此，有

$$\Delta p = K_i j_n^2 + K_e \bar{j}^2 \frac{\bar{j}_e + V_{gj}}{\bar{j} + V_{gi}} \quad (7.2)$$

$$\bar{j}_e = \bar{j} + N_{SUB}(1-\bar{j}) \quad (7.3)$$

同第 6 章定义一样：

$$\bar{j} = \frac{N_{SUB}}{N_{PCH}} \quad (7.4)$$

因此，当给出运行参数 N_{SUB} 和 N_{PCH}，以及摩擦因数 K_i 和 K_e 时，可以使用非线性二阶迭代映射求得入口速度的时间离散序列：

$$\begin{cases} j_n = \dfrac{-A + \sqrt{B^2 - 4AC}}{2A} \\ A = K_i + K_e \rho_e, \ B = 2K_e \rho_e j^*, \ C = K_e \rho_e j^{*2} - \Delta p \\ j^* = N_{SUB}(1-j_{n-1}) \dfrac{j_{n-2}}{j_{n-2}+V_{gj}} \\ \rho_e = \dfrac{j_{n-2}+V_{gj}}{j_{n-2}+N_{SUB}(1-j_{n-1})+V_{gj}} \end{cases} \quad (7.5)$$

给入口速度赋两初始值 j_1 和 j_2，通过式(7.5)中的映射关系求得后面的速度值 $j_n(n>2)$。j_1 和 j_2 的数值选取通常与稳态值接近，稳态条件为

$$N_{\text{SUB}} - N_{\text{PCH}} < \frac{2\left(\dfrac{K_i + K_e}{K_e}\right)}{1 - \left(\dfrac{V_{gj}}{\bar{j} + V_{gj}}\right)^2}$$

上式适用于密度波。

$$N_{\text{SUB}} < \frac{K_i + K_e}{K_e} + \frac{N_{\text{PCH}}}{2}\left\{1 + V_{gj}\left[1 - \frac{V_{gj}(1 + V_{gj})}{\left(\dfrac{N_{\text{SUB}}}{N_{\text{PCH}}} + V_{gj}\right)^2}\right]\right\}$$

上式适用于 Ledinegg 偏移。

将离散映射的非线性动态变化可视化的一个有效方法是画出 j_n 与 j_{n-1} 的变化关系图。根据式(6.63)，这种作图是有意义的，因为在近似范围内，j_{n-1} 正是第 n 时间步的冷却时长 λ。图 7.1(a)所示为一个在稳态附近的稳定变化，$\bar{j} = N_{\text{SUB}}/N_{\text{PCH}}$，将 $K_i = 70, K_e = 5, N_{\text{SUB}} = 40, V_{gj} = 0$ 和 $N_{\text{PCH}} = 0$ ($\bar{j} = 0.615$) 带入计算。可以看出，系统的状态在以稳态为中心旋转，这表明存在复杂的含有小于 1 的特征数(见6.5节)。另一方面，当 $N_{\text{PCH}} = 74$ ($\bar{j} = 0.54$) 时，如图 7.1(b) 所示，稳态迹线在膨胀旋转，并最终演变为非线性且系统处于极限环状态。

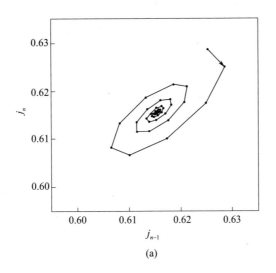

(a)

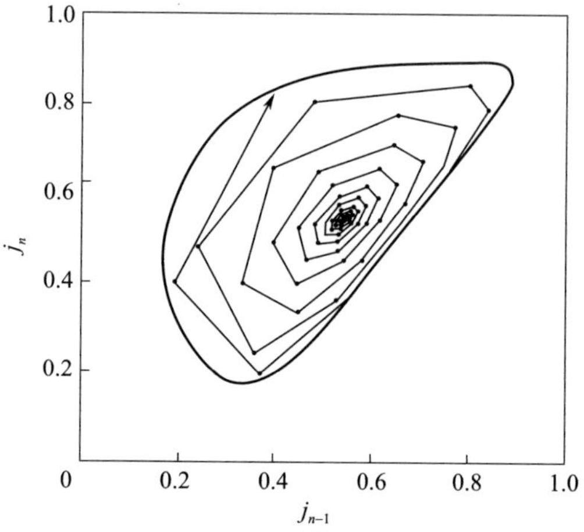

(b)

图 7.1　由延迟模型得到的沸腾通道入口速度瞬态变化的相空间图
($K_i = 70, K_e = 5, N_{SUB} = 40, V_{gj} = 0$)
(a) $N_{PCH} = 65$(稳定)；(b) $N_{PCH} = 74$(非稳定)。

极限环的幅度取决于相应的稳态到稳态阈值的距离。与图 7.1 中相同参数的线性稳态映射已在图 6.5 描述。当 $N_{SUB} = 40$ 时，稳态阈值 $N_{SUB} = 70$。图 7.2 所示为当 N_{SUB} 为常数时极限环随 N_{PCH} 增长的变化情况(图 6.5 中的水平线)。这是可能在实际情况中存在的，例如增加输入功率。

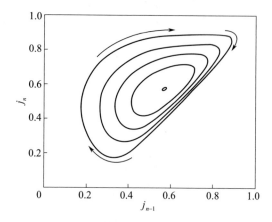

图 7.2　沸腾通道入口速度描述的极限环($K_i = 70, K_e = 5, N_{SUB} = 40, V_{gj} = 0$)，
增长的幅度数值 $N_{PCH} = 70.1, 71, 72, 73, 74$

可以看出，当超过线性稳定边界($N_{PCH} = 70$)时，极限环的幅度随着 N_{PCH} 的增长而增长。二次稳态导致大极限环右上位置处存在突出部分。在这种情况下，接

近 $j=1$ 的点处于 Ledinegg 不稳定状态。从系统动态变化的角度来看,Ledinegg 偏移为鞍点,即一正一负两个实数特征值分别沿对应特征值的方向吸引和排斥迹线。

图 7.3 所示为 V_{gj} 对非线性动态变化的影响,图中横纵坐标分别为出口速度 $v_e(t)$ 和入口速度 $j_\tau(t)$。V_{gj} 的增加将导致环的中心处更低的速度偏移。而振动幅度随着 V_{gj} 的增加而增加直到 $V_{gj}=0.1$。这种影响能够在图 7.4 所示的分岔图中得到更好体现,图 7.4 展示了循环最大最小入口速度随 N_{PCH} 的变化。每条曲线中,较低的 N_{PCH} 数值意味着线性稳态阈值。可以看出,尽管较高的 V_{gj} 可以使通道处于线性稳态,但极限环的幅度随 V_{gj} 的增长快速增加。

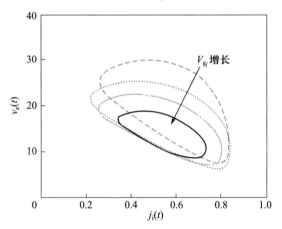

图 7.3 漂移流对沸腾通道非线性动态响应的影响($K_i=70, K_e=5$, $N_{SUB}=40, N_{PCH}=73, V_{gj}=0, 0.1, 0.15, 0.2$)

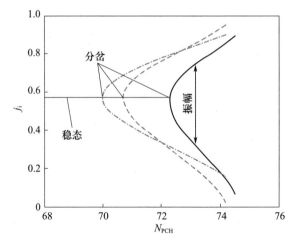

图 7.4 利用延迟漂移流模型得到的极限环分岔图($K_i=70, K_e=5, N_{SUB}=40$, $N_{PCH}=73, V_{gj}=0$(点划线), 0.1(虚线), 0.2(实线))

延迟模型还反映了沸腾通道的另一个特点,即如果扰动足够大时,线性稳态能够转变为非稳态。实际上,图 7.2 所示的稳定极限环仅在入口高过冷度条件下出现(高 N_{SUB})。当 $N_{SUB} < 2(K_i + K_e)/K_e$ 时,不存在约束非稳态的极限环,反而在稳态周围存在不稳定极限环。因为它们在满足临界稳态边间之前出现,所以这些环被称为次临界分岔,其与超临界分岔截然不同。该特点同样可以在完成的两相流方程中出现(Achard 等(1985)、DiMarco 等(1990))。图 7.5 所示为一个次临界分岔的示例,该次临界分岔延迟模型在 $N_{SUB} = 20$ 的稳态区域内所展现。对于在非稳定极限环限定的吸引域内的初始状态,迹线朝着稳态旋转。而当初始状态在极限环外时,系统将旋转发散。在这种情况下,最终会出现流动反转的情况,并带来模型中未考虑的其他非线性边界。

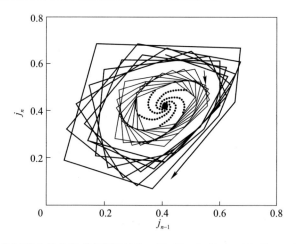

图 7.5　稳态区域中的非稳态极限环($K_i = 70, K_e = 5, N_{SUB} = 20, N_{PCH} = 49, V_{gj} = 0$),初始状态在极限环内时旋转至稳定状态(细线),初始状态在极限环外时旋转发散(粗线)

7.3　沸腾通道的移动节点模型

移动节点模型(MNM)是一个分析沸腾通道非线性动态响应的有效模型。该模型最初用来分析均匀两相流并得到进一步的应用,在考虑中子动力学和漂移流时尤为重要。在 Clausse 和 Lahey(1990, 1991)、DiMarco(1990)、Chang 和 Lahey(1997)、Garea 等(1999)以及 Theler 等(2012)的努力下,MNM 经过了一系列里程碑式的发展。下面将详细介绍 MNM 在漂移流问题上的扩展。

首先,从式(6.41)~式(6.43)所描述的漂移流模型出发,参考图 6.4 中的通道,并将单相流动区域划分为可变长度的 N_s 个部分,其中,可变长度的极值由焓节点定义,即在焓值为常数的通道内移动位置。Garea 等(1999)提到,为代表正确的动态过程,N_s 应为偶数。定义基准焓使得无量纲焓在液相饱和状态下为零 $\left(h_i = \dfrac{h_{in} - h_1}{h_{12}}\right)$。因而,沸腾边界$(z = \lambda(t))$定义为 $h = 0$。随着稳态条件下焓值沿通道方向的增长,焓值等于输入功率与流量之比,入口处无量纲焓为

$$h_i = -\frac{N_{SUB}}{N_{PCH}} \tag{7.6}$$

第 n 段和 $n+1$ 段边界处的第 n 节点位置的 $\lambda_n(t)$,其空间位置处的流体焓为

$$h_n = \frac{N_{SUB}}{N_{PCH}}\left(\frac{n}{N_s} - 1\right) \tag{7.7}$$

式中:N_s 为过冷节点的数量,因为当入口焓值和输入功率为常数时,各节点的焓值为常数,所以相邻节点的焓差始终为 $\Delta h = -h_i/N_s$。

单相区域内,能量方程主导 $\lambda_n(t)$ 随时间的演化,有

$$\frac{\partial h}{\partial t} + j\frac{\partial h}{\partial x} - \frac{N_{SUB}}{N_{PCH}} = 0 \tag{7.8}$$

对式(7.8)使用残差法可以得到一系列常微分方程。基本方法是得到与时变参数有关的一部分解。然后,得到该参数的常微分方程,该常微分方程能够使两节点的空间均值为 0(Finlayson(1972))。对焓的空间分布进行分段先行处理,并在节点 $n-1$ 和 n 之间对式(7.8)进行积分得

$$\int_{\lambda_{n-1}}^{\lambda_n} \frac{\partial h}{\partial t} dx + (h_n - h_{n-1})j_i = \frac{N_{SUB}}{N_{PCH}}(\lambda_n - \lambda_{n-1}) \tag{7.9}$$

根据 Leibnitz 法则,第一项可以改写为

$$\int_{\lambda_{n-1}}^{\lambda_n} \frac{\partial h}{\partial t} dx = \frac{d}{dt}\left(\int_{\lambda_{n-1}}^{\lambda_n} h dx\right) - h_n\frac{d\lambda_n}{dt} + h_{n-1}\frac{d\lambda_{n-1}}{dt} \tag{7.10}$$

假设两节点间焓值分布为线性分布,则有

$$\int_{\lambda_{n-1}}^{\lambda_n} h dx = \frac{(\lambda_n - \lambda_{n-1})(h_n - h_{n-1})}{2} \tag{7.11}$$

联立式(7.9)~式(7.11),得

$$\frac{d\lambda_n}{dt} = 2j_i - 2N_s(\lambda_n - \lambda_{n-1}) - \frac{d\lambda_{n-1}}{dt} \tag{7.12}$$

另一方面,将质量守恒方程沿整个通道积分,得

$$\frac{\mathrm{d}m}{\mathrm{d}t} = j_i - \rho_e v_e \tag{7.13}$$

式中:m 为通道内物质质量;ρ_e 为出口混合物密度;v_e 为出口混合物速度。

为了将 m 与 ρ_e 和 $\lambda_n(t)$ 进行关联,通过假设密度分布的孔间依赖性与稳态参数和时变参数相同,再一次应用残差法进行处理。两相区域内稳态条件下的密度分布可由式(6.52)得到,即

$$\rho_m(x) = e^{-N_{SUB}\tau_t(x)} \tag{7.14}$$

其中,$\tau_t(x)$ 定义为

$$x = \bar{\lambda}_{N_s} + (\bar{j_i} + V_{gj}) \int_0^{\tau_t(x)} e^{N_{SUB}t'} \mathrm{d}t' = \bar{\lambda}_{N_s} + \frac{(\bar{j_i} + V_{gj})[e^{N_{SUB}\tau_t(x)} - 1]}{N_{SUB}} \tag{7.15}$$

利用式(7.14)和式(7.15)消去 $\tau_t(x)$ 得到稳态条件下的混合密度分布为

$$\rho_m(x) = \left[1 + \left(\frac{1}{\rho_e} - 1\right)\left(\frac{x - \lambda_{N_s}}{1 - \lambda_{N_s}}\right)\right]^{-1} \tag{7.16}$$

式(7.16)用于模拟密度 $\rho_m(x,t)$ 的空间分布。认为在点 $x = \lambda_{N_s}(t)$ 处,$\rho_m = 1$;在点 $x = 1$ 处,$\rho_m = \rho_e(t)$。下式描述的密度分布可用来处理空间均化:

$$\rho_m(x,t) = \left[1 + \left(\frac{1}{\rho_e} - 1\right)\frac{x - \lambda_{N_s}}{1 - \lambda_{N_s}}\right]^{-1} \tag{7.17}$$

式(7.17)中使用微元变化长度段代表沸腾区域。在该近似条件下,通道内的瞬态质量为

$$m = \lambda_{N_s} + \int_{\lambda_{N_s}}^1 \frac{\mathrm{d}x}{1 + \left(\frac{1}{\rho_e} - 1\right)\frac{x - \lambda_{N_s}}{1 - \lambda_{N_s}}} = \lambda_{N_s} + \frac{(1 - \lambda_{N_s})\ln(1/\rho_e)}{1/\rho_e - 1} \tag{7.18}$$

利用 $\rho_m(x,t)$ 的方程式(7.17)、$v_m(x,t)$ 的方程式(6.35)和 $j(x,t)$ 的方程式(6.47),沿通道对动量方程式(6.43)积分得到 $j_i(t)$ 的微分方程。不同研究人员通过不同方法得到全部各项的积分。这里,将着重展示入口及出口处具有较大摩擦损失通道的动态特性,忽略加速压损和分散的压力损失项以简化对结果的分析:

$$\Delta p_I + \Delta p_F + \Delta p_G = \Delta p \tag{7.19}$$

其中,惯性项、摩擦项及重力项分别如下:

$$\Delta p_I = \frac{\mathrm{d}}{\mathrm{d}t}\left(j_i \lambda_{N_s} + \int_{\lambda_{N_s}}^1 \rho_m v_m \mathrm{d}x\right) \tag{7.20}$$

$$\Delta p_F = K_i j_i^2 + K_e \rho_e v_e^2 \tag{7.21}$$

$$\Delta p_G = \frac{m}{Fr} \tag{7.22}$$

式(7.14)与式(6.35)、式(6.47)联立,得到混合物速度分布 v_m 为

$$v_m = j_i + N_{SUB}(x - \lambda) - V_{gj}\left(\frac{1}{\rho_m} - 1\right) \tag{7.23}$$

将式(7.20)积分,得

$$\int_{\lambda_{N_s}}^{1} \rho_m v_m \mathrm{d}x = (m - \lambda_{N_s})j_i + \frac{N_{SUB}(1 - \lambda_{N_s})(1 - m)}{1/\rho_e - 1} -$$

$$V_{gj}(1 - \lambda_{N_s})\left[1 - \frac{\ln(1/\rho_e)}{1/\rho_e - 1}\right] \tag{7.24}$$

联立式(7.18)~式(7.24),得

$$\frac{\mathrm{d}I_c}{\mathrm{d}t} = \Delta p - K_i j_i^2 - K_e \rho_e v_e^2 - \frac{m}{Fr} \tag{7.25}$$

式中:I_c 为通道内总动量,且有

$$I_c = mj_i + (1 - m)\left[\frac{N_{SUB}(1 - \lambda_{N_s})}{1/\rho_e - 1} - V_{gj}\right] \tag{7.26}$$

沸腾通道模型由 $N_s + 2$ 个稳态变量组成,分别为 N_s 个 λ_n 变量,以及 m 和 I_c,由式(7.12)、式(7.13)、式(7.25)定义的 $N_s + 2$ 个常微分方程约束;由代数方程式(7.26)得到3个辅助变量 j_i,式(7.18)得到 ρ_e,以及在 $x = 1$ 时由式(7.23)得到 v_e。可使用已有的常微分方程求解器对上述非线性代数 – 微分方程进行求解。由于通常条件下动量方程式(7.25)的时间常量要短于输运方程式(7.12),因而保证方程系为刚性尤为重要。

图7.6所示为当通道中 $K_i = 70$,$K_e = 5$ 且 $Fr > 1$(强迫循环)时,利用8个过冷节点,由 MNM 得到参数平面($N_{PCH} - N_{SUB}$)的稳态映射。V_{gj} 增加会导致通道如预期那样变得稳定。同图6.12所示线性分析预测的稳态映射相比较,可以发现 MNM 在高 N_{SUB} 和低 N_{SUB} 条件下均能较好地捕捉阈值的形状。需要指出的是,过冷节点的数目 N_s 应该足以捕捉焓波中最不稳定的模式。过冷段的平均长度不应与两相区域的长度相差太多,否则数值不稳定性将导致非真实解的出现。Garea 等(1999)将模型扩展到含多重沸腾节点的相同大小区域。但是,其过程不如单相区域那样直观,因为出口焓值处于变化状态。

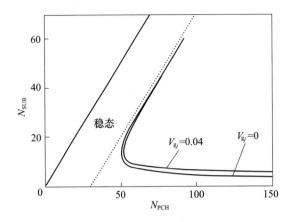

图 7.6　沸腾通道内密度波的稳态映射

图 7.6 沸腾通道（$N_s=8, K_i=70, K_e=5, Fr>1$（强迫循环））内密度波振荡的稳态映射，与图 6.5 比较，图中实线为 $N_{SUB}=N_{PCH}$，实线以上区域表示不存在沸腾情况，虚线为 Ishii 边界

极限环出现在与大 N_{SUB} 稳定性区域右侧相邻的窄带区域。图 7.7 所示为当 N_{SUB} 为常数时随着 N_{PCH} 增长而得到的极限环，类似于 7.2 节提到的延迟模型。能够看出，该环的形状与图 7.2 中相近的 N_{PCH} 对应的极限环相似。

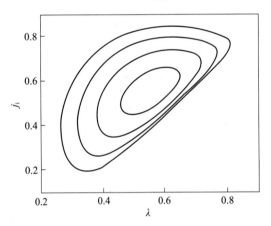

图 7.7　利用 MNM 模型在 $N_s=8, K_i=70, K_e=5, N_{SUB}=40, V_{gj}=0, Fr>1$ 条件下得到的极限环，随着幅度增长，该环的 N_{PCH} 依次为 71.94、72.07、72.33、72.46，可与图 7.2 进行对比

图 7.8 所示为 V_{gj} 增长对极限环的影响，通过与图 7.3 的比较可以发现 MNM 的分析结果是相似的。重力项对沸腾通道不稳定性同样产生明显的影响。该项在低 Fr 下与之相关。作为实际应用中一个特殊例子，自然循环的驱动压头由恒高度的下降段重力提供，如核电站蒸汽发生器二次侧（图 7.9）。在这种情

况下,无量纲压降可表达为

$$\Delta p = \frac{\lambda_D}{Fr} \tag{7.27}$$

式中:λ_D 为下降段与沸腾通道长度值比。

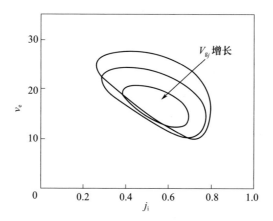

图 7.8 在 $N_s=8, K_i=70, K_e=5, N_{SUB}=40, Fr>1, V_{gj}$ 分别为 0、0.05 及 0.075 的条件下,使用 MNM 分析漂移流对沸腾通道的非线性特性的影响,可与图 7.3 对比

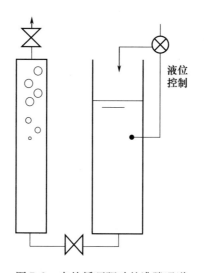

图 7.9 自然循环驱动的沸腾通道

图 7.10 所示为自然循环驱动沸腾通道内密度波振动的稳态映射,其中 $N_s=8, K_i=70, K_e=5, \lambda_D=1$。在该情况下,$Fr$ 由稳态条件决定,结合动量方程式(7.25)中 $dI_c/dt=0$ 与式(7.27),得

$$Fr = \frac{\lambda_D - m}{K_i \bar{j}^2 + K_e \bar{\rho}_e \bar{v}_e^2} \tag{7.28}$$

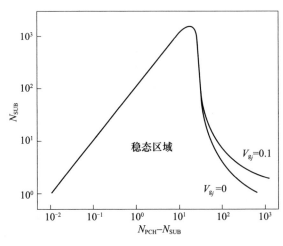

图 7.10 自然循环驱动沸腾通道内密度波振动的稳态映射
($N_s = 8, K_i = 70, K_e = 5, \lambda_D = 1$)

式(7.28)表明,λ_D 大于 m 是产生自然循环的条件。在低 N_{SUB} 和高 N_{PCH} 条件下,重力的影响可以忽略,并出现正常的稳定区域。在低 Fr 数条件下,Ledinegg 边界向高 N_{SUB} 方向移动甚至消失。此外,紧邻 $N_{SUB} = N_{PCH}$ 沸腾起始线右侧的带状区($N_{SUB} - N_{PCH}$ 较小),存在非稳定区域。图 7.10 中,横坐标的变量($N_{SUB} - N_{PCH}$)表示距沸腾起始点的距离。因而,在较低功率条件下,当沸腾起始刚出现时,通道便处于非稳态。该非稳态与一些先进核电站中的自然循环启动有关。另外,如图 7.5 所示,低功率下的稳态区域受 V_{gj} 影响极小。

7.4 含绝热立管的沸腾通道的动态特性

在低 Fr 数条件下,位于加热通道上部的立管部分会对流动的动态特性产生影响,这会导致更加复杂的行为,这些行为源自含沿立管传播的密度波不稳定性的浮力项的相互作用。在该种耦合系统中发现了沸腾通道内自主无序振动(Clausse 和 Lahey(1991))。设计中通常使用隔板来提高给定输入功率下的流速,从而提高了额定功率,但付出的代价是造成稳态区域减小。然而,在先进测控技术的帮助下,含立管的沸腾通道能够在安全状态下运行,如一些先进的水冷反应堆。我们将原始的通道 - 立管 MNM 模型进行延伸(Clausse 和 Lahey(1991))用以解释漂移流影响。如图 7.11 所示,将长度为 λ_R 的隔板分为

长度相等的 N_R 段。

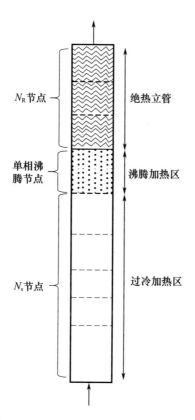

图 7.11 绝热立管与沸腾通道的耦合系统

将连续性方程在立管段 r 积分,得

$$\frac{\mathrm{d}m_r}{\mathrm{d}t} = \rho_{r-1}v_{r-1} - \rho_r v_r \tag{7.29}$$

式中:ρ_r, v_r 分别为 r 段末端混合相的密度和速度;m_r 为单位界面上的分段质量。

由于立管处于绝热状态,混合相速度在沿整个通道方向上是均匀的,可以得到:

$$v_r = j_i + N_{\mathrm{SUB}}(1 - \lambda_{N_s}) - V_{gj}\left(\frac{1}{\rho_r} - 1\right) \tag{7.30}$$

为简化问题分析,假设式(7.29)中立管和沸腾通道具有相同的流通面积。此外,方程中的每一项均乘以相应的流通面积。联立式(7.29)和式(7.30),得

$$\frac{\mathrm{d}m_r}{\mathrm{d}t} = [j_i + N_{\mathrm{SUB}}(1 - \lambda_{N_s}) + V_{gj}](\rho_{r-1} - \rho_r) \tag{7.31}$$

与式(7.18)计算通道质量 m 的分析过程相似,质量 m_r 与密度 ρ_r 和 ρ_{r-1} 有关,如下式:

$$m_r = \int_{x_{r-1}}^{x_r} \rho_m \mathrm{d}x = \frac{\lambda_R}{N_R} \frac{\ln(\rho_r/\rho_{r-1})}{1/\rho_r - 1/\rho_{r-1}} \tag{7.32}$$

式中:x_r 为立管第 r 段末端第 r 节点的位置。

为了简化该实例的代数结构,假设摩擦损失集中在立管出口处。对于更复杂的情况,应沿立管对摩擦项进行积分。由立管引入的摩擦压降为

$$\Delta p_R = \frac{\mathrm{d}}{\mathrm{d}t}\left(\int_1^{1+\lambda_R} \rho_m v_m \mathrm{d}x\right) + \frac{1}{Fr}\int_1^{1+\lambda_R} \rho_m \mathrm{d}x + K_R \rho_{N_R} v_{N_R}^2 \tag{7.33}$$

结合式(7.30)对式(7.33)中的瞬态项进行积分,得

$$\begin{aligned}\int_1^{1+\lambda_R} \rho_m v_m \mathrm{d}x &= [j_i + N_{SUB}(1-\lambda_{N_s}) + V_{gj}]\int_1^{1+\lambda_R} \rho_m \mathrm{d}x - V_{gj}\lambda_R \\ &= m_R[j_i + N_{SUB}(1-\lambda_{N_s}) + V_{gj}] - V_{gj}\lambda_R\end{aligned} \tag{7.34}$$

联立式(7.32)~式(7.34),得

$$\Delta p_R = \frac{\mathrm{d}}{\mathrm{d}t}\{m_R[j_i + N_{SUB}(1-\lambda_{N_s}) + V_{gj}] - V_{gj}\lambda_R\} + \frac{m_R}{Fr} + K_R \rho_{N_R} v_{N_R}^2 \tag{7.35}$$

其中

$$m_R = \sum_{r=1}^{N_R} m_r \tag{7.36}$$

7.4.1 通道–立管系统的 MNM 方程简述

耦合绝热立管沸腾通道的完整模型由 $N_s + N_R + 2$ 个状态变量组成,2 个状态变量分别为过冷焓节点的位置 $\lambda_n(n=1,\cdots,N_s)$ 和立管节点的质量 $m_r(r=1,\cdots,N_R)$,加热通道内流体总质量为 m,系统的总动量为 I。对应的常微分方程如下:

$$\frac{\mathrm{d}\lambda_n}{\mathrm{d}t} = 2j_i - 2N_s(\lambda_n - \lambda_{n-1}) - \frac{\mathrm{d}\lambda_{n-1}}{\mathrm{d}t} \tag{7.37}$$

式中:$n=1,\cdots,N_s;\lambda_0=0$。

$$\frac{\mathrm{d}m_r}{\mathrm{d}t} = [j_i + N_{SUB}(1-\lambda_{N_s}) + V_{gj}](\rho_{r-1} - \rho_r) \tag{7.38}$$

式中:$r=1,\cdots,N_R$。

$$\frac{\mathrm{d}m}{\mathrm{d}t} = j_i - \rho_e v_e \tag{7.39}$$

$$\frac{dI}{dt} = \Delta p - K_i j_i^2 - K_e \rho_e v_e^2 - K_R \rho_{N_R} v_{N_R}^2 - \frac{m}{Fr} - \frac{m_R}{Fr} \quad (7.40)$$

以及下面辅助的代数方程来保证方程组的闭合：

$$j_i = \frac{I - (1-m)\left[\dfrac{N_{SUB}(1-\lambda_{N_s})}{1/\rho_e - 1} - V_{gj}\right] - m_R[N_{SUB}(1-\lambda_{N_s}) + V_{gj}] - V_{gj}\lambda_R}{m + m_R} \quad (7.41)$$

$$v_e = j_i + N_{SUB}(1-\lambda_{N_s}) - V_{gj}\left(\frac{1}{\rho_e} - 1\right) \quad (7.42)$$

$$m_R = \sum_{r=1}^{N_R} m_r \quad (7.43)$$

在通道出口处和立管节点处的混合密度 ρ_e 和 ρ_r 与式(7.18)和式(7.32)中的稳态变量相关。有多种方法来得到这些稳态变量。可将式(7.18)和式(7.32)带入到式(7.38)和式(7.39)中,将密度转换成稳态变量,也可以通过迭代法对式(7.18)和式(7.32)进行求解。一个更简单的方法是,基于残差法对式(7.18)和式(7.32)进行处理,然后将 ρ_e 与 ρ_r 的显式关系带入到两个方程中。当 $0 \leq \xi \leq 1$ 时,通过约束式 $\xi \ln\xi/(\xi-1) \approx \sqrt{\xi}$,可以得到较好的近似(图7.12)。相应地,设定 $\xi = \rho_{in}/\rho_{out}$,其中 ρ_{in} 和 ρ_{out} 为给定两相间隔进出口处的密度,式(7.18)和式(7.32)变为

$$\rho_e = \left(\frac{m - \lambda_{N_s}}{1 - \lambda_{N_s}}\right)^2 \quad (7.44)$$

$$\rho_r = \frac{1}{\rho_{r-1}}\left(\frac{m_r N_R}{\lambda_R}\right)^2 \quad (7.45)$$

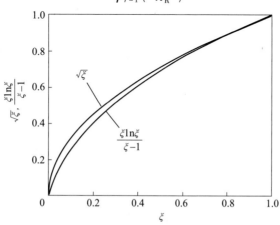

图 7.12 利用近似法得到式(7.42)和式(7.43)

可以利用求解刚性问题的数值计算程序库对整套非线性常微分方程式(7.37)~式(7.40)和代数方程式(7.41)~式(7.45)进行求解。

考虑到 MNM 法为初值问题,需给定一组能够限定每一个状态变量的初始条件。一个方便的方法是基于偏离稳态的微小扰动开始。该扰动由参数 N_{SUB}、N_{PCH}、Fr、V_{gj}、K_i、K_e、K_R、λ_R、N_s 和 N_R 决定。相应地,稳态变量的计算公式分别如下:

$$\bar{j} = \frac{N_{SUB}}{N_{PCH}} \tag{7.46}$$

$$\bar{\lambda}_n = \frac{n}{N_s} \bar{j} \tag{7.47}$$

$$\bar{\rho}_e = \frac{\bar{j} + V_{gj}}{\bar{j} + V_{gj} + N_{SUB}(1 - \bar{j})} \tag{7.48}$$

$$\bar{v}_e = \bar{j} + N_{SUB}(1 - \bar{j}) - V_{gj}\left(\frac{1}{\bar{\rho}_e} - 1\right) \tag{7.49}$$

$$\bar{m} = \bar{j} + (1 - \bar{j})\sqrt{\bar{\rho}_e} \tag{7.50}$$

$$\bar{m}_r = \frac{\lambda_R \bar{\rho}_e}{N_R} \tag{7.51}$$

$$\bar{m}_R = \lambda_R \rho_e \tag{7.52}$$

$$\Delta p = K_i \bar{j}^2 + K_e \bar{\rho}_e \bar{v}_e^2 + \frac{\bar{m} + \bar{m}_R}{Fr} \tag{7.53}$$

7.4.2 含绝热立管的加热通道中低 Fr 数下的小功率振荡

为了表征绝热隔板对加热通道非线性响应特性的影响,使用求解常微分方程的 FORTRAN Livermore 求解器(LSODE)(Radhakrishnan 和 Hindmarsh(1993))对式(7.35)~式(7.43)进行求解。分析对象为绝热立管长度占通道长度30%的加热通道,表 7.1 所列为一组参数。为避免出现数值计算上的不稳定,建议使用 N_s 和 N_R 值来保证系统的每个部分(立管、过冷段和沸腾段)的稳态长度相似。系统的稳态映射如图 7.13 所示。由于 Fr 数较小,运行状态主要由自然循环所主导。外部压降等效于存在长度 $\lambda_D \approx 1.35$ 的下降段,其百分位的变化取决于输入功率。

表7.1 通道－立管系统的特征参数

参数	Fr	K_i	K_e	K_R	λ_R	N_s	N_R
数值	0.003	60	10	0	0.3	10	2

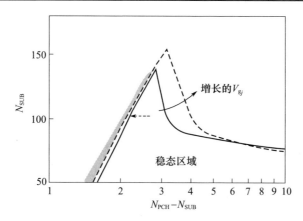

图7.13 含绝热立管的沸腾通道的稳态映射，$V_{gj}=0$（实线），$V_{gj}=0.05$（虚线）；
控制参数与图7.1相同；阴影部分对应极限环、准周期环和混沌吸引的
复杂非线性动态响应；虚线箭头为图7.14～图7.17中研究的路径

在如图7.10中所示通道内不存在绝热立管的低 N_{PCH}（即低功率）情况下，存在非稳定区域，这意味着密度波不稳定性边缘来自高 N_{PCH} 数侧。然而，当系统中含有隔板时，保证稳定的最大 N_{PCH} 数明显降低。另外，需要指出的是，当立管长度较大时，压力沿系统变化明显。在该条件下，不能忽略压力对流体物性（尤其是比焓）变化的影响。在这种情况下，闪蒸可能会出现，因而需要进行特殊处理。对此现象感兴趣的读者可以参见文献 Riznic 和 Ishii（1989）、Ruspini 等（2014）。

含绝热立管的沸腾通道在低功率、低 Fr 数下的非线性动态特性是非常复杂的。与不含立管的情形类似，但在该条件下，流动振动会导致回流的短暂出现或者沸腾边界的转换位置超出加热区域，因而造成移动节点模型假设的失效。实际上，立管的存在并不会抑制这些波动，而仅仅是控制参数的特殊结合产生的持续非线性振动，其边界处于模型的适用范围内。然而，无论是回流还是沸腾边界超出范围，已有实验证明该种不稳定性表现出非线性特性（Delmastro 和 Clausse（1994））。

图7.14所示为利用 MNM 模型和表7.1中参数及 $N_{SUB}=100$，$V_{gj}=0$ 产生相平面曲线的序列。序列的控制参数为 $N_{PCH}-N_{SUB}$，对应图7.13中 $N_{PCH}=100$ 时由右到左的水平轨迹。该轨迹起始于点 $N_{PCH}-N_{SUB}=2.1$，刚好在稳定边界的

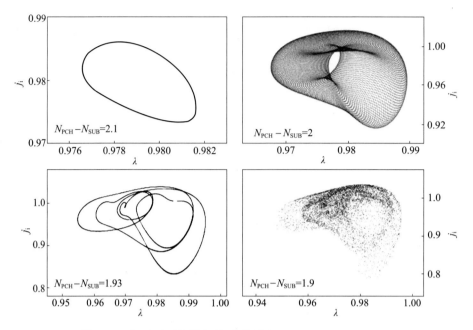

图 7.14 相平面不变量序列，参数见表 7.1，$N_{SUB}=100$，$V_{gj}=0$

左端点，然后随着控制参数降低进入到非稳定区域(图 7.14 中的右侧图)。每一个图均为 5000 时间步后的渐近值，并画出整数时间间隔下入口速度和过冷段长度的变动值，即以式(6.36)定义的特征时间滞后 t_0 来区分间隔：

$$t_0 = \frac{L_H A_{xs}}{Q}\rho_1(h_1-h_i) \tag{7.54}$$

式中：L_H，A_{xs} 分别为加热通道的长度和流通面积；Q 为输入功率；下角标 l，i 分别为饱和液体和入口位置。

振动起始于一个极限环，该极限环的特征为速度随着沸腾边界接近通道出口($\lambda=1$)而逐渐下降。该行为与图 7.7 中较高 N_{PCH} 值下相反的趋势形成对比，这是由于在低 Fr 数下，浮力占主导地位且逐渐减小。随着 N_{PCH} 降低，振动变为准周期($N_{PCH}-N_{SUB}=2$)，紧接着出现高周期的极限环($N_{PCH}=1.93$)，进而出现非周期的混沌吸引子 $N_{PCH}-N_{SUB}=1.9$。

当模型中包含漂移流时，系统具有极强的非线性特点。图 7.15 所示为表 7.1 中参数及 $V_{gj}=0.05$ 条件下相平面曲线的序列。随着 N_{PCH} 降低，振动首先形成极限环($N_{PCH}-N_{SUB}=2.04$)，接着出现类似于均相流的亚稳态圆环。对于较低的 N_{PCH}，不同周期的极限环(12，6，10 循环)和混沌吸引子条带交替出现。

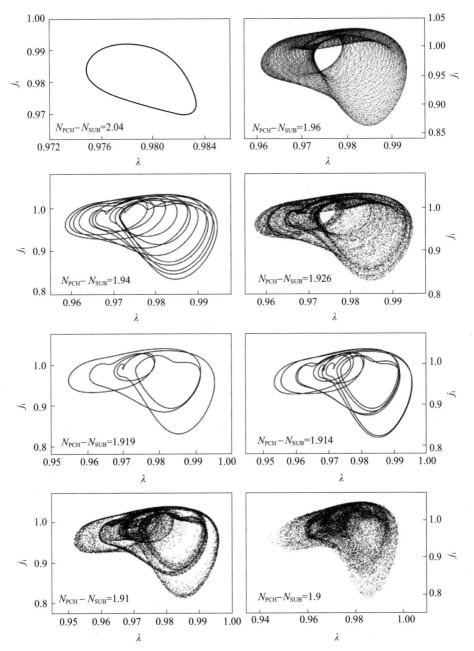

图 7.15 相平面曲线序列,参数见表 7.1,$N_{SUB}=100, V_{gj}=0.05$

利用 Poincaré 映射法,可以进一步得到序列的路线图。通常将变量中的单一变量定义为常数就可以得到较低维度的子空间,画出子空间内相平面轨迹的交点可以得到断续视图。在该情形中,通过沸腾边界穿过稳态区域的数值可以实现断续可视化。相应地,在每一个 Poincaré 时间点 t_p,均满足 $\lambda(t_p) = N_{SUB}/N_{PCH}$,并记录其他变量的瞬时值。为了捕捉稳态结构,主要关注稳态的运行状况,而不考虑初始的瞬态变化。图 7.16 所示为在 Poincaré 部分将入口速度作为控制参数的函数结果得到的分岔简图。该分岔点简图类似于 Logistic 映射(图 B.36)。沿着从左到右的路径,即 N_{PCH} 逐渐降低,处于稳态 $\bar{j}$ 的系统从单层级开始发展。在稳定的边界条件处存在一个 Hopf 分岔点,产生两条 Poincaré 分岔,每个分岔分别对应单循环极限环和 Poincaré 段的交点。进一步减小 N_{PCH},振动变为准周期,在图中显示为带状区域。最后,当 $N_{PCH} - N_{SUB} \leq 1.94$ 时,具有不同循环的极限环与准周期的带和混沌吸引子交替出现。

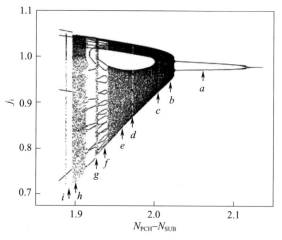

图 7.16　分岔图,参数见表 7.1,$N_{SUB} = 100$,$V_{gj} = 0.05$;图中点对应每次沸腾边界穿过稳态位置 $\bar{j} = N_{SUB}/N_{PCH}$ 时 j 的取值;箭头表示图 7.17 中 Poincaré 映射的部分

通过将 Poincaré 映射投影到稳态变量的平面得到非线性振动的几何形状。图 7.17 所示箭头表示 Poincaré 部分中记录的 Poincaré 映射,同时也反映了入口速度和通道质量。根据轨迹完整的循环数目(a,d,f 和 i),极限环显示几组点。其中,极限环 d 出现在一个非常狭窄的区域,该区域打断了准周期吸引子带。准周期振动在映射(b,c,e 和 g)中产生闭合曲线,并对应轨迹形成的环面和 Poincaré 部分的交点。需指出的是,环面 e 的部分被一分为二,分别对应 $N_{PCH} - N_{SUB}$ 在 1.94 和 1.99 之间变化的两条分岔带。反过来,环面 g 出现在一条打断极限环区域的窄带中。最后,根据分形集组的存在状态,混沌吸引子出现在 Poincaré 映射中,在图 7.16 中标记为 h。

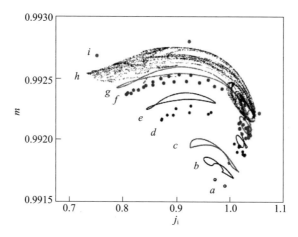

图 7.17　Poincaré 映射,参数见表 7.1,$V_{gj}=0.05$;图中点对应每次沸腾边界穿过稳态位置 $\bar{j}=N_{SUB}/N_{PCH}$ 时入口速度 j 和通道质量 m 的瞬态值,表示每一个吸引子字母均与图 7.16 中箭头相对应(见彩图)

7.4.3　准周期振荡的实验验证

前面已经指出,MNM 模型预测的非线性动态特性与具有相似特征参数的带立管沸腾通道的 Delmastro 和 Clausse(1994)实验结果定性相同,其实验条件与表 7.1 中的参数相近。实验装置简图如图 7.18 所示。

通过孔板节流原理测量入口速度,沸腾边界的移动如下式:

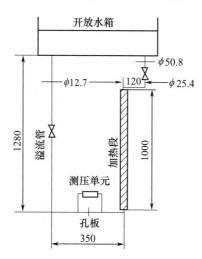

图 7.18　实验装置简图

$$\lambda(t) = \int_{t-1}^{t} j_i(t') \mathrm{d}t' \tag{7.55}$$

实验在常压下进行,并保持入口水温为 82.6℃,对应 $N_{\mathrm{SUB}}=48$,以初始值 $Q=2500\mathrm{W}$ 开始小幅逐渐减小输入功率。在每次功率减小后,系统达到静止状态(稳态或振动吸引子)。当功率下降至低于临界值后,流量变成非稳态并开始振动。图 7.19 和图 7.20 所示为 $Q=1360\mathrm{W}$ 条件下的流量振动情况及相平面上对应的吸引子。

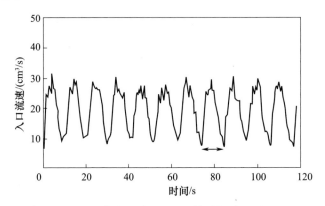

图 7.19 自然循环条件下含隔板沸腾通道入口流量持续振动的测量($Q=1360\mathrm{W}, N_{\mathrm{SUB}}=48$)

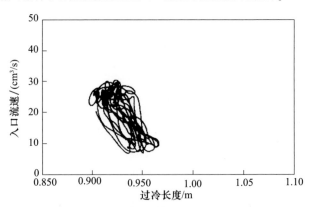

图 7.20 图 7.19 中展示的振荡的相平面轨迹

利用现已简化的 MNM 模型,不可能准确地反映实验条件下的几何和摩擦特征。然而,采用相近摩擦阻力和立管长度得到的模拟结果与实验结果有相似的振荡。虽然计算得到的振幅精确性较差,但反映了与实际情况相近的稳定性和周期。图 7.21 和图 7.22 所示为利用 MNM 模型计算含立管的沸腾通道得到的持续振荡和相应的相平面吸引子($V_{\mathrm{gj}}=0.05, N_{\mathrm{SUB}}=50$)。理论上,在此条件下的振荡是准周期的。对应实验的参考时间为

$$t_0 = \frac{L_H A_{xs}}{Q}\rho_1(h_l - h_i) = \frac{L_H A_{xs}}{Q}\frac{h_{12}}{v_{12}}N_{SUB} \tag{7.56}$$

式中:常压下水 $v_{12} = 1.67 \text{m}^3/\text{kg}$，$h_{12} = 2256 \text{kJ/kg}$；通道尺寸 $L_H = 1\text{m}$，$A_{xs} = 2.1\text{cm}^2$，时间定为 $t_0 = 10\text{s}$，相应的参考流量为 $21\text{cm}^3/\text{s}$。

为了更好地与实验结果进行比较，图 7.21 和图 7.22 中，曲线是以米为单位画出。可以看到，振动周期与实验结果吻合良好，实验的振幅(58%)大于理论计算值(16%)。二者相平面吸引子的形状近似。

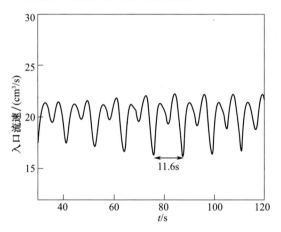

图 7.21 利用 MNM 模型计算含立管加热通道得到入口流速持续振荡，与实验中自然循环条件相同(Delmastro 和 Clausse(1994))($N_{SUB} = 50, N_{PCH} = 51.282, K_i = 60, K_e = 60, \lambda_R = 0.3, N_s = 10, N_R = 2, V_{gj} = 0.05$)

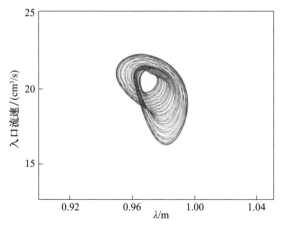

图 7.22 计算含立管加热通道得到持续振动的相平面轨迹，与实验中自然循环条件相同(Delmastro 和 Clausse(1994))($N_{SUB} = 50, N_{PCH} = 51.282, K_i = 60, K_e = 60, \lambda_R = 0.3, N_s = 10, N_R = 2, V_{gj} = 0.05$)

7.5 总结与讨论

本章使用漂移流模型对沸腾通道内流动的非线性动态响应进行分析。将 Clausse 等(1996)提出的均相延迟近似扩展来解释漂移流影响。对沸腾通道内密度波振动的案例进行阐述,并展现了稳态极限环的建立过程,极限环的振幅随着运行条件趋于非稳态而增大。此外,模型对低 N_{SUB} 数下线性稳态区域次临界分岔的出现进行预测,当扰动较大时,稳态可能变为非稳态。

将用于模拟核反应堆沸腾通道动态特性的移动节点模型(MNM)与漂移流概念相结合,新的模型用于单沸腾通道,即强迫循环(第 2 类不稳定性)或自然循环(第 1 类不稳定性)。最后,将模型扩展至能够模拟包含绝热立管的沸腾通道。此系统与最新的先进水冷堆设计密切相关。在高 N_{SUB} 数、自然循环条件下,初始沸腾过程具有复杂的非线性特点。流动处于持续的混沌振动并伴随不同周期的极限环和准周期振荡。Pointcaré 映射用于表征非线性变化,在沸腾边界通过稳态值时,该映射体现了状态变量的瞬时频闪波动。

参考文献

Achard, J. -L., Drew, D. A., & Lahey, R. T., Jr. (1985). The analysis of nonlinear density-wave oscillations in boiling channels. *Journal of Fluid Mechanics*, *166*, 213–232.

Ambrosini, W., Di Marco, P., & Ferreri, J. C. (2000). Linear and nonlinear analysis of density wave instability phenomena. *International Journal of Heat and Technology*, *18*, 27–36.

Chang, C., & Lahey, R. T., Jr. (1997). Analysis of chaotic instabilities in boiling systems. *Nuclear Engineering and Design*, *167*, 307–334.

Clausse, A., Delmastro, D., & Juanicó, L. (1995). A simple delay model for two-phase flow dynamics. In *International Conference on Nuclear Reactor Thermal Hydraulics*, *NURETH-7*, *Saratoga*, *USA* (Vol. 4, pp. 3232–3240).

Clausse, A., Delmastro, D., & Juanico, L. (1996). A simple delay model for density-wave oscillations. *Latin American Journal of Applied Research*, *26*, 185–191.

Clausse, A., & Lahey, R. T., Jr. (1990). An investigation of periodic and strange attractors in boiling flows using chaos theory. In *Proceedings of the 9th International Heat Transfer Conference*, *Jerusalem* (Vol. 2, pp. 3–8).

Clausse, A., & Lahey, R. T., Jr. (1991). The analysis of periodic and strange attractors during density wave oscillations in boiling flows. *Chaos*, *Solitons & Fractals*, *1*, 167–178.

Delmastro, D., & Clausse, A. (1994). Experimental phase trajectories in boiling flow oscillations. *Experimental Thermal and Fluid Science*, *9*, 47–52.

Delmastro, D., Juanico, L., & Clausse, A. (2001). A delay theory for boiling flow stability analysis. *International Journal of Multiphase Flow*, *27*, 657–671.

DiMarco, P., Clausse, A., Lahey, R. T., Jr., & Drew, D. (1990). A nodal analysis of instabilities in boiling channels. *International Journal of Heat and Technology*, *8*, 125–141.

Finlayson, B. A. (1972). *The method of weighted residuals and variational principles with application in fluid mechanics, heat and mass transfer*. New York: Academic Press.

Fukuda, K., & Kobori, T. (1979). Classification of two-phase flow instability by density-wave oscillation model. *Journal of Nuclear Science and Technology*, *16*, 95–108.

Garea, V., Drew, D., & Lahey, R. T., Jr. (1999). A moving-boundary nodal model for the analysis of the stability of boiling channels. *International Journal of Heat and Mass Transfer*, *42*, 3575–3584.

Juanico, L., Delmastro, D., & Clausse, A. (1998). A fully analytical treatment of Hopf bifurcations in a model of boiling channel. *Latin American Applied Research*, *28*, 165–173.

Marcel, C. P., Acuña, F. M., Zanocco, P. G., & Delmastro, D. F. (2013). Stability of self-pressurized, natural circulation, low thermo-dynamic quality, nuclear reactors: The stability performance of the CAREM-25 reactor. *Nuclear Engineering and Design*, *265*, 232–243.

Paruya, S., Maiti, S., Karmakar, A., Gupta, P., & Sarkar, J. (2012). Lumped parameterization of boiling channel—Bifurcations during density wave oscillations. *Chemical Engineering Science*, *74*, 310–326.

Radhakrishnan, K., & Hindmarsh, A. C. (1993). *Description and use of LSODE, the Livermore solver for ordinary differential equations* (Lawrence Livermore National Laboratory Report UCRL-ID-113855).

Riznic, J. R., & Ishii, M. (1989). Bubble number density and vapor generation in flashing flow. *International Journal of Heat and Mass Transfer*, *32*, 1821–1833.

Rizwan-Uddin, & Dorning, J. J. (1986). Some nonlinear dynamics of a heated channel. *Nuclear Engineering and Design*, *93*, 1–14.

Rizwan-Uddin, & Dorning, J. (1988). A chaotic attractor in a periodically forced two-phase flow system. *Nuclear Science and Engineering*, *100*, 393–404.

Rizwan-Uddin, & Dorning, J. (1990). Chaotic dynamics of a triply forced two phase flow system. *Nuclear Science and Engineering*, *105*, 123–135.

Ruspini, L. C., Marcel, C. P., & Clausse, A. (2014). Two-phase flow instabilities: A review. *International Journal of Heat and Mass Transfer*, *71*, 521–548.

Theler, G., Clausse, A., & Bonetto, F. (2012). A moving boiling-boundary model of an arbitrary-powered two-phase flow loops. *Mecanica Computacional*, *31*, 695–720.

第 8 章
RELAP5 两流体模型

摘要：本章主要阐述了垂直泡状流动下完整的 RELAP5 的一维 TFM，并依据第 5 章的线性稳定性分析，即特征值与色散关系，对其线性稳定特性和物质波传播能力进行评定。不完全虚质量实现是模型中空泡传播速度真实且正则化的关键。同时对数值收敛性进行了分析。

RELAP5/MOD3.3(ISL(2003))是一个知名的 TFM 反应堆安全程序，用于失水事故分析(LOCA)，是工业中具有代表性的程序。RELAP5 程序在垂直泡状流动下的线性稳定性评估证明，由于简化虚拟质量力带来的人工正则化，RELAP5 TFM 几乎具有无条件双曲线特征，即局部稳定。虽然有人为装置，但是与试验结果的比较显示，TFM 具有准确模拟运动学波速度的能力。这是第 6、7 章讲到的预测全部不稳定性的一个必要条件。

在实际工业中，KH 不稳定性通过人工相关和数值黏度去除，但是可能要使用滤波器。低通滤波器有着精确的临界波长，可用于替代数值 FOU 正则化，它相较于 FOU 具有两个优势，即它不依赖于网格，并且允许更精细的节点化，以至于在所有条件下都能检测数值收敛。此外，更高阶数值格式将更容易实施。

8.1 引 言

近 40 年前，当 TFM 程序被开发出来时，TFM 建模和非线性稳定性分析并非如现在这样先进。因此，虽然 TFM 开发过程进行了严格的基础推导，但工业程序中使用的本构关系通常是不完整的。例如，TFM 程序没有短波动量传递的本构模型，如第 5 章分析过的界面力雷诺应力就不包含在内。小尺寸模型的缺失使得 TFM 程序不正常地倾向于 KH 不稳定且不适定，这是现今使用正则化方法的原因，例如，现今这一代的 TFM 程序使用人工微分项和粗糙网格的 FOU 格式。

在本章中，特征分析显示了如何通过人为手段抑制 KH 以外的短波增长。然而，虽然有这些设备，RELAP5 仍然具备精确预测物质波速度的能力，并且运动学波传播的预测是通过 Bernier(1982)的泡状流数据验证的。因此，虽然局部不稳定性被随意地删除了，但在第 6、7 章讨论的整体不稳定性将基本可以预测。剩下的问题是规整 TFM 的人工设备可能会干扰这些预测。

其中一个人工设备是 FOU 数值格式，它具有很强的数值稳定性，但当流量变成 KH 不稳定时，将会严重抑制 KH 不稳定性，并且不会收敛。此外，当与粗网格结合使用时，会产生显著的数值黏度。利用线性理论分析了一个低通滤波器，该滤波器既能实现正则化又能收敛，它的数值黏度将降低。

8.2 物 质 波

8.2.1 RELAP5 绝热两流体模型

RELAP5/MOD3.3 TFM 方程(Information Systems Laboratories(2003))与第 5 章中提到的相似，将沿用这里的符号。然而，有一些重要的波传播差异需要讨论。首先，RELAP5 TFM 是可压缩的，配合蒸汽表，使用能量方程来计算密度，这使得 RELAP5 能够做出本书中没有评估过的真实声学两相波预测(Lafferty 等(2010))。其次，RELAP5 不考虑界面力或碰撞力，但考虑简化的虚拟质量力。这对物质波的预测有重大的影响，也是本章的目标。当然，还有其他许多不同之处，但从流体动力学稳定性的观点来看，这些是最重要的。有一点值得注意：蒸发和凝结对 TFM 稳定性的影响(如 Kocamustafaogullari(1985))被忽视了。RELAP5 一维质量和动量守恒方程等价于式(8.1)~式(8.4)，如下：

$$\frac{\partial}{\partial t}\rho_1\alpha_1 + \frac{\partial}{\partial x}\rho_1\alpha_1 u_1 = -\Gamma \tag{8.1}$$

$$\frac{\partial}{\partial t}\rho_2\alpha_2 + \frac{\partial}{\partial x}\rho_2\alpha_2 u_2 = \Gamma \tag{8.2}$$

$$\frac{D_1}{Dt}\rho_1\alpha_1 u_1 = -\alpha_1\frac{\partial p}{\partial x} + \rho_1\alpha_1 g - \frac{2f_1}{D_h}\rho_1|u_1|u_1 + M^D + M^{VM} - \Gamma(u_i - u_1) \tag{8.3}$$

$$\frac{D_2}{Dt}\rho_2\alpha_2 u_2 = -\alpha_2\frac{\partial p}{\partial x} + \rho_2\alpha_2 g - M^D - M^{VM} + \Gamma(u_i - u_2) \tag{8.4}$$

式中：Γ 为传质速率；p 为两相的平均压力；f_1 为范宁摩擦因数。

这里分析的绝热流体的传质速率为零。RELAP5 使用虚拟质量的简化公式来忽略加速度的空间导数。根据手册(ISL(2003))："这个变化的原因在于对系统表示中使用相对粗糙节点化的近似空间导数部分的不精确性,它导致数值解中的非物理特征值。"另一方面,TRACE V5(USNRC(2008))完全忽略了虚拟质量力:"由于没有明显的证据表明反应堆安全问题的存在,加上求解程序的复杂性显著增加"(完整的形式)。开发人员继续指出,"如果在未来版本的 TRACE 中引入更高阶的数值方法,并且适定的偏微分方程组变得更加重要,那么将重新考虑包含虚拟质量力。"这两个程序之间的差异并不是微不足道的,因为虚拟质量模型能够准确预测泡状流中的声速,见5.2.2节,而缺少它则可以预测分层流中的准确声速,见2.2.2节。这个差异对于预测物质波速也很重要,将在下一节中进行论证。现在将式(5.5)中的完整虚拟质量模型与应用到 RELAP5 中的公式进行比较:

$$M^{\mathrm{VM}} = -\alpha_1 \alpha_2 \rho_m C_{\mathrm{VM}} \left(\frac{\partial u_1}{\partial t} - \frac{\partial u_2}{\partial t} \right) \tag{8.5}$$

除了忽略空间导数,式(8.5)与式(5.5)之间的差异还表现在用混合密度代替了液体密度,即 $\rho_m = \alpha_1 \rho_1 + \alpha_2 \rho_2$,以及附加因子 α_1。由于 RELAP5 将虚拟质量应用于所有流体状态,公式最后一项将确保空泡份额的两个极限,即全液和全气状态下的准确性。虚拟质量系数为

$$C_{\mathrm{VM}} = \frac{1}{2} \left(\frac{1 + 2\alpha_{\min}}{1 - \alpha_{\min}} \right) \tag{8.6}$$

式(8.6)最初是由 Zuber(1964)提出的,他用弥散相空泡份额 α 代替 $\alpha_{\min}$ 得出。需要注意的是,当 $\alpha_{\min}$ 趋近于 0 的时候,$C_{\mathrm{VM}} = 1/2$,这是第 5 章里使用的值。

问题是:修正的虚拟质量模型对第 5 章分析的物质波有何影响?物质波特征值决定了空泡波的运动,这些空泡波不一定以相速度运动。在第 6 章里已经看到例如水平膨胀、密度波的振荡等宏观两相流现象如何被空泡波的传播所影响,所以得出准确的结果是至关重要的。因此,接下来将分析 RELAP5 TFM 的特性。

8.2.2 特征值

扩展式(8.3)和式(8.4)中的导数,原有的偏微分方程组可以转化为非保守的向量方程形式,即

$$\underline{\underline{A}} \frac{\partial}{\partial t} \underline{\phi} + \underline{\underline{B}} \frac{\partial}{\partial x} \underline{\phi} = \underline{F} \tag{8.7}$$

式中: $\underline{\phi} = [\alpha_2, u_1, u_2, p]^{\mathrm{T}}$ 为自变量的向量。

由式(8.1)~式(8.5)得到的系数矩阵如下：

$$A = \begin{bmatrix} 1 & 0 & 0 & 0 \\ -1 & 0 & 0 & 0 \\ 0 & \alpha_2(c_{VM}\alpha_1\rho_m + \rho_2) & -\alpha_2 c_{VM}\rho_1 & 0 \\ 0 & -\alpha_2 c_{VM}\rho_1 & \alpha_1(\rho_1 + \alpha_2 c_{VM}\rho_m) & 0 \end{bmatrix} \quad (8.8)$$

$$B = \begin{bmatrix} u_2 & \alpha & 0 & 0 \\ -u_1 & 0 & \alpha_1 & 0 \\ 0 & \alpha_2\rho_2 u_2 & 0 & \alpha_2 \\ 0 & 0 & \alpha_1\rho_1 u_1 & \alpha_1 \end{bmatrix} \quad (8.9)$$

向量 F 包含代数源项，如界面曳力，它们不直接计入特征分析。

由式(8.7)定义的方程组的特征方程为

$$\det[A - \lambda B] = 0 \quad (8.10)$$

式(8.10)曾分别在 5.2.2 节 ~ 5.3.1 节和 8.2.1 节中使用 Pauchon 和 Banerjee(PB,1986)的封闭方程法来确定 TFM 的特征值。因此，可以直接将第 5 章的更完整的结果与这里研究的 RELAP5/MOD3.3 特征值结果进行比较。

如果没有附加的本构模型，忽略界面压力和虚拟质量（如 TRACE V5 TFM），将会使除了单相和均匀模型以外的所有情况具有更复杂的特征值。对于目前的系统，由于不可压缩的假设，只有两个物质波特征值。比照 2.2.2 节，当包含可压缩性时，声根始终是实数。因此，系统的分类，即适定或不适定，完全由物质根决定。比照 5.4.2 节，在无量纲数 $\lambda^* = (\lambda - u_f)/u_R$ 中，Pauchon 和 Banerjee(1986)的特征值仅简化为空泡份额的代数表达式。RELAP5/MOD3.3 模型的无量纲特征值并非如此。在图 8.1 中对两个模型进行了比较，其中 $u_R = 0.5\text{m/s}, u_f = 0 \sim 2\text{m/s}$。

几个重点如下所述：

(1) 对于低液速、稀泡状流来讲，两个模型主要的（更快的）根是十分相似的。这一部分的差异主要取决于虚拟质量系数的不同。在 RELAP5/MOD3.3 模型中，当式(8.6)被 $C_{VM} = 0.5$ 取代时，就可以看出这一点。

(2) 两种模型之间的差异随着液体速度的增加而增加。主根保持相对良好的表现，而次根则以相当戏剧性的方式偏离了 PB 模型。幸运的是，这种差异是在相对较小的结果时呈现出来的，当次根具有更大的衰减率时，就很难在实验中观察到(Park 等(1990,1998))。对于给定的液体流速，当相对速度增加时，次根

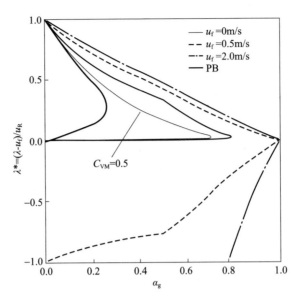

图 8.1 PB 与 RELAP5/MOD3.3 的无量纲特征值对比

(转载自 Fullmer 和 Lopez de Bertodano(2015),经 ANS 许可)

的差异将得到改善。

(3) RELAP5/MOD3.3 模型有很好的适用性,即特征值是实数的,相较于 PB 模型来说,它具有更大空泡份额。但这种适用性也不是无条件的,在低液体流速和高空泡份额的条件下,这种模型是不适用的。

虽然这两种模型之间有一些明显的差别,但主根的一致性却是相当显著和偶然的结果,尤其是考虑到在 RELAP5/MOD3.3 模型中进行有效的简化。值得重申的是,通过忽略虚拟质量来寻求进一步简化将消除实数特征值,这是不可取的。

8.2.3 Bernier 实验

RELAP5/MOD3.3 的特征值已经被整理出来,使用 Bernier(1982)的实验运动波速数据来验证它们也是可行的。在这个实验中,液态水被泵入直径 10.16cm 的 PVC 管的底部。泵的下游是一个喷头,由直径 3.18cm 的黄铜管排列组成,铜管上钻有直径 0.4mm 的小孔,可以喷射出 5mm 的气泡进入流体,肉眼观察到的气泡尺寸是相对均匀的。两相混合物垂直向上运行约 2.6m,在大气压力下进入排放容器。在测试部分,两个阻抗测量仪之间的距离大约为 0.84m,得到的两个信号结果就可以确定物质波速。

在前一节中,为了与 PB 特征值相比较,相对速度被定为 $u_R = 0.5 \text{m/s}$。然而,当与实验数据比较时,则需要更精准的评估。在这里,相对速度将使用漂移流模型(Zuber 和 Findlay(1965),Ishii(1977))作为空泡份额的函数来确定。当气相漂移速度以空泡加权平均形式表示时(Ishii 和 Hibiki(2006),Ishii(1977)),气体速度的表达式如下:

$$u_2 = \frac{C_0 j_1 + V_{gj}}{1 - C_0 \alpha_2} \quad (8.11)$$

液体流量由实验数据获得,所以液相速度的表达式为 $u_1 = j_1/(1-\alpha_2)$。在漂移流模型封闭关系 V_{gj} 和 C_0 给定后,特征值独立于除了空泡份额外的所有变量。

虽然 RELAP5/MOD3.3 是基于前面概述的 TFM,但漂移流模型依然能够应用于垂直泡状流和段塞流的界面曳力的封闭。对于大直径管子($D>8\mathrm{cm}$),Zuber 和 Findlay(1965)给出的漂移速度为

$$V_{gj}^{ZF} = 1.41 \times \left[\frac{\sigma g(\rho_1 - \rho_2)}{\rho_1^2}\right]^{1/4} \quad (8.12)$$

适用于小流量的条件下(ISL(2003))。小流量条件是由 $j_g^+ \leq 0.5$ 所限定,其中 $j_g^+ = \sqrt{2} j_g / V_{gj}^{ZF}$。对于更高的流量,$j_g^+ \leq 1.768$,漂移速度由 Kataoka 和 Ishii(1987)的关联式给出,中间用线性插值的方法得到。分配参数设置为统一,$C_0 = 1$,与 Bernier(1982)的观察结果一致,在相关条件下横截面气泡分布保持相对均匀。

图 8.2 将 RELAP5/MOD3.3 模型的闭合形式特征值与 Bernier(1982)数据进行了比较。总体来讲,模型的预测值偏大,但考虑到对 RELAP5/MOD3.3 TFM 的简化,这个比较结果是非常理想的。事实证明,偏差的最大来源不是简化模型本身,而主要是漂移速度的选择。

Zuber 和 Findlay(1965)的关联式应用于气泡间相互作用生成大气泡的旺盛搅混流状流(Ishii 和 Hibiki(2006))。Bernier(1982)的实验是在液体流量相对较低且气泡由喷头精心引出的条件下进行的,扭曲的泡状流是对这种流动更为精确的描述。Ishii(1977)给出的关联式如下:

$$V_{gj} = V_{gj}^{ZF} \alpha_1^{1.75} \quad (8.13)$$

这种扭曲泡状流的漂移速度与搅混流的漂移速度十分相似,式(8.12)使用了之前的形式,另外引入了空泡份额这一参数。事实上,Ishii(1977)表明,即使在搅混流的区域,漂移速度也是依赖于空泡份额的。但是这种依赖性却很弱,$V_{gj} \propto (1-\alpha_2)^{1/4}$,通常被忽略。图 8.3 所示为与图 8.2 相同的比较,这里是使用式(8.13)得到气相速度。考虑到 TFM 的简化形式,数据结果的吻合性还是相当不错的。

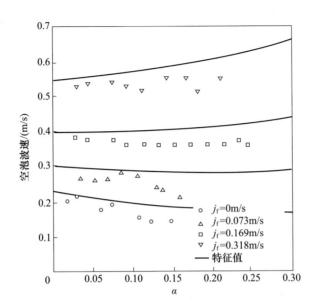

图8.2 由式(8.12)得到的RELAP5/MOD3.3特征值与Bernier数据的对比
（转载自Fullmer和Lopez de Bertodano(2015)，经ANS许可）

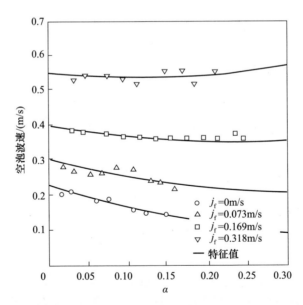

图8.3 由式(8.13)得到的RELAP5/MOD3.3特征值与Bernier数据的对比
（转载自Fullmer和Lopez de Bertodano(2015)，经ANS许可）

Fullmer和Lopez de Bertodano(2015)使用RELA5/MOD3.3模拟了Bernier的实验，产生了气相速度带有0.5s脉冲波动的运动波。根据以前的发现，分散气泡漂移速度下的空泡份额式(8.13)被添加到程序中。图8.4对稍微修改的RELAP5/MODdb程序的结果与Bernier数据(1981)进行比较,模拟结果与数据的吻合性也很好。但是也能很明显地发现,随着液体流量的增大,数据结果区域恶化。在特征分析中并没有观察到这一现象,差异来源于分布参数。基于实验观察,在所有的液体流量下,特征分析中的C_0都被设置为一致的。而在RELAP5/MOD3.3的程序中,分布参数取决于总质量流量。当然,对于特定的数据值,这一参数也可以进行修改。然而,均匀分布达到$j_1 = 0.32\text{m/s}$最有可能是由于喷嘴所射出的气泡,这并不是大多数的反应堆应用的实际情况。最后,在两个液体流量较大的情况下,波速急剧增加的地方出现突变。程序当中的这个突变发生在$j_2^+ = 0.5$的时候,超过这个值时,开始使用Kataoka和Ishii(1987)的漂移速度模型进行插值计算。

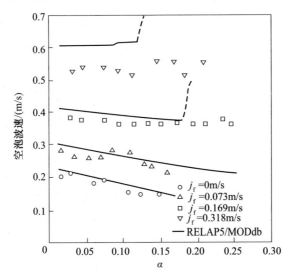

图8.4 由式(8.13)得到的RELAP5/MOD3.3模拟结果与Bernier数据的对比（转载自Fullmer和Lopez de Bertodano(2015),经ANS许可）

8.3 TFM的低通滤波正则化

理论上讲,通过物理模型来稳定TFM优于人工正则化,但是由于各种原因,使所有流体状态都达到物理稳定又是不切实际的。对于各种各样的流动状态来讲,许多局部非线性稳定机制都不是很好理解,由于需要局部瞬时数据的支持,那些能够被理解的也很难得到。另外,工业程序中应用广泛的静态流型图已经隐含地解释了KH不稳定性。从动态的角度去除局部TFM不稳定性的最简单方法是使用漂移流模型。然而,当采用 TFM 的时候,人工正则化就显得尤为必要,在当今的核反应堆 TFM 安全程序中,要使用各种人工或数字的正则化手段来做一些意义重大猜测性工作。因此,采取合适的正则化方法来减少猜测性工作、保持全局的稳定性能力就变得尤为可取。这意味着,除了准确地模拟物质波速,还需要将长波的人造或数值阻尼最小化。

尽管程序之间的人工正则化是不同的,但是一阶迎风(FOU)粗网格是最为普遍的。对一维 TFM 不适定的普遍看法是,它不是一个实质性的问题,因为在实际中,离散方程决定了模型是否不适定,以及正则化是否可以通过数值黏度来实现,即 FOU 格式截断误差的领头阶项。然而,FOU 与不适定 TFM 组合的一个缺点是解决方案不会收敛到 KH 以外,因为数值黏度与网格大小成比例,可以比照 2.5.2 节。在本节中,我们开发了一种低通滤波器,可以在不需要数值黏度的情况下进行收敛。此外,它将人工正则化与 TFM 的物理分离得更加清晰,因此可以保持全局不稳定性的准确性。

数值黏度通过截止波长产生线性增长和衰减的组合。这种方法不受流动状态和几何形状的影响。然而,截止波长取决于网格大小,这一点将在这里证明。每当网格细化时,出现一个新的截止和临界(最危险的)波长,这导致每个不同网格有不同的解决方案。这种情况使得程序验证的收敛性研究不可能实现。一些人认为,在通道横截面上对三维 TFM 求平均值会在所得到的一维模型上产生一个特征滤波器长度。因此,低于这个长度尺度现象的合理性是有问题的,模型不能够被推广到 $\Delta x < D_h$。这种类型的讨论为数字 TFM 从业者提供了几个"用户指南"(ISL(2003))。限制节点大小的指导原则有 3 个问题:①即使 $\Delta x < D_h$ 不应用于工程实际,验证对于通过收敛性和一致性证明数值解方案的可信度依旧很重要;②简单的指导方针不会阻止不同的程序用户无意或故意违反它们;③控制方程的解不仅取决于网格大小,还取决于时间步长、流动条件、物质属性和解决方案的准确度。因此,建议将高阶非物理项添加到控制方程(Fullmer 等(2014))。这种方法可以等效地视为滤波控制方程。优选的滤波方法是将二阶人工黏度项添加到具有明确定义的截止波长的每个输运方程中①。Holmås 等(2008)使用 TFM 的统一人工黏度,后来使用光谱解法对其进行了波数依赖性修正。Vreman(2011)和 Fullmer 等(2014)独立扩展了人造黏度的概念,以创建精确规定截断波长范围的滤波器。

---

① 人们也可以利用三阶导数,即人工表面张力或高阶导数设计一个人工正则化方法。

8.3.1 色散分析

由式(4.1)~式(4.4)给出的不可压缩等温一维 TFM 通过设置 $g_y = 0$ 和 $\sigma = 0$ 来简化,以此和式(8.1)~式(8.4)通过增加扩散项并去除质量传递和其他代数项相吻合。

$$\frac{D_1 \alpha_1}{Dt} + \alpha_1 \frac{\partial u_1}{\partial x} = \varepsilon_1 \frac{\partial^2 \alpha_1}{\partial x^2} \tag{8.14}$$

$$\frac{D_2 \alpha_2}{Dt} + \alpha_2 \frac{\partial u_2}{\partial x} = \varepsilon_2 \frac{\partial^2 \alpha_2}{\partial x^2} \tag{8.15}$$

$$\rho_1 \frac{D_1 u_1}{Dt} = -\frac{\partial p_{2i}}{\partial x} + \rho_1 v_1 \frac{\partial^2 u_1}{\partial x^2} \tag{8.16}$$

$$\rho_2 \frac{D_2 u_2}{Dt} = -\frac{\partial p_{2i}}{\partial x} + \rho_2 v_2 \frac{\partial^2 u_2}{\partial x^2} \tag{8.17}$$

通过简化的假设,$\varepsilon_1 = \varepsilon_2 = \varepsilon$ 和 $v_1 = v_2 = v$,色散关系和式(3.13)非常相似,有

$$\frac{\omega_i}{k} = \frac{\tilde{\rho} u}{\tilde{\rho}} - \frac{i}{2}(\varepsilon + v)k \pm \frac{1}{\tilde{\rho}} \sqrt{(1-\alpha)\alpha \left[-(u_2 - u_1)^2 \rho_1 \rho_2 - \frac{\tilde{\rho}^2 (\varepsilon - v)^2}{4(1-\alpha)\alpha} k^2 \right]} \tag{8.18}$$

式中:$\alpha = \alpha_2$,$\tilde{\rho} = (1-\alpha)\rho_2 + \alpha\rho_1$。

结果如图 8.5 所示,参数条件如表 8.1 所列,使用了 ε 和 v 的几种不同组合。除特别注明外,线性稳定性结果使用表 8.1 中 7.6MPa 理想气泡流的状态下给定的值。

表 8.1 用于线性稳定性分析的物理性能参数

$\rho_2/(\text{kg/m}^3)$	$\rho_1/(\text{kg/m}^3)$	$u_2/(\text{m/s})$	$u_1/(\text{m/s})$	α_2	D_H/m
40	780	2.25	2.0	0.10	0.05

首先,当 $\varepsilon_k = v_k = 0$ 时,会得到不适定的结果。选择对数坐标是因为对于式(8.18)给出的非常简单的色散关系,斜率恰好是 -1。当连续性或动量黏度不为零时,零波长增长率达到极限 $\lambda \to 0$。图 8.5 表示了 $v_1 = v_2 = 0.005\text{m}^2/\text{s}$ 或者 $\varepsilon_1 = \varepsilon_2 = 0.005\text{m}^2/\text{s}$ 下的结果。虽然两者都会创建一个在严格的数学意义上正则化的模型(增长率在 $\lambda \to 0$ 时无限增长),但对于原始非收敛问题没有什么帮助。通过这样的数值离散化,最大增长率将接近渐近线;但不幸的是,它发生的幅度和波长将继续依赖于网格,直到使用非常精细的网格。通过相应的黏度

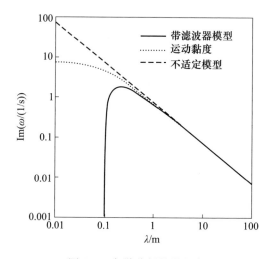

图 8.5 色散分析的增长率

(转载自 Fullmer 和 Lopez de Bertodano(2015),经 ANS 许可)

调节可以增加或减少最大增长率。即使对于大数值,增长在零波长的限制下仍然是有限的。

然而,当 v_k 和 ε_k 都不为零时,线性增长在临界波长处达到最大值,然后减小直到在截止波长处衰减。位置截止波长可以通过改变黏度来调整。可以明显地看出,采用这种方法,不适定的欧拉 TFM 以类似数值黏度的方式正则化。与数值黏度的重要的区别在于,可以在微分模型中设置人工黏度系数来确定截止波长,并且当 $\Delta x, \Delta t \to 0$ 时使其成为离散模型的渐近值。

8.3.2 数值黏度

为了研究数值黏度对一维 TFM 的影响,式(8.1)~式(8.4)的非守恒形式和无源项的一阶有限差分离散化将被采用。假设数值方法有一个统一的交错网格,其中 FOU 用于变量赋值,单元居中在适用的位置以及带有正向欧拉时间步长。假想的交错网格如图 3.3 所示。由此产生的有限差分方程(FDE)类似于半隐式 RELAP5(ISL(2003))的求解方法,由下式给出:

$$\frac{\alpha_{k,i}^{n+1} - \alpha_{k,i}^n}{\Delta t} + \frac{\hat{\alpha}_{k,R}^n u_{k,R}^* - \hat{\alpha}_{k,L}^n u_{k,L}^*}{\Delta x} = 0 \tag{8.19}$$

$$\frac{u_{k,j}^{n+1} - u_{k,j}^n}{\Delta t} + u_{k,j}^n \frac{\hat{u}_{k,R}^n - \hat{u}_{k,L}^n}{\Delta x} = -\frac{1}{\bar{\rho}_k} \frac{P_R^* - P_L^*}{\Delta x} \tag{8.20}$$

式(8.19)和式(8.20)中上标表示时间,n 代表上一个时间层,$n+1$ 代表下一个时间层,下标表示空间位置,如图 3.3 所示。变量 Δx 和 Δt 表示空间离散化和时间步长。由于使用了统一的网格,Δx 是恒定的,并且对于 i 到 $i+1$ 和 j 到 $j+1$ 的间距是等同的。以"^"或"上划线"表示的被赋值的变量被用作相邻值的简化平均数。最后上标表示压力-速度的耦合。用于数值模拟的 TFIT 程序见 8.3.4 节,如 3.4.4 节所讨论的,耦合是半隐式的或压力隐含的。为了简化分析,这里将使用旧时间值,因为它对目前的讨论没有影响,即 $*=n$。这种简化不会导致任何通用性的损失,因为耦合通常会使用更高阶的差异,这将在接下来的章节里讨论。

位置"右"和"左"取决于公式,分别用 R 和 L 表示。连续性方程,即式(8.19),以单元为中心,连续性控制体积的右侧和左侧位于单元面或连接处。与之相反的是,动量方程以交点为中心,动量控制体积的左右位于单元中心。存储在控制体积面上的值在适当的时候使用,例如连续速度和动量压力。不是必须要赋予的值,即外推,将使用迎风方法。假设在 i 和 j 附近的 $u_k > 0$,然后用 FOU 方法给出 $\alpha_{k,R} = \alpha_{k,i}, \alpha_{k,L} = \alpha_{k,i-1}, u_{k,R} = u_{k,j+1}, u_{k,L} = u_{k,j}$。为了求解数值黏性,连续方程的对流项被线性化为

$$\frac{\alpha_{k,i}^n u_{k,j+1}^n - \alpha_{k,i-1}^n u_{k,j}^n}{\Delta x} \rightarrow \bar{u}_k \frac{\alpha_{k,i}^n - \alpha_{k,i-1}^n}{\Delta x} + \alpha_{k,i} \frac{u_{k,j+1}^n - u_{k,j}^n}{\Delta x} \quad (8.21)$$

然后通过使用 FOU 赋值法,即式(8.21)的线性化,写出式(8.19)和式(8.20)中的每个变量,分别与 i 和 j 相关,离散方程采用下式:

$$\frac{\alpha_{k,i}^{n+1} - \alpha_{k,i}^n}{\Delta t} + \bar{u}_k \frac{\alpha_{k,i}^n - \alpha_{k,i-1}^n}{\Delta x} + \alpha_{k,i}^n \frac{u_{k,i+1/2}^n - u_{k,i-1/2}^n}{\Delta x} = 0 \quad (8.22)$$

$$\frac{u_{k,j}^{n+1} - u_{k,j}^n}{\Delta t} + u_{k,j}^n \frac{u_{k,j}^n - u_{k,j-1}^n}{\Delta x} = -\frac{1}{\bar{\rho}_k} \frac{P_{j+1/2}^n - P_{j-1/2}^n}{\Delta x} \quad (8.23)$$

为了计算数值黏度,需要通过泰勒级数展开将离散方程转换为修正的微分方程。对于每个项远离 (i,n) 或 (j,n) 时空位置应用泰勒级数展开,式(8.22)和式(8.23)可以重新排列为

$$\left[\frac{\partial \alpha_k}{\partial t} + u_k \frac{\partial \alpha_k}{\partial x} + \alpha_k \frac{\partial u_k}{\partial x}\right]_i^n = 0 + \left[\bar{u}_k \frac{\Delta x}{2} \left(\frac{\partial^2 \alpha_k}{\partial x^2}\right)_i^n - \frac{\Delta t}{2} \left(\frac{\partial^2 \alpha_k}{\partial t^2}\right)_i^n\right] + O(2) \quad (8.24)$$

$$\left[\frac{\partial u_k}{\partial t} + u_k \frac{\partial u_k}{\partial x} + \frac{1}{\rho_k} \frac{\partial P}{\partial x}\right]_j^n = 0 + \left[u_k^n \frac{\Delta x}{2} \left(\frac{\partial^2 u_k}{\partial x^2}\right)_i^n - \frac{\Delta t}{2} \left(\frac{\partial^2 u_k}{\partial t^2}\right)_i^n\right] + O(2) \quad (8.25)$$

式(8.24)和式(8.25)是由 FDE 实际解决的修正微分方程(MDE)。左侧方括号内是关于当地 i 和 j 位置的控制方程的原始偏微分方程,但是右侧并没有附加项。这是截断误差,对于 FOU 格式具有一阶误差,$O(1)$,其由大括号中的项给出。所有其他截断误差项至少为 $O(2)$,即在 $a+b \geq 2$ 时的 $\Delta x^a \Delta t^b$。

需要注意的是,在 FOU 有限差分表示中,空泡份额和速度的二阶导数隐含在 MDE 中。此外,交错项的梯度不会导致 $O(1)$ 误差,即式(8.22)中的速度导数和式(8.23)中的压力导数。$O(1)$ 截断误差,特别是导数的系数,由于其与物理黏度的相似性而通常称为数值黏度。然而,数值黏度是依赖于网格和时间步长的,并在 $\Delta x, \Delta t \to 0$ 的时候消失。下一节介绍的人工黏度模型将试图明确这个系数,因此它的作用就像一个非零和不变的数值黏度。

式(8.24)和式(8.25)的冯·诺依曼分析非常类似于 3.4.5 节中所提到的,并减少到求解扩增矩阵的特征值,$G = M^{-1}N$。

$$\det(N - \xi M) = 0 \quad (8.26)$$

式中:ξ 为 G 的特征值。角频率与特征值的关系为 $\xi = e^{-i\omega \Delta t}$。通常情况下,特征值是极其复杂的,它的极坐标形式为 $\xi = |\xi| e^{i\theta}$,其中 $\theta = \text{Arg}[\xi]$。特征值的模数由 $|\xi| = \sqrt{\xi \bar{\xi}}$ 给出,其中 $\bar{\xi}$ 是 ξ 的共轭。特征值的最大模数给出增长矩阵的光谱半径 G。然后,在一些重新排列后,增长率可以通过式(8.26)两边的自然对数与极坐标形式的 ξ 求得:

$$\text{Im}(\omega) = \frac{\ln|\xi|}{\Delta t} \quad (8.27)$$

图 8.6 所示为作为扰动波长函数的冯·诺依曼离散增长率,$\lambda = 2\pi/k$,起始于 $2\Delta x$(冯·诺依曼分析解当 $\lambda \to 0$ 时无限振荡,但 $\lambda < 2\Delta x$ 的任何连续函数都不能在有限格上表示,因此是没有意义的)。对于每个 Δx,时间步长通过设置气体 Courant 数为统一来表示,即 $Co = u_2 \Delta t / \Delta x$ 或者 $\Delta t = \frac{\Delta x}{u_2}$s。离散增长率直接与上一节中概述的差分模型的线性稳定性分析进行比较,可以将其视为当 $\Delta x, \Delta t \to 0$ 时的离散分析的渐近线。欧拉 TFM 的不适定性显而易见;随着扰动的波长减小,增长率呈指数增长。然而,所有的离散增长率都达到最大值,即临界波长,并迅速下降到阻尼状态。中性稳定点称为截止波长。因此,不适定的微分模型就已经通过一阶数值格式正则化了。FOU 格式的稳健性一直是核反应堆安全程序中 TFM 的无名英雄(Pokharna 等(1997),Krishnamurthy 和 Ransom(1992))。

不幸的是,正则化的程度并不普遍。图 8.6 还显示,随着网格细化,即 Δx 减小,临界波长和截止波长也减少。这很简单,因为正则化是通过截断误差(式(8.24)和式(8.25))中的领头阶二阶导数的数值黏度实现的,这些方程是和网格相关的。由于数值格式是一致的,当在极限条件 $\Delta x, \Delta t \to 0$ 时离散方程接近微分方程时,截止波长和临界波长对于较小的 Δx 和 Δt 将继续减小。实际

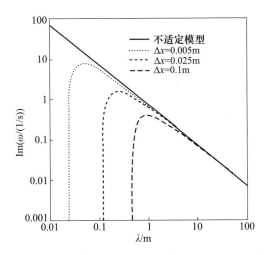

图 8.6 针对 Δx 取不同值时冯·诺依曼分析的增长率与偏差极限

（转载自 Fullmer 和 Lopez de Bertodano（2015），经 ANS 许可）

上，这对解的收敛性（程序验证的基础）具有严重影响。应该指出的是，Lax 的等价定理（Richtmeyer 和 Morton（1967））给出数值一致性和稳定性是收敛的充分必要条件，但它不能用于这个问题，因为潜在的控制方程是不稳定的。下面的分析没有提供 Lax 定理的一个类比，即没有证明所提出的条件对于收敛是足够的。然而明显的是，固定的网格独立截止波长和临界波长对于收敛是必需的。虽然限制网格尺寸到水力直径 D_H 的启发式方法可能足以满足工程应用，但收敛仍然是一个基本目标，即使仅用于程序验证。

8.3.3 人工黏度模型

现在将寻求一种模型，该模型可用于精确地在某个规定尺寸 l 下设置截止波长，而不是任意设定黏度系数。对于这个初步分析，假设两个阶段和所有 4 个方程的人工黏度是相同的，即，$\varepsilon_k = v_k = v^A$。这个假设不是必须的，事实上，可能需要将 ε_k 相对于 v_k 最小化，反之亦然。然而，由于所有的黏度目前都是人为设定的，因此在核反应堆安全程序中没有黏度项（物质波的或者湍流的），但这种做法并不合理。此外，均匀人为设定的黏度假设允许简化分析并确保总容积流密度在空间上是均匀的，即 $j = j(t)$，其中 $j = j_1 + j_2$，$j_k = \alpha_k u_k$（对于不可压缩的情况）。利用统一的人为设定的黏度假设，式（8.27）产生的增长率可以简化为

$$\mathrm{Im}(\omega) = \rho^* |u_R| k - v^A k^2 \qquad (8.28)$$

式中：u_R 为相对速度；ρ^* 为由式（8.29）给出的无量纲密度参数，且有

$$\rho^* = \frac{\sqrt{\alpha_1 \alpha_2 \rho_1 \rho_2}}{\alpha_1 \rho_1 + \alpha_2 \rho_2} \qquad (8.29)$$

式(8.28)的第一项是基本方程的特征根的虚部,该特征方程自欧拉一维 TFM(Gidaspow(1974))的不适定性假设以来,在文献中已经被广泛地讨论。第二项是在短波长极限($\lambda \to 0$ 或者 $\lambda \to \infty$)中占主导地位的人工阻尼的黏性效应。

椭圆和抛物线的根的交点决定了稳定极限。在 $\omega_1 = 0$ 时对式(8.28)进行求解,有

$$k_0 = \frac{2\pi}{\lambda_0} = \frac{\rho^* |u_R|}{v^A} \qquad (8.30)$$

由于黏度不是一个独立的参数,而是被设计为给出规定截止值的参数,求解式(8.30)给出人工黏度:

$$v^A = \frac{\rho^*}{2\pi} \ell |u_R| \qquad (8.31)$$

就滤波器长度 ℓ 而言,滤波器至少为简化的 TFM 定义了所有流动条件下增长率的截止波长,并且可以设置为特征尺寸,如波长、平均气泡尺寸、水力直径等。用户指南建议一维 TFM 不应在 D_H 给出的特征截面尺寸以下的长度范围内求解,可以通过设置 $\ell = 2D_H$ 给出。根据网格大小,可以导出更复杂的滤波器来改变长度比例。一个例子就是 $\ell = \min[0, 2(D_H - \Delta x)]$,至少对于 FOU 格式来说,这将减少由数字黏度和人工黏度组合引起的过度阻尼。这里将用到 $\ell = 2D_H$ 这个定义。

对于冯·诺依曼分析,离散增长率依旧使用式(8.27)计算,这里用到式(8.31)中的人工黏度以及 $\ell = 2D_H$。表 8.1 给出了条件,并且通过将阶段 Courant 数中的较大值指定为 1 来设置时间步长。几个 Δx 的冯·诺依曼增长率结果和色散分析结果如图 8.7 所示。现在,微分模型的增长率即从色散分析中获得的,截止波长恰好在 $2D_H$ 处,当 Δx 减小时,通过从冯·诺依曼分析获得的离散增长率来逼近截止波长。将其与图 8.6 相比较,带有滤波器的模型具有截止极限。一个相对较大的网格的截断点仍然非常随意,现在由于添加了人工黏度而变得更大。然而,随着网格的细化,截止波长和临界波长不会降为零;在底层微分方程中引入的人工黏度有一个限制。应该指出的是,这仍然只是数值格式一致性的一个证明,而不是一个收敛的证明。虽然固定截止波长可能不是保证不稳定 PDE 收敛的充分条件,但它显然是必要条件。

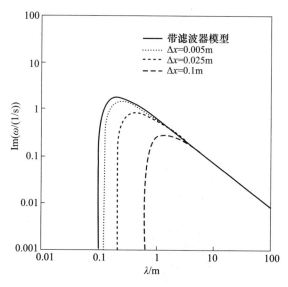

图 8.7　由式 (8.31) 的滤波器得到的离散与微分增长率与 $\ell = 2D_H$

(转载自 Fullmer 和 Lopez de Bertodano (2015)，经 ANS 许可)

8.3.4　水龙头问题

水龙头问题在 2.7 节中针对 STW 公式给出，在 3.5.2 节中针对 TFM 再次提到。在后一种情况下，当使用在 TFIT 程序中实现的二阶数值方法 (Fullmer 等 (2013)) 时，KH 不稳定性导致图 8.8 所示解决方案中的峰值出现增长。TFIT

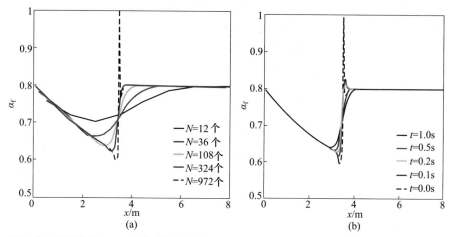

图 8.8　利用高阶 TFIT 程序求解水龙头问题，(a) 无人工黏度项，(b) $N = 972$ 个利用了带有米级滤波器长度的式 (8.31) 的人工黏度模型

(转载自 Fullmer 和 Lopez de Bertodano (2015)，经 ANS 许可) (见彩图)

和 RELAP5 之间的主要区别在于 TFIT 没有人工虚拟质量项。在 3.5.3 节中,通过修改水龙头问题克服了 KH 问题,因此在不连续处的相对速度被最小化。在目前的情况下,水龙头问题没有被修改,而是使用了滤波器。

图 8.8(a) 显示了在 $t=0.3s$ 时没有滤波器的 TFIT 程序的结果。可以看出,随着网格的细化,计算结果曲线变得更加陡峭,直到由于 KH 不稳定性而达到尖峰化。现在考虑上一节中提出的低通滤波器的效应,这使得 TFM 抛物线向双曲线过渡。与使一维 TFM 双曲线化的选项不同,即使其无条件稳定,正则化的低通滤波器方法保留了模型固有的 KH 不稳定性。但是,仅在比滤波器长度尺度更长的波长时才保持不稳定性。图 8.8(b) 表明,在瞬态点的数值和人工黏度足够大就可以抑制 KH 波的增长,但该模型不是无条件稳定的。这通过针对网格数 $N=972$ 个任意地调整滤波器长度来证明,该滤波器长度对于人工黏度的低值在 $t=0.3s$ 时展现出 KH 不稳定性,即,随着滤波器长度减小,KH 尖峰再现。所以不稳定性被抑制,但不排除。

根据所解决的问题,可以将滤波器长度设置为一些物理上相关的参数,如定义表面张力效应显著程度的毛细管长度尺度或与物理波相关联的波长。否则,可以将选择 $\ell=2D_H$ 作为滤波器长度尺度的上限而不是要求用户针对模拟中遇到的每个条件来任意确定 ℓ。

8.4 总结与讨论

本章分析了 RELAP5/MOD3.3 TFM 的物质波特征,并将其与第 5 章的更完整的气泡流模型进行了比较。在这两个物质根中,尽管存在虚拟质量力的简化和其他项的忽略,例如界面压力和碰撞力,但是 RELAP5/MOD3.3 模型能够非常准确地预测主根,同时在保真度方面略有差异,为第 5 章中 TFM 的线性稳定性做出了重大贡献。此外,尽管并非完全无条件,但虚拟质量力的人为应用显著地延伸了稳定(双曲线)区域。对于低流量垂直气泡流动,主要特征值与 Bernier(1982) 的实验数据相比是吻合的。发现使用扭曲气泡漂移速度而不是搅混流漂移速度来进一步改善比较以确定给定液体流量的气体速度。该评估表明,在用更完整的模型验证并用实验数据确认后,工程特设的简化和人为的保留波传播的物理意义可以应用于 TFM。其中一个主要含义是 RELAP5 TFM 能够模拟全局不稳定性,同时至少在原则上抑制局部波动,特别是第 6 章和第 7 章中提到的密度波振荡。然而,当采用粗网格 FOU 阻尼时,精度不再能够保证。

在本书的大部分内容中,已证明一维 TFM 的不适定性是由于缺少物理量。纠正这种缺陷的首选方法是通过附加的本构建模,包括缺失或不完全的物理量,例如表面张力(如第 3 章)、气泡碰撞(如第 5 章)等。然而,实际上,对于每个流体状态包括所有相关物理量仍然是一个困难的挑战,并且通常情况下,找到最重要的物理量(如稳定的曳力)的不完整模型将是合适的。然后必须以某种方式规范不完整模型的不适定性。在这里,我们发现,TFM 可以通过使用滤波器实现正则化,而不是从 FOU 格式的数值扩散。这种正则化在实践中是合理的,因为直接建模 KH 不稳定性是不兼容的,即通过 RELAP5 中使用的静态流态图进行双重计算。目前正在使用的 FOU 格式和粗网格执行正则化,其具有难以量化的不确定性。作为数值 FOU 正则化的替代方案,提出了具有精确截止波长的低通滤波器。它提供了 FOU 的两个优点:不依赖于网格,允许更高阶的数值格式或更精细的节点化(减少数值扩散),从而可以在任何情况下执行完整的数值收敛性测试。

参考文献

Bernier, R. J. N. (1982). *Unsteady two-phase flow instrumentation and measurement*. Ph. D. Thesis, California Institute of Technology, Pasadena, CA.

Fullmer, W. D., Lee, S. Y., & Lopez de Bertodano, M. A. (2014). An artificial viscosity for the ill-posed one-dimensional incompressible two-fluid model. *Nuclear Technology*, 185, 296 – 308.

Fullmer, W. D., & Lopez de Bertodano, M. A. (2015). An assessment of the virtual mass force in RELAP5/MOD3. 3 for the bubbly flow regime. *Nuclear Technology*, 191(2), 185 – 192.

Fullmer, W. D., Lopez de Bertodano, M. A., & Zhang, X. (2013). Verification of a higher-order finite difference scheme for the one-dimensional two fluid model. *Journal of Computational Multiphase Flows*, 5, 139 – 155.

Gidaspow, D. (1974). Round table discussion (RT – 1 – 2): Modeling of two-phase flow. In *Proceedings of the 5th International Heat Transfer Conference*, Tokyo, Japan, September 3 – 7.

Holmås, H., Sira, T., Nordsveen, M., Langtangen, H. P., & Schulkes, R. (2008). Analysis of a 1D incompressible two fluid model including artificial diffusion. *IMA Journal of Applied Mathematics*, 73, 651 – 667.

ISL, Information Systems Laboratories. (2003). *RELAP5/MOD3. 3 code manual, Vol. 1: Code structure, system models, and solution methods*. NUREG/CR – 5535/Rev P3 – Vol I.

Ishii, M. (1977). *One-dimensional drift-flux model and constitutive equations for relative motion between phases in various two-phase flow regimes* (ANL – 77 – 47). Argonne National Laboratory.

Ishii, M., & Hibiki, T. (2006). *Thermo-fluid dynamics of two-phase flow*. New York: Springer.

Kataoka, I., & Ishii, M. (1987). Drift flux model for large diameter pipe and new correlation for pool void fraction. *International Journal of Heat and Mass Transfer*, 30, 1927.

Kocamustafaogullari, G. (1985). Two-fluid modeling in analyzing the interfacial stability of liquid film flows. *International Journal of Multiphase Flow*, 11, 63 – 89.

Krishnamurthy, R., & Ransom, V. H. (1992). *A non-linear stability study of the RELAP5/MOD3 two-phase model*. Paper presented at Japan – U. S. Seminar Two-Phase Flow Dynamics, Berkeley, California, July 5 – 11.

Lafferty, N., Ransom, V. H., & Lopez De Bertodano, M. A. (2010). RELAP5 analysis of two-phase decompression and rarefaction wave propagation under a temperature gradient. *Nuclear Technology*, *169*, 34.

Park, J. -W., Drew, D. A., & Lahey, R. T., Jr. (1998). The analysis of void wave propagation in adiabatic monodispersed bubbly two-phase flows using an ensemble-averaged two-fluid model. *International Journal of Multiphase Flow*, *24*, 1205.

Park, J. -W., Drew, D. A., Lahey, R. T., Jr., & Clausse, A. (1990). Void wave dispersion in bubbly flows. *Nuclear Engineering and Design*, *121*, 1.

Pauchon, C., & Banerjee, S. (1986). Interphase momentum interaction effects in the averaged multifield model. Part Ⅰ: Void propagation in bubbly flows. *International Journal of Multiphase Flow*, *12*, 559.

Pokharna, H., Mori, M., & Ransom, V. H. (1997). Regularization of two-phase flow models: A comparison of numerical and differential approaches. *Journal of Computational Physics*, *87*, 282.

Richtmyer, R. D., & Morton, K. W. (1967). *Difference methods for initial-value problems* (2nd ed.). New York: Interscience.

Stuhmiller, J. H. (1977). The influence of interfacial pressure forces on the character of two-phase flow model equations. *International Journal of Multiphase Flow*, *3*, 551.

U. S. Nuclear Regulatory Commission. (2008). *TRACE V5. 0: Theory manual.*

Vreman, A. W. (2011). Stabilization of the Eulerian model for incompressible multiphase flow by artificial diffusion. *Journal of Computational Physics*, *230*, 1639–1651.

Zuber, N. (1964). On the dispersed two-phase flow in the laminar flow regime. *Chemical Engineering Science*, *19*, 897.

Zuber, N., & Findlay, J. (1965). Average volumetric concentrations in two-phase flow systems. *Journal of Heat Transfer*, *87*, 453.

第9章
两流体模型 CFD

摘要：本章首先解决如何利用两流体模型对工程应用中几个比较感兴趣的泡状流示例进行计算流体力学数值模拟,然后细致分析前面章节中得到的一维两流体模型稳定性结果在两流体模型的计算流体力学中的应用,尤其针对不适定模型收敛性问题的适用性。

多维度的 TFM CFD 通常使用湍流模型,本章将研究稳态条件下雷诺平均纳维－斯托克斯(RANS)TFM 和非稳态条件下雷诺平均纳维－斯托克斯(URANS)模型。

第一个主题为针对 RANS TFM 的 $k-\varepsilon$ 模型的推导及一些应用实例。然后使用特定的近壁 TFM 均化法将 Marie 等(1997)的近壁面处两相的对数关系应用到 $k-\varepsilon$ 两相模型,从而保证收敛性。最终已使用 URANS 模型对混沌气泡羽流进行模拟。嵌套在内部的 Smagorinsky 模型能够提高非线性小尺度湍流的稳定性,但对提高模型线性稳定性的效果较差。在第 5 章基础上,需要考虑附加的界面作用力及界面压差的稳定效应,并对碰撞作用力进行研究。这些作用力抑制了不适定短波长振动并保证了数值模型的收敛性。使用第 4 章中处理混沌流的方法,展示适定模型下湍流谱的收敛性。

9.1 引 言

首先,本章介绍了带有一个两相 $k-\varepsilon$ 模型的稳态雷诺平均(RANS)TFM。对于雷诺应力起到稳定 TFM 和 RANS TFM 的情况,会得到稳定解,仅需要空泡份额和速度的时均值便可在平均雷诺数下得到稳态解。此方法具有较大工程实际应用前景,并在多个典型的湍流泡状流条件下证实该方法的有效性,如:网格致湍流的衰减、喷射流、边界层流和管道流动。

其次,进行基于气泡形状的近壁面的 TFM 均化处理。两流体的近壁面处理方法是将 Marie 等(1997)提出的壁面处两相流动对数分布规律应用到 $k-\varepsilon$ 模型中,以便实现近壁面处网格内的守恒性。在 3 种条件下完成近壁面处的数值计算收敛性和验证工作:边界层、管道内部向上流动和向下流动。

最后,不适定条件对 CFD 两流体模型的影响这一问题被解决。因为在实际过程中存在湍流和应力,相比于一维模型,多尺度的两流体模型本身便具有更复杂的物理过程。虽然这一特质使得模型更加稳定,但并未解决线性稳定性的不适定问题。无论在一维模型还是三维模型中,将流体模型进行均化处理均会存在 KH 不稳定性。因此,前面章节中提到的一维线性稳定性分析同样适用于多维度的模型。为说明该问题,考虑 URANS 两流体模型在分析气泡羽流问题时的稳定性。同第 3 章中一维模型中的黏性应力作用类似,小尺度 Smagorinsky 模型能够稳定两流体模型中小尺度湍动,也就是说,分析小尺度应力对于非线性稳态而言是必须的,但对线性稳态来说是不充分的,因而需要对额外短波物理过程进行分析。特别是应用第 5 章中讨论的界面压差和摩擦力,来得到能够完整体现气泡羽流动力学的适定两流体模型。本章将使用第 4 章中混沌流的概念探索适定两流体模型解的统计学收敛问题。

9.2 不可压缩多维 TFM

9.2.1 模型方程

Ishii 和 Hibiki(2006)推导的多维度两流体模型适用于竖直泡状流动:

$$\frac{\partial}{\partial t}\alpha_k\rho_k + \nabla \cdot \alpha_k\rho_k \bar{u}_k = \Gamma_k \tag{9.1}$$

$$\frac{\partial}{\partial t}\alpha_k\rho_k \bar{u}_k + \nabla \cdot \alpha_k\rho_k \bar{u}_k \bar{u}_k = -\alpha_k \nabla p_k + \nabla \cdot \alpha_k(\bar{\tau}_k + \bar{\tau}_k^{\mathrm{T}}) + \alpha_k\rho_k g + M_{ki} +$$

$$(p_{ki} - p_k)\nabla \alpha_k - \bar{\tau}_{ki} \cdot \nabla \alpha_k + \bar{u}_{ki}\Gamma_k \tag{9.2}$$

式中:$k=1$ 代表液体,$k=2$ 代表气体;$\alpha_k, \rho_k, \bar{u}_k$ 分别为对应相的空泡份额、密度和时均速度矢量。

由于研究范围主要针对绝热流动,相间界面的传质速率为零,$\Gamma_k = 0$。同样,传质速率为零导致界面间动量传输为零。此外,在泡状流中忽略 $\bar{\tau}_{ki}$ 项。M_{ki} 代表界面处净动量传递的平均贡献。由于对两流体模型稳定性有较大贡献,应识别并分析界面间作用力,并将该内容作为本节的重点。最后需要说明的是,模型忽略表面张力的作用,将绝热流动的条件转换简化为

$$\sum_{k=1}^{2} M_{ki} = 0 \tag{9.3}$$

9.2.2 界面间动量传递

式(9.3)中项 M_{ki} 代表两相间的平均动量传递,该项在确定动量传递分布和相对速度上较为重要。对泡状流而言,将其转化为

$$M_{ki} = M_{ki}^{D} + M_{ki}^{L} + M_{ki}^{VM} + M_{ki}^{coll} \tag{9.4}$$

方程右侧从左至右分别代表曳力、浮升力、虚拟质量力和碰撞力。第 5 章中,已经证明碰撞力、虚拟质量力和界面间压差在利用一维两流体模型分析竖直泡状流方面具有重要影响。在 5.2.2 节中讨论的虚拟质量力用于 CFD 计算,此外,5.4.2 节讨论的碰撞力也用于 CFD 计算中。界面间压差和连续相也同样对稳定性和相分布产生影响。根据伯努利定理,流过球形区域的界面压差可由式(5.13)得到($C_p = 0.25$)。Drew 和 Passman(1999)总结得出,弥散相内部的压力基本等于其界面处压力。因此,$p_2 \approx p_{2i}$。其他作用力将在后面进行更详细地讨论。

9.2.3 曳力

一维模型中的曳力已经在 5.4.4 节中进行了详细的讨论。对三维模型而言,式(5.45)改写为

$$M_{2i}^{D} = -\frac{3}{4}\alpha_2 \rho_1 \frac{C_D}{d_B} |\bar{u}_R| \bar{u}_R \tag{9.5}$$

对于水中直径为 1mm 的小气泡,Tomiyama 等(1998)给出的阻力系数为

$$C_D = \frac{24}{Re_D}(1 + 0.15 Re_D^{0.687}) \tag{9.6}$$

式中:Re_D 为基于气泡直径 d_B 和相对速度 $\bar{u}_r = \bar{u}_2 - \bar{u}_1$ 得到的气泡雷诺数。

对于本章中讨论的气泡尺寸范围,Tomiyama 等(1998)推导的 Eötvös 数不适用。

对于直径为 3~5mm 的较大的变形气泡,Ishii 和 Chawla(1979)给出的阻力系数为

$$C_D = \frac{2}{3}d_B \sqrt{\frac{g\Delta\rho}{\sigma}} \left[\frac{1 + 17.67f(\alpha_2)^{6/7}}{18.67f(\alpha_2)}\right]^2 \tag{9.7}$$

其中

$$f(\alpha_2) = (1 - \alpha_2)^{1.5} \tag{9.8}$$

如第 2 章和第 5 章中讨论的那样,曳力的代数表达式并不对两流体模型的稳定性起主要作用。

9.2.4 升力

由于速度梯度的存在,提升力将导致气泡的横向迁移,由于该现象不存在于一维模型中,因而没有在前面的章节中进行讨论。已有许多针对提升力的研究,这里使用 Auton(1987)提出的关系式:

$$M_{2i}^{L} = -\alpha_2 \rho_1 C_L \bar{u}_r \times (\nabla \times \bar{u}_1) \tag{9.9}$$

对于球形气泡在非黏性剪切流当中,Auton 得到 $C_L = 0.5$。Legendre 和 Magnaudet(1998)利用 CFD 全尺度模拟表面有滑移的球型气泡周围的黏性流,并在 $10 < Re_D < 1000$ 范围内,得到与式(9.9)类似的结果,虽然 C_L 有一些微小的变化。如当 $Re_D = 500$ 时,$C_L = 0.45$,即直径为 1mm 的气泡和无量纲涡度 $a = d_B \nabla \times \frac{u_1}{u_r} = 0.2$。然而,在自来水中流动的气泡更像精确的球形,并且当气泡在剪切流中运动时会发生旋转。Kurose 和 Komori(1999)在其最新的研究中使用 CFD 对线性剪切流中气泡的旋转问题进行模拟。在此条件下,无量纲涡度和无量纲旋度 $\Omega = \Omega_2/u_r$ 均被考虑。研究结果表明,当 $\Omega = a/2$ 且 $Re_D = 100$ 时,Kurose 和 Komori 的预测能够被式(9.9)较好地复现,其中 $C_L = 0.28, 0 < a < 0.4$。但对于 Bagchi 和 Balachandar(2003)提出的中等 Re_D 的刚性球体,若 $\Omega = 0$,Kurose 和 Komori 模型预测 $C_L = -0.07$。因此,对升力系数的预测值有较大的变化。当 $\Omega = a/2$,泡状流的实验结果与 Kurose 和 Komori 的计算结果一致。例如,Naciri(1992)对漩涡中单气泡的实验研究结果表明,当 $10 < Re_D < 120, a = 0.25$ 时,$C_L = 0.28$。Tomiyama 对 Couette 流动下单气泡的实验结果与 $C_L = 0.288$ 条件下式(9.9)的计算值在一定范围的涡度内吻合良好。但目前对湍流近壁面处大直径、高变形气泡的升力理解的还不是很清楚。在本章研究的两种情况为 Marie 等(1997)对多气泡边界层的实验研究和 Serizawa 等(1986)对管道内泡状流的实验研究。当 $C_L = 0.1$ 时,计算结果与实验结果吻合得较好。$C_L = 0.15$ 时的计算结果与 Wang 等(1987)的向下流动的实验研究结果吻合较好。

Lucas 等(2005)对升力的稳定性进行了研究,他们发现正的提升力系数起到稳定流动的作用,而负的升力系数则会使流动失稳。本章中,仅考虑正的升力系数。

9.2.5 壁面力

除式(9.4)中的界面间作用力外,壁面也对气泡产生作用力。M_{2i}^{W} 为壁面作用力导致相间动量传递。壁面作用力除了其自身的作用效果外,在近壁区,还起到平衡升力的效果。Antal 等(1991)提出的壁面润滑作用本质上是一种阻止气

泡接触壁面的液相动力,其满足下式:

$$M_{2i}^W = -\alpha_2\rho_1 C_{wall}|\bar{u}_R|^2 n \tag{9.10}$$

式中:n 为壁面向外的法线方向,且

$$C_{wall} = \min\left\{0, -\left(\frac{c_{w1}}{d_B} + \frac{c_{w2}}{y_{wall}}\right)\right\} \tag{9.11}$$

Antal 等(1991)给出系数的相应计算式为

$$c_{w1} = -0.06|\bar{u}_R| - 0.104, \quad c_{w2} = 0.147 \tag{9.12}$$

这些系数是根据 Nakoryakov 等(1986)对直径 1mm 气泡的层流泡状流动的实验研究结果得到的。本章后面的部分将对含离散气泡湍流泡状流的情况进行处理,根据 Frank 等(2004)研究结果,使用的系数分别为 $c_{w1} = -0.01$ 和 $c_{w2} = 0.05$。这些系数的选取具有一定的不确定性,并且不同研究人员给出的数值不同。9.5 节提出一个处理近壁面处 TFM 的更稳定方法,该方法是基于气泡的几何形状和尺寸而非壁面作用力。

9.2.6 管道层流流动

壁面束缚的竖直泡状流动有两方面需要考虑,即壁面边界处的合理物理边界条件和空泡份额预测。在对复杂的含气泡湍流两相流动进行处理之前,先对含小球形气泡层流两相流动进行分析,其壁面边界条件为平直壁面。Nakoryakov等(1986)使用直径 1.5m 的管道进行竖直方向的空气/水两相流动。实验中产生的气泡为球形,直径为 0.87mm。此处利用内部程序计算得到数值结果(Vaidheeswaran 等(2017b))。根据 Antal 等(1991)的研究结果,控制方程为

$$(1-\alpha_2)\frac{dp}{dz} = \frac{1}{r}\frac{d}{dr}\left[r(1-\alpha_2)\mu_1\frac{du_1}{dr}\right] + \frac{3}{4}\alpha_2\rho_1\frac{C_L}{d_B}u_R^2 +$$

$$(1-\alpha_2)\rho_1 g + \mu_1\frac{du_1}{dr}\frac{d\alpha_2}{dr} \tag{9.13}$$

$$\alpha_2\frac{d}{dr}\left[\frac{3}{20}\alpha_2(1-\alpha_2)\rho_1 u_R^2\right] - C_L\rho_1\alpha_2 u_R\frac{du_1}{dr} - \frac{1}{2}\alpha_2(1-\alpha_2)\rho_1 u_R^2\frac{d\alpha_2}{dr} -$$

$$\frac{\alpha_2\rho_1 u_r^2}{\frac{1}{2}d_B}\left(C_{W1} + C_{W2}\frac{d_B}{2y_0}\right) + \frac{3}{20}\alpha_2\rho_1 u_R^2\frac{d\alpha_2}{dr} = 0 \tag{9.14}$$

$$\mu_1\frac{d^2 u_1}{dr^2} + \frac{\mu_1}{r}\frac{du_1}{dr} = \frac{dp}{dz} - \frac{3}{8}\frac{\alpha_2}{(1-\alpha_2)}\rho_1\frac{C_D}{d_B}u_R^2 - \rho_1 g \tag{9.15}$$

$$\frac{1}{5}\alpha_2(1-\alpha_2)\rho_1 u_r^2 \frac{d\alpha_2}{dr} = -C_L \alpha_2 \rho_1 u_r \frac{du_1}{dr} - \frac{\alpha_2 \rho_1 u_R^2}{\frac{1}{2}d_B}\left(C_{W1} + C_{W2}\frac{d_B}{2y_0}\right) \quad (9.16)$$

假设初始时刻为均匀分布,利用式(9.15)和式(9.16)迭代计算得到变量 u_1 和 α_2 的数值,收敛判断精度为 10^{-6}。得到的结果与 Antal 等(1991)得出的结果相近。如图 9.1 所示,计算结果与实验结果具有良好的一致性。在距壁面约 d_B 的范围内,空泡份额出现明显的峰值。可以明显地看出,随着网格进一步加密,空泡份额和液相速度分布不再发生变化,表明计算结果已达到网格无关性要求。因此,可以证明 Antal 等(1991)提出的壁面力模型对小气泡和低 Re 两相流动是适用的。

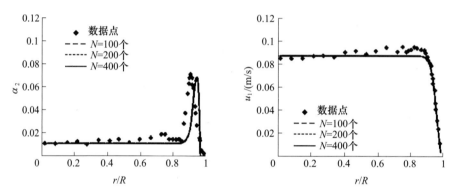

图 9.1　体积含气率和液相速度分布的标准 TFM 收敛性(Nakoryakov 等(1986))

9.3　RANS 两流体模型

9.3.1　雷诺应力稳定性

雷诺平均 N-S(Navier-Stokes)方程广泛应用于工程实践中,其主要优点在于雷诺应力给动量方程提供了物理稳定性。从普朗特混合长度的提出到现在,已有很多的理论来充实雷诺应力模型。本章采用由 Launder 和 Spalding(1974)提出并在 CFD 计算中广泛应用的 $k-\varepsilon$ 模型。

Elghobashi 和 Abou-Arab(1983)对计算粒子流动的 TFM 平均 $k-\varepsilon$ 模型进行了改进。Kataoka 和 Serizawa(1989)推导出了针对泡状流的相似方程。Lopez de Bertodano 等(1994b)将这组方程划分为两个动能方程,一个用于计算剪切诱发的流动,另一个用于计算气泡所致的流动,并针对泡状流提出了近似封闭方程。最近,Chahed 等(2003)将气泡所致的湍流流动划分为非耗散的伪湍流或气泡位移部分,以及气泡尾流中存在的湍流耗散项。

9.3.2 单相 k-ε 模型

对单相流动而言,可通过对 N-S 方程和液相速度脉冲分量 $\boldsymbol{u}'$ 的点积求时间均值,得到雷诺平均 N-S 模型(RANS)中雷诺应力的守恒方程。通过处理这些方程得到湍流动能的守恒方程(Tennekes 和 Lumley(1974)),即

$$\frac{\mathrm{D}k}{\mathrm{D}t} = -\nabla \cdot \overline{\boldsymbol{u}'\left(k+\frac{p'}{\rho}\right)} - \overline{\boldsymbol{u}'\boldsymbol{u}'}:\nabla \bar{\boldsymbol{u}} - v\,\overline{\nabla \boldsymbol{u}':(\nabla \boldsymbol{u}')^{\mathrm{T}}} \quad (9.17)$$

式中:p' 为流体中的脉动压力;k 为湍流动能,且有

$$k = \frac{1}{2}\overline{\boldsymbol{u}' \cdot \boldsymbol{u}'} \quad (9.18)$$

式(9.17)右边第一项为湍流迁移项;第二项为湍流动能的生成项,可认为是平均流动中的动能损失;最后一项是黏性耗散项,始终保持正定性。

Launder 和 Spalding(1974)基于式(9.17)右侧各项的本构方程推导出单相 k-ε 模型。根据 Boussinesq 关系式对生成项中的雷诺应力张量得

$$\overline{\boldsymbol{u}'\boldsymbol{u}'} = -v_{\mathrm{t}}(\nabla \bar{\boldsymbol{u}} + \nabla \bar{\boldsymbol{u}}^{\mathrm{T}}) \quad (9.19)$$

式中:v_{t} 为湍流运动黏度。

类似地,湍流输运项可作为扩散项进行模化处理:

$$\overline{\boldsymbol{u}'\left(k+\frac{p'}{\rho}\right)} \approx \overline{\boldsymbol{u}'k} = -v_{\mathrm{t}}\,\nabla k \quad (9.20)$$

最后,湍流扩散项为

$$\varepsilon = v\,\overline{\nabla \boldsymbol{u}':(\nabla \boldsymbol{u}')^{\mathrm{T}}} \quad (9.21)$$

综上所述,湍流动能输运方程可表示为

$$\frac{\mathrm{D}k}{\mathrm{D}t} = \nabla \cdot v_{\mathrm{t}}\,\nabla k + v_{\mathrm{t}}(\nabla \bar{\boldsymbol{u}} + \nabla \bar{\boldsymbol{u}}^{\mathrm{T}}):\nabla \bar{\boldsymbol{u}} - \varepsilon \quad (9.22)$$

湍流扩散速率是 k-ε 模型的关键,Hanjalic 和 Launder(1972)提出了一个单独的输运方程来计算该量,即

$$\frac{\mathrm{D}\varepsilon}{\mathrm{D}t} = \frac{1}{\sigma_{\varepsilon}}\nabla \cdot v_{\mathrm{t}}\,\nabla \varepsilon + \frac{1}{k/\varepsilon}[c_{\varepsilon 1}v_{\mathrm{t}}(\nabla \bar{\boldsymbol{u}} + \nabla \bar{\boldsymbol{u}}^{\mathrm{T}}):\nabla \bar{\boldsymbol{u}} - c_{\varepsilon 2}\varepsilon] \quad (9.23)$$

其中,在 Launder 和 Spalding(1974)的研究中,$\sigma_{\varepsilon} = 1.3$,$c_{\varepsilon 1} = 1.44$,$c_{\varepsilon 2} = 1.92$。该方程与除以湍流时间常数 $\tau_{\mathrm{t}} = k/\varepsilon$ 的式(9.22)类似,具有相似的生成项和耗散项。

最后,利用普朗特混合长度理论得到计算湍流黏性的关系式,在此关系式中

假设湍流时间常数与流体质点绕大涡运动一半距离所花费的时间成正比。Launder 和 Spalding(1974)提出了下面的方程:

$$v_t = c_\mu \frac{k^2}{\varepsilon} \tag{9.24}$$

其中,$c_\mu = 0.09$。

当计算总动能时,需使用包含法向应力的式(9.22)的扩展形式计算雷诺应力,即

$$\overline{u'u'} = -v_t(\nabla \bar{u} + \nabla \bar{u}^T) + \frac{2}{3}Ak \tag{9.25}$$

式中:A 为湍流各向异性张量,可由不同的代数应力模型计算得到,如 Naot 和 Rodi(1982)提出的模型。因而,对于各向同性的情况,$A = I$。

下面分析一个简单的例子,即湍流的均匀衰减。此时,没有湍流梯度和速度梯度,因此,没有扩散项和生成项而仅有耗散项,式(9.22)化简为

$$\frac{Dk}{Dt} = -\varepsilon \tag{9.26}$$

类似地,式(9.23)化简为

$$\frac{D\varepsilon}{Dt} = -c_{\varepsilon 2}\frac{\varepsilon}{k}\varepsilon \tag{9.27}$$

联立式(9.26)和式(9.27),得

$$\frac{\varepsilon}{\varepsilon_0} = \left(\frac{k}{k_0}\right)^{c_{\varepsilon 2}} \tag{9.28}$$

式中:k_0,ε_0 为初始条件。

将式(9.28)带入式(9.26),得

$$\frac{D}{Dt}\left(\frac{k}{k_0}\right) = -\frac{\varepsilon_0}{k_0}\left(\frac{k}{k_0}\right)^{c_{\varepsilon 2}} \tag{9.29}$$

解析解为

$$\frac{k}{k_0} = \left[\frac{1}{1 + (c_{\varepsilon 2} - 1)\frac{\varepsilon_0}{k_0}t}\right]^{\frac{1}{c_{\varepsilon 2} - 1}} \tag{9.30}$$

因为 $c_{\varepsilon 2} = 1.92 \approx 2$,所以式(9.30)简化为

$$\frac{k}{k_0} = \left[\frac{1}{1 + \frac{\varepsilon_0}{k_0}t}\right] \approx e^{-\frac{t}{k_0/\varepsilon_0}} \tag{9.31}$$

显然,湍流随时间常数($\tau_t = k_0/\varepsilon_0$)衰减。

9.3.3 两相 $k-\varepsilon$ 模型

Kataoka 和 Serizawa(1989)使用两流体时均方法(Ishii(1975))得到了与式(9.17)相近的两相湍流动能方程,有

$$\alpha_1 \frac{\mathrm{D}k}{\mathrm{D}t} = -\nabla \cdot \alpha_1 \overline{\boldsymbol{u}_1'\left(k + \frac{p'}{\rho_1}\right)} - \alpha_1 \overline{\boldsymbol{u}_1'\boldsymbol{u}_1'} : \nabla \overline{\boldsymbol{u}_1'} - \alpha_1 v \overline{\nabla \boldsymbol{u}_1' : \nabla \boldsymbol{u}_1'^\mathrm{T}} + S_{ki} \quad (9.32)$$

式中:1 表示液相;α_1 为液相份额;k 为液相动能;S_{ki} 为湍流界面源项,有

$$S_{ki} = \boldsymbol{M}_{\mathrm{li}}^{\mathrm{D}} \overline{\boldsymbol{u}}_\mathrm{R} \quad (9.33)$$

该方程中假设截面面积浓度不发生改变,其中,$\boldsymbol{M}_{\mathrm{li}}^{\mathrm{D}}$ 为界面曳力,$\overline{\boldsymbol{u}}_\mathrm{R} = \overline{\boldsymbol{u}}_2 - \overline{\boldsymbol{u}}_1$。此式代表气相对液相做功并转化成湍流漩涡。采用同单相流动类似的处理方法,根据式(9.32),建立一个动能输运方程为

$$\alpha_1 \frac{\mathrm{D}k}{\mathrm{D}t} = \alpha_1 \frac{\mathrm{D}}{\mathrm{D}t}\nabla \cdot (\alpha_1 v_t \nabla k) + \alpha_1 [v_{\mathrm{tl}}(\nabla \overline{\boldsymbol{u}}_1 + \nabla \overline{\boldsymbol{u}}_1^\mathrm{T}):\nabla \overline{\boldsymbol{u}} - \varepsilon] + S_{ki} \quad (9.34)$$

对泡状流而言,仍存在如何构建耗散项 ε 的问题。处理两相流耗散方程的一个直接方法是类比单相 $k-\varepsilon$ 模型的处理方法:

$$\alpha_1 \frac{\mathrm{D}\varepsilon}{\mathrm{D}t} = \nabla \cdot \left(\alpha_1 \frac{v_t}{\sigma_\varepsilon}\nabla \varepsilon\right) + \alpha_1 \frac{1}{k/\varepsilon}[C_{\varepsilon 1}v_{\mathrm{tl}}(\nabla \overline{\boldsymbol{u}}_1 + \nabla \overline{\boldsymbol{u}}_1^\mathrm{T}):\nabla \overline{\boldsymbol{u}}_1 - C_{\varepsilon 2}\varepsilon] + S_{\varepsilon i} \quad (9.35)$$

这里存在如何构建气液界面耗散项 $S_{\varepsilon i}$ 的问题。对于静止液相中气泡上升问题,假设达到充分发展流动状态,联立式(9.34)和式(9.35),得

$$-\alpha_1 \varepsilon + S_{ki} = 0 \quad (9.36)$$

$$-\alpha_1 C_{\varepsilon 2}\frac{\varepsilon}{k}\varepsilon + S_{\varepsilon i} = 0 \quad (9.37)$$

因此,界面处耗散项为

$$S_{\varepsilon i} = C_{\varepsilon 2}\frac{\varepsilon}{k}S_{ki} \quad (9.38)$$

9.3.4 栅格生成湍流的衰减

9.3.4.1 单时间常数模型

对于两相流动中湍流的均匀衰减问题,式(9.34)和式(9.35)简化为

$$\alpha_1 \frac{\mathrm{D}k}{\mathrm{D}t} = S_{ki} - \alpha_1 \varepsilon \quad (9.39)$$

$$\alpha_1 \frac{D\varepsilon}{Dt} = S_{\varepsilon i} - \alpha_1 \varepsilon_\varepsilon \tag{9.40}$$

如前文所述，均匀流动中，可以忽略扩散项和生成项。将式(9.38)代入式(9.40)，得

$$\alpha_1 \frac{D\varepsilon}{Dt} = C_{\varepsilon 2} \frac{\varepsilon}{k}(S_{ki} - \alpha_1 \varepsilon) \tag{9.41}$$

类似于单相流动，式(9.39)和式(9.41)联立能够得到式(9.31)，利用该结果得到

$$\frac{D}{Dt}\left(\frac{k}{k_0}\right) = \frac{S_{ki}}{\alpha_1} - \frac{\varepsilon_0}{\alpha_1}\left(\frac{k}{k_0}\right)^{C_{\varepsilon 2}} \tag{9.42}$$

可以利用分离变量法求解此方程。令 $a = \left(\dfrac{S_{ki}}{\alpha_1 \varepsilon_0}\right)^{1/2}$，$\tau_t = \dfrac{k_0}{\varepsilon_0}$ 并假设 $C_{\varepsilon 2} \approx 2$，式(9.45)的解为

$$\frac{k}{k_0} = a\tanh\left[at/\tau_t + \text{arccosh}\left(-\frac{a}{\sqrt{-1+a^2}}\right)\right] \tag{9.43}$$

当限定 $a \to 0$ 时，式(9.46)化简为式(9.34)。k/k_0 的渐进值为 a，湍流衰减的时间常数为 τ_t/a。可以发现，尽管渐进值仅取决于气泡导致的湍流，但其受初始耗散速率 ε_0 的影响。另外，如图 9.2 所示(Lance 和 Bataille(1991))，泡状流经网格产生的湍流衰减时间常数在气泡存在和不存在的情况下基本相同，即 $\tau_t = \left(\dfrac{k_0}{\varepsilon_0}\right)_{1\phi} = a\left(\dfrac{k_0}{\varepsilon_0}\right)_{2\phi}$。因此，单时间常数模型不能够同时复现泡状湍流流动均匀衰

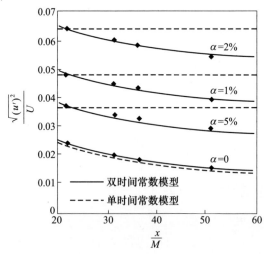

图 9.2 在 2m 长竖直方形通道中(450mm×450mm)，两相湍流模型与 Lance 和 Bataille(1991)的经过栅格产生湍流泡状流的实验数据对比

减的渐进值和时间常数。

9.3.4.2 双时间常数模型

已经证明，$k-\varepsilon$ 模型的单时间常数处理方式不能很好地与 Lance 和 Bataille (1991)的实验数据吻合。根据实际过程的物理意义，建立一个双时间常数模型(Lopez de Bertodano 等(1994a))，并且该模型形式与湍流两相平均方程(式(9.34)和式(9.35))一致。图 9.2 中，Lance 和 Bataille(1991)的实验数据显示：在较低空泡份额条件下，网格产生剪切诱导的(SI)湍流和气泡诱导(BI)的湍流是线性重合的，即

$$k = k_{SI} + k_{BI} \tag{9.44}$$

气泡诱导的湍流主要包含旋转运动，即由于液相取代气泡位置产生的伪湍流，除泰勒型气泡外，其他气泡均会产生此种湍流。但气泡产生的湍流仅在其尾部产生旋转的贡献。对如湍流等非线性过程采用线性叠加的方法大体估计，需满足假设条件：剪切诱导与气泡诱导的脉动的非线性耦合程度很弱。对于气泡稀疏的流动，即忽略气泡间的相互作用，Lance 等(1996)提出 3 种非线性耦合类型：①气泡附近的势流中存在剪切诱导漩涡拉伸；②改变气泡虚拟体积系数和曳力的漩涡导致气泡变形；③气泡尾流中，小漩涡与剪切诱导的漩涡相互作用。Squires 和 Eaton(1990)针对携带颗粒悬浮流提出了另一种非线性耦合类型，他们使用直接数值方法分析均匀湍流中小颗粒的运动，并发现小颗粒对漩涡的拖曳作用对连续相的湍流场产生阻尼效应，该效应随着颗粒负荷的增大(体积含气率的增大)而增大，并在整个能量范围内处于均匀状态。对于较大气泡的情况，可以预见，较小的频率部分将受到较大的影响。如果气泡更集中在湍流场中的特定位置，将会出现另一种非线性效应。不管怎样，所有的这些效应均可以简单地忽略，而只需要考虑线性叠加在何种条件下失效。

在应用式(9.44)给出的叠加模型之前，必须得到气泡引起湍流的信息。Arnold 等(1989)使用单元平均法得到了势流内球形物体附近的伪湍流表达式为

$$(\overline{u'u'})_{BI} = \alpha_2 \left(\frac{1}{20} \bar{u}_R \bar{u}_R + \frac{3}{20} |\bar{u}_R|^2 I \right) \tag{9.45}$$

写成矩阵的形式为

$$(\overline{u'u'})_{BI} = \begin{pmatrix} 4/5 & 0 & 0 \\ 0 & 3/5 & 0 \\ 0 & 0 & 3/5 \end{pmatrix} \alpha_2 \frac{1}{2} C_{vm} |\bar{u}_R|^2 \tag{9.46}$$

对于球体附近的势流而言,虚拟体积系数等于0.5。根据式(9.46),气泡诱导的湍流动能为

$$k_{\mathrm{BIa}} = \alpha_2 \frac{1}{2} C_{\mathrm{VM}} |\bar{u}_{\mathrm{R}}|^2 \tag{9.47}$$

方程的完整形式包含了可以忽略的惯性项和扩散项。得到气泡引起湍流的一阶松弛输运方程:

$$\alpha_1 \frac{\mathrm{D}k_{\mathrm{BI}}}{\mathrm{D}t} = \nabla \cdot (\alpha_1 v_{\mathrm{t}} \nabla k_{\mathrm{BI}}) + \frac{1}{\tau_{\mathrm{tb}}} (k_{\mathrm{BIa}} - k_{\mathrm{BI}}) \tag{9.48}$$

式中:k_{BIa}为式(9.47)中$\bar{u}_{\mathrm{R}}$达到稳定值后的渐进值;τ_{tb}为气泡引起湍流的时间常数。

因此,提出双时间常数是基于如下假设:大部分气泡引起的湍流属于气泡替换液体而出现的伪湍流,可以是非耗散的。因此,尾流效应可忽略。

根据标准的单相湍流方程式(9.22),并利用两相的体积份额进行修正,对液相中剪切诱导的湍流进行处理,有

$$\alpha_1 \frac{\mathrm{D}k_{\mathrm{SI}}}{\mathrm{D}t} = \nabla \cdot (\alpha_1 v_{\mathrm{t}} \nabla k_{\mathrm{SI}}) + \alpha_1 (P_{\mathrm{SI}} - \varepsilon_{\mathrm{SI}}) \tag{9.49}$$

式中:P_{SI},$\varepsilon_{\mathrm{SI}}$分别为剪切诱导的湍流的生成项和耗散项。$P_{\mathrm{SI}}$由式(9.22)右侧第二项给出,采用同式(9.49)类似的方法,对标准$k-\varepsilon$模型输运方程进行修正得到$\varepsilon_{\mathrm{SI}}$。

遵从式(9.48)和式(9.49)中的线性叠加,得

$$\alpha_1 \frac{\mathrm{D}k}{\mathrm{D}t} = \nabla \cdot [\alpha_1 v_{\mathrm{t}} \nabla k_1] + \alpha_1 [P_{\mathrm{SI}} - \varepsilon_{\mathrm{SI}}] + \frac{1}{\tau_{\mathrm{tb}}} (k_{\mathrm{BIa}} - k_{\mathrm{BI}}) \tag{9.50}$$

当耗散为剪切诱导部分和气泡诱导部分的线性叠加时,式(9.32)和式(9.50)是等效的,即

$$\alpha_1 \varepsilon = \alpha_1 \varepsilon_{\mathrm{SI}} + \frac{k_{\mathrm{BI}}}{\tau_{\mathrm{tb}}} \tag{9.51}$$

且

$$S_{\mathrm{ki}} = \frac{k_{\mathrm{BIa}}}{\tau_{\mathrm{tb}}} \tag{9.52}$$

最后,利用公认的界面曳力表达式:

$$\boldsymbol{M}_{\mathrm{li}}^{\mathrm{D}} = \alpha_2 \frac{3}{4} \frac{C_{\mathrm{D}}}{d_{\mathrm{B}}} \rho_1 u_{\mathrm{R}}^2 \tag{9.53}$$

并将式(9.33)和式(9.47)代入到式(9.52)中,得到气泡引起的松弛时间常数应

满足的条件：

$$\tau_{tb} = \left(\frac{2}{3}\frac{C_{vm}}{C_D}\right)\frac{d_B}{u_R} \quad (9.54)$$

该模型与 Kataoka 的两相平均湍流动能方程一致。该时间常数与气泡的滞留时间成正比，是对势流中生成伪湍流的粗略估计。相比于剪切诱导湍流的时间常数，该时间尺度很短。因此，在实际情况中，可以忽略该时间常数。式(9.48)化简为

$$k_{BI} = k_{BIa} \quad (9.55)$$

利用此模型，对于静止水中气泡上升问题，得到渐进解：

$$k_{SI} = 0, \varepsilon_{SI} = 0, \quad k = k_{BI} = k_{BIa} \quad (9.56)$$

对于湍流均匀衰减问题，需添加惯性项：

$$\frac{Dk_{SI}}{Dt} = -\varepsilon_{SI}, \quad k_{BI} = k_{BIa} \quad (9.57)$$

$$\frac{D\varepsilon_{SI}}{Dt} = -\frac{C_{\varepsilon 2}}{k_{SI}/\varepsilon_{SI}}\varepsilon_{SI} \quad (9.58)$$

因此，在式(9.30)描述单相流动条件下以及剪切诱导湍流衰减的基础上，利用式(9.55)添加气泡引起湍流的衰减。Lanc 和 Bataille 实验研究了网格生成的泡状湍流流动，图 9.2 比对了单时间常数模型和双时间常数模型与该实验数据的关系。双时间常数模型与实验结果吻合得更好。

9.3.5 管道湍流流动

双时间常数 $k-\varepsilon$ 模型并入 TFM 方程式(9.1)~式(9.3)中，对管道内泡状流动进行 CFD 数值模拟。采用线性叠加法处理雷诺应力：

$$\overline{u'_1 u'_1} = \overline{u'_1 u'_1}_{SI} + \overline{u'_1 u'_1}_{BI} \quad (9.59)$$

式中，式(9.25)给出剪切诱导的湍流部分，式(9.46)给出气泡引起的湍流部分。前面描述的迭代原则同样适用于两相的湍流黏性计算。根据 Sato 和 Sekoguchi (1975)提出的泡状流线性叠加模型，对连续相中湍流进行建模：

$$\upsilon_{1t} = \upsilon_{1tSI} + \upsilon_{1tBI} \quad (9.60)$$

方程右侧各项分别代表剪切流诱导的漩涡黏性和气泡诱导的漩涡黏性。根据标准 $k-\varepsilon$ 模型计算剪切引起的剪切引起的湍流模型：

$$\upsilon_{1tSI} = c_\mu \frac{k_{SI}^2}{\varepsilon_{SI}} \quad (9.61)$$

利用 Sato 和 Sekoguchi(1975)提出的关系式处理气泡诱导的漩涡黏性,有

$$v_{1tBI} = C_{\mu b} \alpha_2 \frac{d_B}{2} |\bar{u}_R| \tag{9.62}$$

其中,$C_{\mu b} = 1.2$。

特别在湍流处理问题上,Serizawa 等(1986)的管道流动实验数据验证了两流体模型加 $k - \varepsilon$ 模型方法的有效性。有关边界条件和收敛条件的讨论将在 9.4 节中介绍。

Serizawa 等(1986)利用长 2.58m,直径 60mm 管道,在大范围液相表观流速和气相表观流速条件下完成了空气/水的实验研究。在 $L/D = 43$ 处,测量液相速度和空泡份额。对于目前的分析,采用 $j_2 = 0.077\text{m/s}, j_1 = 1.36\text{m/s}$ 的实验工况作为参考基准。气泡平均直径为 3mm。如图 9.3 ~ 图 9.6 所示,对 Serizawa 等(1986)的向上泡状流动进行了对比。

如图 9.3 所示,将 $C_L = 0.1$ 时计算得到的空泡份额空间分布作为稳态下的空泡份额分布。流动中浮力分布的正确计算是准确预测速度场和湍流场的先决条件。首先,图 9.4 展示了在近壁面处气泡集中产生的"烟囱"效应下速度的分布平缓。有趣的是,图 9.5 显示泡状流中的湍流程度要低于单相流动中的湍流程度,该现象看起来有违常理。与此同时,如图 9.6 所示,剪切力,即 $\overline{u'v'} = v_t du/dr$,同样较低。这主要是速度分布平缓所致。由图 9.4 和图 9.6 可知,法向应力减少,两相流动中速度分布区域平缓且雷诺切应力更小。两相流动中,尤其在近壁面处。所以剪切引起的湍流生成项如下:

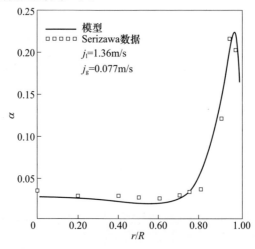

图 9.3 α_2 验证(Serizawa 等(1986))

(转载自 Lopez de Bertodano 等,JFE(1994),经 ASME 许可)

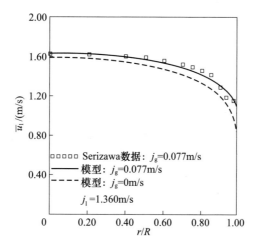

图 9.4 $\overline{u}_l$ 验证(Serizawa 等(1986))

(转载自 Lopez de Bertodano 等,JFE(1994),经 ASME 许可)

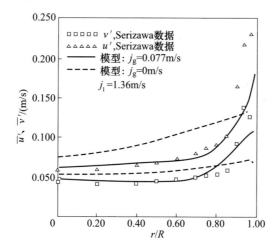

图 9.5 $\overline{u'}$、$\overline{v'}$验证(Serizawa 等(1986))

(转载自 Lopez de Bertodano 等,JFE(1994),经 ASME 许可)

$$P_{SI} = \overline{u'v'}\frac{du}{dr} \tag{9.63}$$

气泡引起的湍流对流场基本没有影响。所以,剪切诱导生成项变弱是湍流受到抑制的直接原因。当其中一种湍流占优时,该现象不会由气泡诱导的额外耗散所导致。

管道轴线处的湍流大部分是气泡引起的湍流,可令 $C_{VM}=2$ 计算得到。C_{VM}

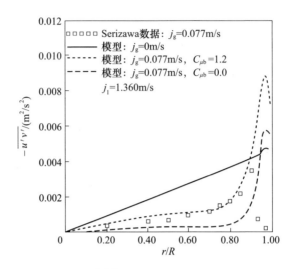

图 9.6 $\overline{u'v'}$ 验证(Serizawa 等(1986))

(转载自 Lopez de Bertodano 等,JFE(1994),经 ASME 许可)

的取值要比势流中圆形气泡大得多,该值的选取适用于变形气泡的螺旋形运动。Lance 和 Bataille(1991)从 Saffman(1956)的势流方程出发,改进了这种气泡周围流动的动能方程。然后,他们实验测量了直径 5mm 气泡在静止水中的形状和运动轨迹。根据实验结果,在计算管道流动时,$1.2 < C_{VM} < 3.4$ 的取值范围是合理的。

最后,图 9.6 分别展示了在含有气泡诱导湍流($C_{\mu b}=1.2$)和无气泡诱导湍流($C_{\mu b}=0$)条件下的剪切力的计算结果,可以看出,Sato 模型方程式(9.62)与实验结果吻合良好。

9.3.6 湍流扩散力

多年来,Batchelor 和 Townsend(1956)等基于对流扩散方程对粒子建立欧拉湍流输运模型。但严格意义上讲,这些模型不能称为两流体模型。另一个方法是使用拉格朗日方程对流场中的粒子进行追踪,同时使用欧拉方法计算连续相的守恒方程,该方法称为拉格朗日法。通过在连续相守恒方程中加入合理的源项来考虑粒子对连续相的影响。拉格朗日法由 Shuen 等(1983)以及 Mostafa 和 Mongia(1988)等进行了应用。虽然拉格朗日法与两流体模型兼容,但研究者对欧拉法更感兴趣。Reeks(1991,1992)使用概率密度分布方程(运动方程)推导出了欧拉两流体模型。这个基本方法导出了随着局部梯度变化的净脉动的界面作用力。这一界面作用力允许粒子的湍流扩散的本构关系发展成为一个单独的力。Burns 等(2004)提出了另一种相近的方法,即 Favre 平均湍流扩散力。

从物理机理角度来说,湍流扩散是由作用在气泡上力的脉冲分量导致的。举一个最简单的例子,所有轨迹经过某一点的气泡对该点产生曳力,这些曳力的脉冲分量的均值即为该点处的湍流扩散力。Reeks(1991,1992)提出的动能方程描述了相空间中气泡分布的概率密度的演变,因此包含了气泡轨迹的信息。通过对第一时刻的动能方程求整体均值,得到气泡的欧拉两流体模型。分析的结果为:粒子的湍流输运效应以作用力的形式表现出来。对于均匀湍流情形,Reeks 得出了包含附加气泡质量的扩散力模型:

$$M_2^{\text{TD}} = -(\rho_2 + C_{\text{VM}}\rho_1)\Lambda^{\text{T}} \cdot \nabla \alpha \tag{9.64}$$

其中

$$\Lambda^{\text{T}} = \overline{\Delta x(x,t)f(x,t)}$$

$f(x,t) = \dfrac{1}{\tau_{\text{tb}}}u_1'(x,t)$ 为由粒子运动瞬时方程的脉冲分量得到的"驱动力"。

$$\frac{\mathrm{d}u_2'(x,t)}{\mathrm{d}t} = -\frac{1}{\tau_{\text{tb}}}u_2'(x,t) + f(x,t)$$

$\Delta x(x,t)$ 为粒子从零时刻到 t 时刻的位移。通过粒子运动轨迹积分得到该位移值。积分过程中对均值的处理为

$$\Lambda = \tau_{\text{tb}} \int_0^t \left(1 - \mathrm{e}^{\frac{t-s}{\tau_{\text{tb}}}}\right) \overline{f(x - u_2(t-s), s)f(x,t)} \mathrm{d}s$$

为了简化符号,用(x,s)表示在 s 时刻粒子轨迹上的一点在 t 时刻到达位置 x,积分中的均值为

$$\overline{f(x,s)f(x,t)} = \frac{1}{\tau_{\text{tb}}^2}\overline{u_1'(x,s)u_1'(x,t)}$$

假设湍流的分布是均匀的(不必是各向同性),则湍流的自相关服从马尔可夫法则:

$$\overline{u_1'(x,s)u_1'(x,t)} = \overline{u_1'u_1'}\mathrm{e}^{-\frac{t-s}{\tau_{\text{tl}}}}$$

式中:τ_{tl} 为沿粒子轨迹的拉格朗日时间常数。

将上面3个方程联立并令 $t \to \infty$,得

$$\Lambda = \frac{\tau_{\text{tl}}}{\tau_{\text{tb}}}\left(\frac{\tau_{\text{tl}}}{\tau_{\text{tl}} + \tau_{\text{tb}}}\right)\overline{u_1'u_1'}$$

因此,湍流扩散力方程式(9.64)变为

$$M_2^{\text{TD}} = -(\rho_2 + C_{\text{VM}}\rho_1)\frac{\tau_{\text{tl}}}{\tau_{\text{tb}}}\left(\frac{\tau_{\text{l}}}{\tau_{\text{l}} + \tau_{\text{b}}}\right)\overline{u_1'u_1'}^{\text{T}} \cdot \nabla \alpha \tag{9.65}$$

其中,根据式(9.54)和式(9.5)得到小气泡的时间常数为

$$\tau_{tb} = \frac{1}{18 \times (1 + 0.15 Re^{0.687})} \frac{C_{VM} \rho_1 d_b^2}{\mu_1} \qquad (9.66)$$

用于计算 τ_{t1} 和 $\overline{u_1' u_1'}$ 的 k-ε 模型作为封闭方程,基于 k-ε 模型计算漩涡的松弛时间,且有

$$\tau_{t1} = C_\mu^{3/4} \frac{k}{\varepsilon} \qquad (9.67)$$

式中: $C_\mu = 0.09$。

另一个对气泡分数有明显影响的因素是漩涡交叉。Lopez de Bertodano(1992)使用时间尺度 $\tau_{tR} = \lambda/u_R$ 表征此物理过程,其中 λ 为漩涡的欧拉长度尺度。根据 k-ε 模型中混合长度的概念计算该长度,可以得到 $\tau_{tR} \ll \tau_{t2}$,这意味着漩涡交叉对小气泡分散的影响可以忽略。法向的雷诺应力可以通过式(9.25)中最后一项得到。特别对下一节分析的两相喷射问题,横向分量大约是轴向分量的1/2。Lopez de Bertodano(1992)特别提到,在小气泡的限定下,利用张量定义的扩散系数,可将弥散相的质量、动量守恒方程化简为单相的"对流-扩散"守恒方程:

$$v_2 t_{ij} = \tau_{t1} \overline{u_{1i}' u_{1j}'} = \tau_{t1} c_{ij} k \qquad (9.68)$$

其中,忽略气泡引起的湍流,联式(9.67)和式(9.68)得到扩散系数的对角分量:

$$v_2 t_{ij} = 0.165 \frac{c_{ij} k^2}{\varepsilon} \qquad (9.69)$$

将其与利用湍流扩散系数定义的 k-ε 模型进行对比,得

$$v_t = \frac{C_\mu k^2}{\varepsilon} \qquad (9.70)$$

已知 $c_{ij} = 0.545 I$,故

$$\overline{u_1' u_1'} = 0.545 k I \qquad (9.71)$$

因此,根据该模型,非常小气泡的扩散系数与 k-ε 模型中动量的扩散系数一致。

像其他扩散机理一样,湍流扩散力对两流体模型起到稳定的作用。由于湍流扩散力与空泡份额的梯度成正比,其通过与本书中提到的其他机理相似的方式稳定两流体模型,如液相静力和界面压力项。Drew 和 Passman(1999)定量分析了该效应对泡状流稳定分析的影响,并与没有考虑该效应相比,得到了更高空泡份额情况下的实数特征值。Lucas 等(2005)比较了湍流扩散力和升力的稳定性,发现负升力的失稳效应要大于湍流扩散力的稳定效应。

9.3.7 泡状流喷射

选定 Sun 的泡状流喷射实验工况 I 的结果来验证包含湍流扩散力的两流体模型。除此之外,使用 9.2 节中介绍的界面力,其中包括 Tomiyama 等(2002)研究的提升力。

泡状流喷射从直径 5.08mm 管嘴竖直进入静止水中。产生的气泡直径为 1mm±0.1mm。入口喷射速度和空泡份额分别为 1.65m/s 和 2.4%。使用 LDA 测量两相的平均特性和脉冲特性,并利用闪频拍摄技术测量气泡浓度。实验数据在 $x/D=24,40,60$ 处测量得到。因为在此条件下,泡状流流速最小,所以忽略气泡对湍流的影响。

由于标准 $k-\varepsilon$ 模型与单相轴对称喷射的实验结果相差较大,所以需要对湍流模型进行调整。通常对模型中的常数进行修改,将 $c_{\varepsilon 2}$ 从 1.92 调至 1.87,并将修正后的关系式用于数值模拟(Lopez de Bertodano(1992))。

为了解决此问题,假设流动为稳态、轴对称、不可压缩及绝热的,以及两相均为常物性。在均匀圆柱坐标系下对方程进行离散,使用有限体积法对长 80cm,直径 20cm 的圆柱体划分网格。圆柱体侧面的边界条件为自由流条件(速度梯度为 0)。圆柱体顶端为常压压力边界条件。根据实际的入流条件设置入口边界条件。

图 9.7 和图 9.8 所示为在 3 个轴向位置的液相速度和湍流动能的分布情况。由于空泡份额较低,得到的分布情况与单相流基本一致。因此,液相速度和

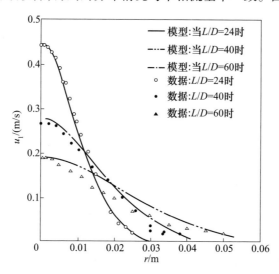

图 9.7 $\bar{u}_1$ 验证(Sun(1985))

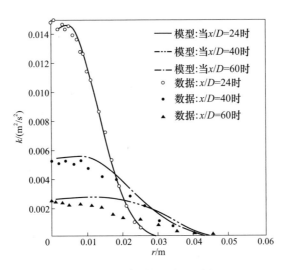

图9.8 k 验证(Sun(1985))

湍流动能均不能反映由气泡表面作用力变化对液相流动带来的影响。另外,这两个参数对气泡表面作用力有较明显的影响,即升力与液相流动的涡度成正比,湍流扩散力与湍流强度成正比。此外,由于计算结果与实验结果吻合良好,可以认为对各界面作用力的计算是准确的。

图9.9所示为3个轴向位置的气泡分布,计算结果与实验结果的一致性较好。初始时刻,模型计算结果中存在较大的气泡横向迁移。对计算结果分析发现,模型中的曳力由式(9.5)和式(9.6)计算得到,远低于实际值。在图9.10中,喷嘴附近的湍流流场较为剧烈。相比于静止流场,湍流流场中的颗粒相对速度明显更小。Brucato 等(1998)将相对速度较小的数据及其他研究人员得到的相关数据进行处理,得

$$C_D = C_{D\infty}\left[1 + 8.76 \times 10^{-4}\left(\frac{d_B}{\lambda_T}\right)^3\right] \quad (9.72)$$

其中,湍流的泰勒长度定义为

$$\lambda_T = \left(\frac{v^3}{\varepsilon}\right)^{1/4} \quad (9.73)$$

利用此关系式,得到的空泡份额分布与实验结果吻合良好。但是,在图9.10中,即便相对速度与喷射中心线附近的值接近,边缘处的相对速度还是低于预测值。

除了适当地简化假设(如均匀湍流),使用对升力和湍流扩散力严格的推导模型,其不含任何人为设定的常数。因为实验结果在 $0 < C_L < 0.288$ 范围内没有明显变化,此情况可对湍流扩散力进行有效验证。

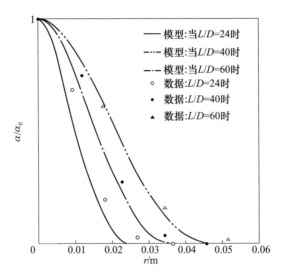

图 9.9　α_2 验证（Sun(1985)）

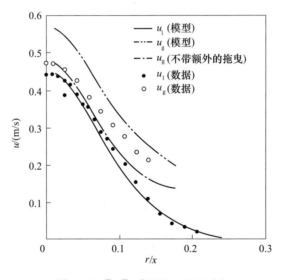

图 9.10　$\bar{u}_1$、$\bar{u}_2$ 验证（Sun(1985)）

9.4　近壁面两流体模型

9.4.1　壁面边界条件

针对单相湍流流动的 CFD 模拟，Launder 和 Spalding(1974)提出了对数壁

面函数来处理 $k-\varepsilon$ 模型在近壁面处的速度、湍流动能和耗散的边界条件。这使得对数处理的近壁面湍流区域与自由流 CFD 模型兼容。对于两流体模型的 CFD 模拟问题,标准的两流体模型与通用的单相对数函数和其他的两相对数函数均不一致,所以在近壁面处无法得到收敛解。本节将介绍 Marie(1997) 提出的近壁面处两流体模型均值法,该方法与两相对数函数具有一致性并容易收敛。

9.4.2 Marie 等(1997)提出的两相壁面对数定律

通常使用壁面对数函数处理液相流速、湍流动能和湍流漩涡耗散的边界条件,该方法是基于 Prandtl(1925) 的混合长度理论。对于两相流动,在近壁面处由于存在气泡浮力,对液相剪切力的分布产生影响。因此,传统的壁面函数处理方法不再适用,需要对其进行适当修改。Marie 等(1997)提出了包含近壁面处浮力效应的壁面对数函数。如图 9.11 所示,空泡份额在壁面处的峰值可近似看作二阶阶跃函数。对动量平衡方程进行积分,并简化,得

$$-\overline{u'v'} = u_*'^2 - g(\alpha_p - \alpha_\infty)d_B = u_*^{x2} \tag{9.74}$$

边界层内, u_*^x 代表修正的速度范围,该变量可以根据原始的速度范围得到:

$$u_*^{x2} = \beta^2 u_*'^2 \tag{9.75}$$

其中

$$\beta^2 = 1 - \frac{F_R \alpha_x}{t^2}, \quad F_R = \frac{g d_B}{u_*^2},$$

$$t^2 = \frac{u_*'}{u_*}, \quad \alpha_x = \alpha_p - \alpha_\infty \tag{9.76}$$

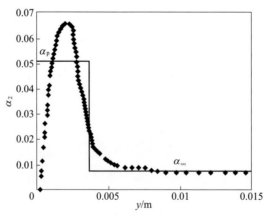

图 9.11 Marie 等(1997)提出的二阶阶跃近似函数

利用修正的速度范围,两相流动中的对数关系变为

$$u^{+x} = \frac{1}{\kappa}\ln y^{+x} + C^x \qquad (9.77)$$

从图 9.12 中的实验数据可以看出,斜率为定值,表明对数关系是不变的,但截距 y、式(9.77)中的 C^x 随着弥散项浓度的变化而变化,并与单相壁面对数函数中的常数关系为

$$C^x = C + y_0^+\left(\frac{1}{\beta}-1\right) - \frac{1}{\kappa}\ln\beta \qquad (9.78)$$

其中:$y_0^+ = 11, C = 5, \kappa = 0.41$。

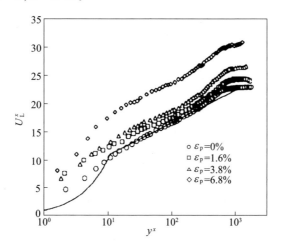

图 9.12 修正的近壁面对数定律
(转载自 Marie 等(1997),经 Elsevier 许可)

由

$$k_{SI} = \frac{u_*^{x2}}{\sqrt{C_\mu}}, \quad \varepsilon_{SI} = \frac{u_*^{x3}}{\kappa y} \qquad (9.79)$$

给出两相流动中 k_{SI} 和 ε_{SI} 的边界条件。

利用前面介绍的标准两流体模型得到的空泡份额在近壁面处分布情况与 Marie 等(1997)的边界条件不一致,因为不符合二阶阶跃函数分布。这个问题需要两流体模型近壁面均值法来解决。

9.4.3 近壁面均值

多年来,近壁面处的两流体模型受到广泛关注。Larreteguy 等(2002)、Moraga 等(2006)开发了气泡中心均值两流体模型,该模型解决了当气泡受表

面张力主导时,气泡壁面力具有的离散特性问题。Vaidheeswaran 等(2017b)基于接触壁面的气泡形状,提出了两流体模型近壁面均值处理方法。在壁面力模型保留了近壁面处气泡动力学特性的基础上,几何法假设流场处于满足雷诺应力的静态平衡,而且几何法不依赖实验数据所确定的经验系数,而这种实验数据较为匮乏。该方法与将在 9.4.5 节中介绍的 Marie 两相对数函数兼容。

近壁面均值的基本思想是:通过在具有壁面一定距离的位置内移除两流体模型中的界面动量传输项,从而得到与 Marie 等(1997)的两相对数函数相近的二阶跃式空泡份额分布,如图 9.13 所示。

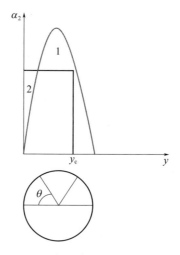

图 9.13　几何模型,y_c 的位置简图(见彩图)
(转载自 Vaidheeswaran 等(2016),经 ASME 许可)

基于对气泡形状的假设,重构真实空泡份额分布。对应这里的研究条件,假设气泡为球形和非变形的。Tran-Cong 等(2008)的实验结果表明,当气泡较小时,相互碰撞后更易于滞留在近壁面处而没有返回到主液相中。因此,认为附着在壁面处的气泡为球形是合理的,得到的空泡份额分布情况为

$$\alpha_2 = \frac{\alpha_p \theta_c}{1 - \cos\theta_c} \sin\theta \tag{9.80}$$

y_c 的确定应保证壁面附近空泡份额在均值前后的积分值相等。此约束用数学语言表达为图 9.13 中 1 代表的区域等于 2 代表的区域。结果如下:

$$\theta_c \sin\theta_c + \cos\theta_c - 1 = 0, \quad \theta_c = 133.5°, \quad y_c = 1.67 r_b \tag{9.81}$$

由于升力的存在,动量传输在 y_c 处被截断,并完全删除壁面力。事实上,对

于 Marie 等(1997)研究的湍流情况,图 9.14 中可以看到,简化的空泡份额分布与实验数据具有较好的一致性。

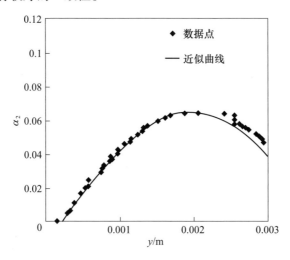

图 9.14　几何模型与 Marie 等(1997)的实验结果对比
(转载自 Vaidheeswaran 等(2016),经 ASME 许可)

由于通过几何条件便可以得到近壁面处的空泡份额分布情况,所以几何模型法不需要壁面力。利用式(9.80)得到从 y_c 到壁面的空泡份额分布。此处需要说明的是,9.2.6 节中介绍的 Antal 等(1991)提出的壁面力模型是基于 Nakoryakov 等(1986)在低液相流速的层流实验得到的。实验中气泡的直径为 0.87mm,而实验研究中典型的空气-水泡状湍流流动的气泡直径为 3~8mm。因为近壁面处不同尺寸气泡附近的流动状态具有明显的差异,所以 Antal 等(1991)的壁面力模型在空气-水泡状湍流流动中的适用性是值得怀疑的。Larreteguy 等(2002)与 Moraga 等(2006)基于气泡中心均值法,提出了更完整的壁面力模型,该模型考虑了气泡-壁面接触效应、气泡变形和表面张力等因素。但是,将这些模型应用到已有的 CFD 商业软件中,尚有很多的工作要做。

9.4.4　管道层流流动修正

Nakoryakov 等(1986)首次将近壁面均值方法应用到两相层流流动中,来展示即便没有采用二阶阶跃函数处理空泡份额分布时,得到结果仍与实验结果一致(参见 9.2.6 节)。近壁面均值两流体模型产生如图 9.15 所示的一阶阶跃的空泡份额分布。如图 9.15 所示,利用式(9.80)和近壁面处均化的统一数值对实际的空泡份额进行重构。近壁面处重构的曲线代表气泡形状。在远壁面处到

距壁面 y_c 之间的区域，均值和重构曲线重合并得到收敛解。空泡份额和液相速度的预测与 Nakoryakov 等（1986）的实验数据一致，并完成了图 9.16 所示的网格无关性验证。

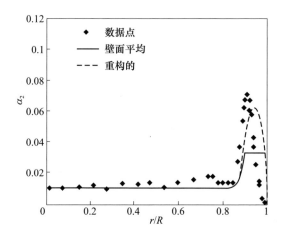

图 9.15　近壁面平均的和 Nakoryakov 等（1986）重构的体积含气率的分布对比
（转载自 Vaidheeswaran 等（2016），经 ASME 许可）

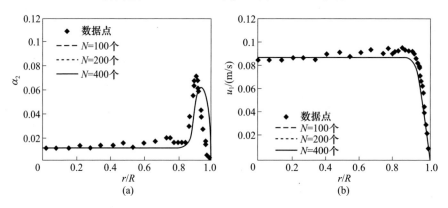

图 9.16　体积含气率的近壁面均值 TFM 的收敛性与 Nakoryakov 等（1986）的液相流速分布
（转载自 Vaidheeswaran 等（2016），经 ASME 许可）

9.4.5　泡状湍流流动边界层

在对管道内泡状层流流动进行数值分析之后，使用 ANASYS CFX 15.0 软件对两相湍流流动进行 CFD 数值模拟。选择 Marie 等（1997）、Serizawa 等（1986）以及 Wang 等（1987）的实验数据来验证近壁面两流体模型中单相对数边界条件与 Marie 等（1997）提出的两相对数边界条件相结合的适用性。

Marie 等(1997)使用内部安装竖直平板的长 2m,450mm×450mm 正方形管道,对两相流动的边界层发展进行实验研究。测得气泡平均直径为 3.5mm。入口处液相速度和空泡份额分别为 1m/s 和 1.5%。

首先讨论标准两流体模型和单相对数函数结合得到的结果。计算区域为 1.5m 高,50mm 宽,4mm 深。使用大小分别为 0.5mm 和 1mm 的两套网格对网格收敛性进行验证。需要说明空间离散的限制。当网格尺寸超过 1mm 时,近壁面的网格节点将少于 2 个而不能用于求解空泡份额的分布。当网格尺寸小于 0.5mm 时,壁面的 $y^+ < 30$,此时修正的壁面函数不适用。

空气的空泡份额与距平板前段 1m 处的实验测量结果进行对比。可以发现,使用粗网格($\Delta y=1$),计算得到的结果与图 9.17(a)中的实验结果具有很好的一致性,然后,在近壁区域液速剖面预测不足,如图 9.17(b)所示,这可能是由于使用单相壁面函数造成的,该壁面函数是针对单相流动改进的,但并不足以描述泡状湍流流动的物理过程。而当使用细网格时,可以看到,空泡份额的结算结果并未收敛。

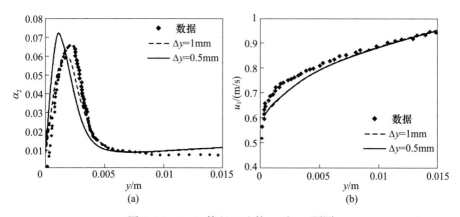

图 9.17 Marie 等(1997)的 α_2 和 u_1 预测

(转载自 Vaidheeswaran 等(2016),经 ASME 许可)

将近壁面均值两流体模型与两相壁面函数法相结合并利用 Fortran 程序嵌入到 ANSYS CFX 15.0 中,进行 CFD 分析。如图 9.18(a)所示,重构的空泡份额与实验结果吻合良好。当使用修正的壁面函数时,边界条件考虑了近壁面处气泡产生的剪切力的变化,并对速度的预测结果比 CFD 固有的两流体模型更加准确(图 9.18(b))。空泡份额和液相速度均已收敛。

将图 9.17 和图 9.18 中的速度以无量纲对数坐标作图,得到更直观的图 9.19。图 9.19(a)、(b)含有 Marie 的单相实验点作为对比以及单相对数函数的渐进情况。图(a)比较了伴有单相对数函数的标准两流体模型计算结果与实

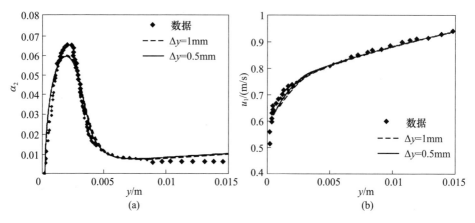

图9.18 体积含气率和速度分布的收敛性(Marie 等(1997))

(转载自 Vaidheeswaran 等(2016),经 ASME 许可)

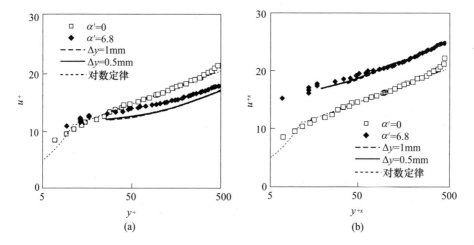

图9.19 (a)使用标准对数定律得到的无量纲速度分布和

(b)利用新近壁面均值 TFM 得到的修正扩展速度

(转载自 Vaidheeswaran 等(2016),经 ASME 许可)

验数值。图(b)考虑了浮力的两相法,其计算结果和实验吻合得更好。

9.4.6 管道内湍流流动修正

对 Serizawa 等(1986)的研究问题,采用了相似的方法。采用 1mm、0.5mm、0.25mm 的网格验证近壁面均值两流体模型的收敛性。如图 9.20(a) 所示,由于网格的限制,$y^+ > 30$,计算结果没有完全收敛。1mm 的网格不能够求解空泡份额分布,而比 0.25mm 更小的网格则太密,不适合应用修正的壁面函数。另外,CFD 计算的速度收敛。虽然收敛性变差,但这是对含壁面力的单相对数函数的有效改进,因为该方法使得计算壁面力不再需要经验系数。

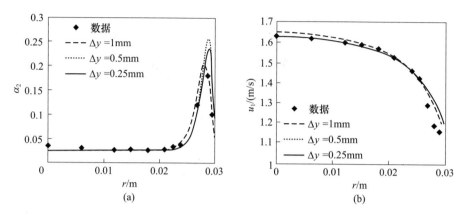

图 9.20 α_2 与 u_1 的预测值与 Serizawa 等(1986)上升流数据的对比
(转载自 Vaidheeswaran 等(2016),经 ASME 许可)

最后,将近壁面均值法扩展到向下的泡状流动。图 9.21 所示为 Wang 等(1987)的实验结果,实验条件为内径 57.15mm 的空气-水两相流动。在 L/D = 35 处进行测量。向下流动的泡状流中的空泡份额分布明显与向上流动的情况不同。认为向下流动不适合使用近壁面两流体均值法。气泡趋中效应使得近壁面处气泡浓度减小,导致 $\beta=1$,修正的对数函数变为原普通的对数函数。这里,利用 CFD 对流动条件 $j_g=0.1 \text{m/s}$ 以及 $j_1=0.94 \text{m/s}$ 进行计算。采用 1mm、

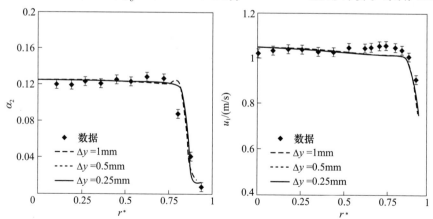

图 9.21 α_2 与 u_1 的预测值与 Wang 等(1987)下降流数据的对比
(转载自 Vaidheeswaran 等(2016),经 ASME 许可)

0.5mm、0.25mm 网格进行网格收敛性验证。$C_L = 0.15$ 条件下的计算结果与实验值具有很好的一致性。图 9.21 显示,提出的处理方法改善了网格收敛性。在满足适用条件下使用单相对数函数,近壁面两流体模型的计算结果与 Lopez de Bertodano 等(1994b)的实验结果一致。

研究中的条件限制为中、低雷诺数的泡状流动,在此条件下气泡诱导的湍流和浮力与剪切力诱导的湍流效应相当。在另一端的极限条件下,当流动速度非常大时,剪切力诱导的湍流相对于近壁面处的浮力效应起主导作用。由 Marie 等(1997)提出的理论可得 $\beta \approx 1$,满足单相对数函数使用条件。这种极限条件在很多工业应用中出现,尤其是高流速下的流动沸腾。

9.5 URANS 两流体模型

9.5.1 稳定性

本节将对平面气泡羽流中 URANS TFM 的稳定性进行分析。该类型的模型属于典型的已报道的大涡模拟。Deen 等(2001)研究气泡羽流的瞬态行为时,提出了大涡模拟两流体模型。随后,Lakehal 等(2002)、Zhang 等(2006)、Niceno 等(2008)和 Ma 等(2016)进一步改进了用于分析气泡羽流和剪切层的大涡模拟两流体模型。

包括 Caballina 等(2013)在内的研究人员通过简化两流体模型对平面气泡羽流的多维稳定性进行分析,但尚没有进行 Orr‐Sommerfeld 分析。Narayanan 和 Lakehal(2002)采用最接近 Orr‐Sommerfeld 的分析方法,研究了颗粒二维两流体模型剪切层不稳定性。他们考虑了黏性影响并通过设定 $u_2 = u_1$ 避免了 KH 不稳定性,在此条件下,剪切层不稳定性是适定的。

这里将不对多维稳定性进行分析,而是关注一维不适定条件对多维两流体模型的影响,特别是界面压差和碰撞作用力所产生的影响。由于这两项对模型的精度影响较小,因而常被忽略。但在 5.4.1 节和 5.4.2 节中提到,这两项有利于维持两流体模型的适定性。这对 CFD 两流体模型也是适用的,而当不含这两项时,由于在网格加密过程中,不适定振荡对计算结果产生影响,因而无法完成网格收敛性验证。与第 8 章中讨论的一维两流体模型程序的标准应用相似,针对这个问题,一般的解决方法是采用粗网格。但是,两流体模型满足偏微分方程的连续性,所以计算模型的网格尺寸不应该有限制。因此,需要更符合实际物理过程的适定模型,该模型能够同时保证 KH 不稳定性和羽流曲线运动不稳定性。

9.5.2 本构关系

在模拟气泡羽流导致的非稳态泡状湍流流动时,利用两流体模型捕捉流动的大尺度动态过程。同第 4 章的分析相似,这种条件反映了两流体模型的非线性特征。CFD 两流体模型的优势在于包含雷诺应力,虽然不满足线性稳定,但当模型为适定时,其满足李雅普诺夫稳定条件。将 5.5.1 节中的稳定性分析扩展到 CFD 两流体模型以分析一维稳定性分析结果在多维条件下的适用性,特别是在对包含界面压差和碰撞力的不适定模型的稳定性分析中两流体模型中包含的其他界面作用力,包括在 5.2.2 节中介绍的虚拟质量力(C_{vm} = 0.5),Ishii 和 Chawla(1979)提出的曳力和 Naciri(1992)提出的升力(C_L = 0.25)其中,曳力对气泡分布产生重要的影响。

这里采用 URANS TFM 分析气泡羽流的动态特性。然而 TFM 方程式(9.1)~式(9.4)仍是适用的,但 9.3 节中将所有湍流结构进行均化处理的 RANS TFM 已经不再适用。首先,由于能够求解出输运气泡的漩涡尺寸,不再需要 9.3.6 节中提到的界面湍流扩散力。其次,根据 Smagorinsky(1963)给出的亚网格尺度黏度模型,式(9.60)中剪切力诱导的涡黏性的计算是闭合的:

$$v_{ltSI} = (C_S \Delta)^2 |S_l| \tag{9.82}$$

其中,C_S = 0.1,Lakehal 等(2002)给定的滤波器尺寸为 $\Delta = 1.5 d_B$。这是一个相对简单的模型,还存在更精细的模型,如 Lakehal 等(2002)提出的模型,可由 Roig 等(1997)的两相剪切层实验验证以及 Niceno 等(2008)的模型。但在这里,主要探讨 URANS TFM 而不是湍流的本构模型。

9.5.3 平面气泡羽流

Vaidheeswaran 等(2007)根据 Reddy Vanga(2004)的实验,利用 ANSYS FLU-ENT 15.0(ANASYS CFX 15.0 2013)对气泡羽流进行数值模拟。

在 CFD 的两流体模型中,通常网格的疏密受到气泡直径的约束。但是,在 Reddy Vanga(2004)研究的小尺寸鼓泡塔实验中,典型的气泡直径为 3mm,最小网格尺寸的尺度约为 5mm。因为实验段最短的部分只有 2cm,此尺度过于严苛。因此,本节中不考虑气泡尺寸,更重要的是进行严格的收敛性测试。

在对湍流中气泡羽流进行 CFD 模拟之前,先在 0.1m × 0.5m 的方形区域内对空泡波动过程进行模拟,模拟模型与 5.5.1 节中用于非线性一维两流体模型分析的 Gedanken 实验相似。在求解准一维两相流动问题时,为了处理偏离湍流的不适定问题或壁面边界条件,壁面处采用自由滑移边界条件。如图 9.22(a)

所示,初始条件下空泡份额等值线为多个小幅值、高频率扰动叠加的高斯分布。结合隐式有界二阶时态模式和 MUSCL 格式对空间进行离散。网格尺寸和时间步长分别为 1.25mm 和 2ms,计算的物理时间为 2s。图 9.22(b)、(c)对比了不适定和适定的 CFD 两流体模型。利用不适定 CFD 两流体模型得到的空泡份额分布显示有短波长的空泡块,这一现象是不符合物理规律的。这种典型的现象与图 9.7 中利用不适定一维两流体模型得到的高频振动相似。当两流体模型中含有界面压差时,适定的模型没有这种不稳定性。

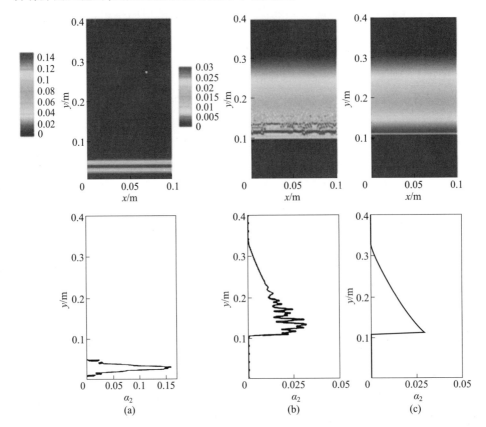

图 9.22　(a)初始条件下的空泡份额,(b)不适定的 URANS TFM 下的空泡份额, (c)适定的 URANS TFM 下的空泡份额,$\Delta x=1.25$mm(见彩图)

将一维线性稳定性分析的成果扩展到 CFD 两流体模型,对 Reddy Vanga (2004)的气泡羽流实验进行模拟。Reddy Vanga(2004)采用 10cm×2cm 的窄矩形通道进行实验,实验开始时,通道内充满静止的水。空气通过底部的起泡装置被注入到实验段中,实验段顶部是开口联通大气的状态。空泡平均尺寸为 3mm。利用丝网探针在距底部 8cm 的位置测量气体的运动速度及空泡份额。

两探测器相距 2.4mm,丝网探针的尺寸为 3.03mm×2.22mm。观察到两个明显不同的两相流动:入口附近测量得到羽流,下游更远的位置,气泡开始均匀离散并达到稳态速度。现研究的重点是在距离入口较近的部分,观察羽流的动态特性并为收敛性研究提供支持。图 9.23(a)中的计算区域对应实验段中下部 30cm 高的部分。入口面积设定为 2cm×1cm,用以模拟曝气装置。设定 j_g = 2mm/s 和 j_g = 6mm/s 分别达到低/高空泡份额的实验工况,进而将界面压差和碰撞作用力剥离并分别研究。采用的网格尺寸分别为 5mm、2.5mm 和 1.25mm。j_g = 2mm/s 时,步长分别为 8ms、4ms 和 2ms。j_g = 6mm/s 时,步长分别为 4ms、2ms 和 1ms。模拟的物理时间为 100s。

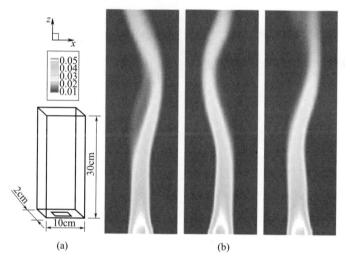

图 9.23　瞬态空泡份额等值线,Δx = 5mm(见彩图)

j_g = 2mm/s 实验工况的模拟结果反映了界面压差的影响。当 CFD 两流体模型与 5mm 网格一起使用时,图 9.23(b)展示了 3 个连续瞬态空泡份额等值线情况下的羽流动态特性。首先采用不含界面压差的两流体模型进行数值模拟。如图 9.24(a)所示,当网格加密到 1.25mm 时,计算结果开始出现大的空泡份额,该现象与前面利用不适定模型分析空泡份额空间分布波动问题得到的结果相近。因此,不考虑维度问题,其固有的不适定特性使计算结果中存在非物理的波动。在添加界面压差后,CFD 两流体模型变为适定的。如图 9.24(b)所示,细网格不会导致空泡份额的出现。

下面对 CFD 的模拟结果进行统计分析。如图 9.25(a)所示,采用 5mm 网格时,通道中心线处的空泡份额具有周期性的变化规律,这表明湍流中的气泡羽流是混沌的。在图 9.25(b)中,快速傅里叶变换频谱反映了极限环具有明显且离

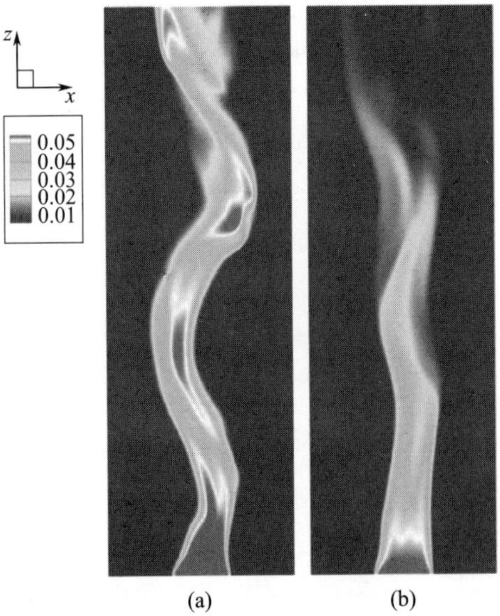

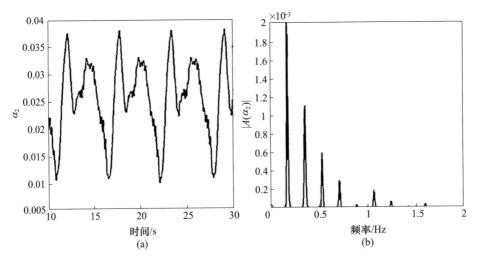

图 9.24 利用不适定和适定的 URANS TFM 分别得到的湍流状态下气泡羽流的空泡份额等值线，$\Delta x = 1.25\text{mm}$，$j_g = 2\text{mm/s}$（见彩图）

图 9.25 $j_g = 2\text{mm/s}$ 时，(a) α_2 的时间序列以及 (b) α_2 的 FFT，$\Delta x = 5\text{mm}$

散的频率，与图 4.12 所示的 KY 极限环的频谱是可比的，这与已知的湍流中气泡羽流的物理机理不一致。比较图 9.27 和图 9.25 中的频谱可以发现，当网格加密至 $\Delta x = 2.5\text{mm}$ 和 1.25mm 时突然出现变化。由图 9.26 可知，采用细网格得到的快速傅里叶频谱的时间序列在频域内变为连续的，这意味出现了预测的混沌行为。值得注意的是,利用对两流体模型的线性稳定性分析得到的关系式,对非线性模拟有明显的影响。这个结果突出了短波物理现象的重要作用,虽然该现象对模型精度的影响可以忽略,但对稳定性有明显的影响。

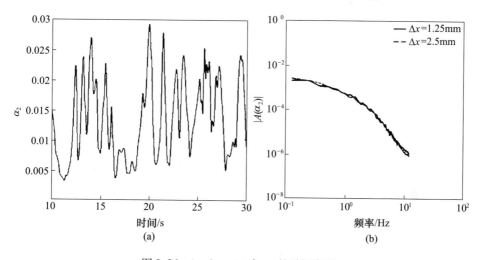

图 9.26 $j_g = 2\text{mm/s}$ 时,α_2 的时间序列,
(a) $\Delta x = 2.5\text{mm}$,(b) FFT,$\Delta x = 2.5\text{mm}$ 和 1.25mm。

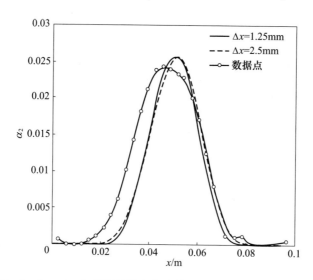

图 9.27 $j_g = 2\text{mm/s}$ 时,模拟结果和实验结果(Reddy Vanga(2004))的对比

利用第 4 章中探讨混沌行为的方法,比较两套细网格计算频谱,可以从图 9.26 看出,数值计算满足收敛条件。此外,图 9.27 中空泡份额时均值与利用丝网探针测量的实验结果一致。虽然该收敛性验证工作没有像其他研究人员

的验证工作那样细致(Niceno 等(2008),Zhang 等(2006),Ma 等(2016)),因为 Reddy Vanga(2004)没有测量湍流的流动特征。这表明,模型的精度足以完成稳定性分析。

对 $j_g=6\text{mm/s}$ 实验工况进行 CFD 模拟以探究碰撞对两流体模型稳定性的影响。在细网格下采用仅包含界面压差的 URANS TFM 进行数值模拟,可以在入口附近观察到块状的空泡份额分布情况,如图 9.28(a)所示。含界面压差的适定两流体模型计算得到的截面空泡份额为 26%,鼓泡器附近的空泡份额计算值超过 40%,该现象可以用 5.4.2 节中的一维线性稳定性分析解释。所以,不含碰撞力模型的初值问题是不适定的。模型中添加碰撞相使其变为适定的,如图 9.28(b)所示,此模型的计算结果具有平滑的空泡份额分布。

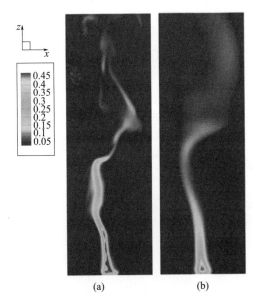

图 9.28 空泡份额等值线,URANS TFM,(a)不含碰撞,(b)含碰撞, $j_g=6\text{mm/s},\Delta x=1.25\text{mm}$(见彩图)

因此,第 5 章中介绍的界面压强和碰撞机理保证两流体模型在分析泡状流动过程中为无条件适定的,但不能捕捉到气泡羽流的不稳定性。通过添加这些并不唯一的物理机理来满足短波的稳定性,可以根据第 5 章中对线性和非线性的稳定性分析对这一问题进行解释。由于起到稳定模型的作用,这些物理项要由其他部分选定,但不能说明这些项能够使模型完整。然而,关键在于当主导作用的物理过程(如曳力和湍流)能够得到正确的处理而不仅是人为的估算时,两流体模型则是适定的。研究结果表明,利用一维线性稳定性分析得到的适定两流体模型对多维度模型的非线性行为是有帮助的。此外,图 9.26 中数值流动的频谱与图 4.21 中水平流动的频谱相似,这表明流动处于李雅普诺夫稳定状态,尽管使用最大的李雅普诺夫指数仍不符合此种情况的计算条件。

在采用细网格条件下,包含适定的短波物理项的适定 URANS TFM 能够合理地模拟湍流行为。从而满足统计意义上的收敛。另一方面,采用气泡尺寸和网格尺寸限制能够调整不适定两流体模型计算出不符合实际的结果,即极限环不能合理地表征湍流中气泡羽流。

9.6 总结与讨论

本章对两流体模型处理湍流问题过程中涉及的细节进行了讨论,对工程中 CFD 分析有较大的帮助。但仍需适定的多维两流体模型以保证模型的稳定性和收敛性,因此,应用了前几章介绍的稳定性知识。

首先,对于低气泡浓度的泡状流动。推导出了含两相 $k-\varepsilon$ 模型的稳态雷诺均值两流体模型。通过边界层、管道内和喷射区的湍流均匀衰减的实验研究,对此适定稳态模型进行了验证。

然后,开发了近壁面两流体模型,该模型将 Marie 等(1997)提出的两相对数函数嵌入到 $k-\varepsilon$ 模型当中,以保证计算收敛。在边界层流动、竖直向上流动和竖直向下流动 3 种不同的竖直流动条件下,对近壁面处的数值收敛性和适用性进行了评估。该方法的另一个优点是,雷诺均值两流体模型独立于壁面力,从而不需要不确定系数。因此,该方法在处理含变形气泡的湍流流动问题时更加可靠。

最后,通过添加界面压强和碰撞作用力得到适定的且满足李雅普诺夫稳态条件的 URANS TFM。该模型的计算减少了很多经常出现的不符合物理规律的部分。通过分析发现,在特定条件下,粗网格将导致湍流流动转化成极限环状态。因此,使用粗网格处理不适定模型会出现意想不到的结果。

本章依次介绍了 CFD 的两流体模型较一维两流体模型多出的 3 种横向作用力,即升力、壁面力和湍流扩散力。虽然没有对涉及的作用力都进行分析,但所研究的作用力在工程应用中起主要作用,并对两流体模型产生各自特殊的影响。

最后,虽然本章对两流体模型处理湍流流动问题过程中的一些细节进行了分析,但两流体模型中界面结构问题将在以后进行探讨。该部分内容需要详细阐述,感兴趣的读者可以参见 Ishii 和 Hibiki(2006)的界面输运模型。在此书中,应用不同的方法对截面面积动态变化进行了研究并得到相应结论。原则上来说,界面结构模型对两流体模型的两相稳定性的影响与湍流模型对单相 N–S

方程的影响程度相当。从工程角度来看,仍需将已掌握的单相 RANS 湍流模型的知识应用到两相雷诺均值两流体模型的稳定性研究中。尤其对水平波状流、竖直搅浑流等含有大界面结构的不规则流型中,进一步改进雷诺均值模型面临一定挑战。

参考文献

ANSYS CFX 15.0. (2013). *CFX solver theory guide.*

Antal, S. P. , Lahey, R. T. , & Flaherty, J. E. (1991). Analysis of phase distribution in fully developed laminar bubbly two-phase flow. *International Journal of Multiphase Flow*, 17, 635 – 652.

Arnold, G. S. , Drew, D. A. , & Lahey, R. T. (1989). Derivation of constitutive-equations for interfacial force and Reynolds stress for a suspension of spheres using ensemble cell averaging. *Chemical Engineering Communications*, 86, 43 – 54.

Auton, T. R. (1987). The lift force on a spherical body in a rotational flow. *Journal of Fluid Mechanics*, 183, 199 – 218.

Bagchi, P. , & Balachandar, S. (2003). Effect of turbulence on the drag and lift of a particle. *Physics of Fluids*, 15, 3496 – 3513.

Batchelor, G. K. , & Townsend, A. A. (1956). Turbulent diffusion. In G. K. Batchelor & R. M. Davies (Eds.), *Surveys in mechanics: G. I. Taylor anniversary volume.* Cambridge: Cambridge University Press.

Brucato, A. , Grisafi, F. , & Montante, G. (1998). Particle drag coefficients in turbulent fluids. *Chemical Engineering Science*, 53(18), 3295 – 3314.

Burns, A. D. , Frank, T. , Hamill, I. , & Shi, J. M. (2004). The Favre averaged drag model for turbulent dispersion in Eulerian multiphase flows. In *5th International Conference on Multiphase Flow*, Yokohama, Japan, May 30 – June 4.

Caballina, O. , Climent, E. , & Dusek, J. (2003). Two-way coupling simulations of instabilities in a plane bubble plume. *Physics of Fluids*, 15(6), 1535 – 1544.

Chahed, J. , Roig, V. , & Masbernat, L. (2003). Eulerian-Eulerian two-fluid model for turbulent gas-liquid bubbly flows. *International Journal of Multiphase Flow*, 29(1), 23 – 49.

Deen, N. G. , Solberg, T. , & Hjertager, B. H. (2001). Large eddy simulation of the gas-liquid flow in a square cross-sectioned bubble column. *Chemical Engineering Science*, 56, 6341 – 6349.

Drew, D. A. , & Passman, S. L. (1999). *Theory of multicomponent fluids* (Applied Mathematical Sciences). Berlin: Springer.

Elghobashi, S. E. , & Abou-Arab, T. W. (1983). A two-equation turbulence model for two-phase flows. *Physics of Fluids*, 26, 931.

Frank, T. , Shi, J. M. , & Burns, A. D. (2004). Validation of Eulerian multiphase flow models for nuclear safety applications. In *Third International Symposium on Two-Phase Flow Modeling and Experimentation*, Pisa.

Hanjalic, K. , & Launder, B. E. (1972). A Reynolds stress model of turbulence and its application to thin shear flows. *Journal of Fluid Mechanics*, 98, 58 – 69.

Ishii, M. (1975) Thermo-Fluid Dynamic Theory of Two-Phase Flow. Eyrolles, Paris.

Ishii, M., & Chawla, T. C. (1979). *Local drag laws in dispersed two-phase flow*. Argonne: ANL.

Ishii, M., & Hibiki, T. (2006). *Thermo-fluid dynamics of two-phase flow*. New York: Springer.

Kataoka, Ⅰ., & Serizawa, A. (1989). Basic equations of turbulence in gas-liquid 2-phase flow. *International Journal of Multiphase Flow*, 15(5), 843-855.

Kurose, R., & Komori, S. (1999). Drag and lift forces on a rotating sphere in laminar shear flows. *Journal of Fluid Mechanics*, 384, 183-206.

Lakehal, D. D., Smith, B. L., & Milelli, M. (2002). Large eddy simulation of bubbly turbulent shear flows. *Journal of Turbulence*, 3.

Lance, M., & Bataille, J. (1991). Turbulence in the liquid phase of a uniform bubbly air-water flow. *Journal of Fluid Mechanics*, 222, 95-118.

Lance, M., & Lopez de Bertodano, M. (1996). Phase distribution phenomena and wall effects in bubbly two-phase flows. In *Multiphase science and technology* (Vol. 8, Ch. 2, pp. 69-123). Begell House, Inc.

Larreteguy, A. E., Drew, D. A., & Lahey, Jr., R. T. (2002). A particle center-averaged two-fluid model for wall-bounded bubbly flows. In *ASME Fluid Engineering Division Summer Meeting*, Montreal.

Launder, B. E., & Spalding, D. B. (1974). The numerical computation of turbulent flows. *Computer Methods in Applied Mechanics and Engineering*, 3, 269-289.

Legendre, D., & Magnaudet, J. (1998). The lift force on a spherical bubble in viscous linear flow. *Journal of Fluid Mechanics*, 368, 81-126.

Lopez de Bertodano, M. (1992). *Turbulent bubbly two-phase flow in a triangular duct*. Troy, NY.

Lopez de Bertodano, M., Lahey, R. T., Jr., & Jones, O. C. (1994a). Development of a k-epsilon model for bubbly two-phase flow. *Journal of Fluids Engineering*, 116, 128-134.

Lopez de Bertodano, M., Lahey, R. T., Jr., & Jones, O. C. (1994b). Phase distribution in bubbly two-phase flow in vertical ducts. *International Journal of Multiphase Flow*, 20(5), 805-818.

Lucas, D., Prasser, H.-M., & Manera, A. (2005). Influence of the lift force on the stability of a bubble column. *Chemical Engineering Science*, 60(13), 3609-3619.

Ma, T., Ziegenhein, T., Lucas, D., & Frohlich, J. (2016). Large eddy simulations of the gas-liquid flow in a rectangular bubble column. *Nuclear Engineering and Design*, 299, 146-153.

Marie, J. L., Moursali, E., & Tran-Cong, S. (1997). Similarity law and turbulence intensity profiles in a bubbly boundary layer. *International Journal of Multiphase Flow*, 23, 227-247.

Moraga, F. J., Larreteguy, A. E., Drew, D. A., & Lahey, R. T., Jr. (2006). A center-averaged two-fluid model for wall-bounded bubbly flows. *Computers and Fluids*, 35, 429-461.

Mostafa, A. A., & Mongia, H. C. (1988). On the interaction of particles and turbulent fluid flow. *International Journal of Heat and Mass Transfer*, 31(10), 2063-2075.

Naciri, M. A. (1992). *Contribution a l' etude des forces exercees por un liquide sur une bulle degaz, masse ajoutee et interactions hydrodynamiques*. Ph. D. thesis, L' Ecole Central de Lyon, Lyon, France.

Nakoryakov, V. E., Kashinsky, O. N., Kozmenko, B. K., & Gorelik, R. S. (1986). Study of upward bubbly flow at low liquid velocities. *Izvestija Sibirskogo Otdelenija Akademii Nauk SSSR*, 16, 15-20.

Naot, D., & Rodi, W. (1982). Calculation of secondary currents in channel flow. *Proceedings of the American Society of Civil Engineers*, 108(HY8), 948-968.

Narayanan, C. & Lakehal, D. (2002) Temporal instabilities of a mixing layer with uniform and nonuniform particle loadings. Physics of Fluids,14(11):3775-3789.

Niceno, B., Dhotre, M. T., & Deen, N. G. (2008). One-equation sub-grid scale(SGS) modelling for Euler-Euler large eddy simulation(EELES) of dispersed bubbly flow. *Chemical Engineering Science*,63,3923-3931.

Prandtl, L. (1925). A report on testing for built-up turbulence. *ZAMM Journal of Applied Mathematics and Mechanics*,5.

Reddy Vanga, B. N. (2004). *Experimental investigation and two fluid model large eddy simulations of recirculating turbulent flow in bubble columns.* West Lafayette, IN: Purdue University.

Reeks, M. W. (1991). On a kinetic equation for the transport of bubbles in turbulent flows. *Physics of Fluids A*,3(3),446-456.

Reeks, M. W. (1992). On the continuum equations for dispersed bubbles in non-uniform flows. *Physics of Fluids A*,4(6),1290-1302.

Roig, V., Suzanne, C., & Masbernat, L. (1997). Experimental investigation of a turbulent bubbly mixing layer. *International Journal of Multiphase Flow*,24,35-54.

Saffman, P. G. (1956). On the rise of small air bubbles in water. *Journal of Fluid Mechanics*,1,249-275.

Sato, Y., & Sekoguchi, K. (1975). Liquid velocity distribution in two-phase bubble flow. *International Journal of Multiphase Flow*,2,79-95.

Serizawa, A., Kataoka, I., & Michiyoshi, I. (1986). Phase distribution in bubbly flow, data set no. 24. In *The Second International Workshop on Two-Phase Flow Fundamentals*, Troy.

Shuen, J. S., Solomon, A. S. P., Zhang, Q. F., & Faeth, G. M. (1983). *A theoretical and experimental study of turbulent particle-laden Jets*(Technical Report 168293, NASA-CR).

Smagorinsky, J. (1963). General circulation experiments with the primitive equations. Ⅰ. The basic experiment. *Monthly Weather Review*,91,99-165.

Squires, K. D., & Eaton, J. K. (1990). Particle response and turbulence modification in isotropic turbulence. *Physics of Fluids A: Fluid Dynamics*,2(7),1191-1203.

Sun, T.-Y. (1985). *A theoretical and experimental study on noncondensible turbulent bubbly jets.* Ph. D. Dissertation, The Pennsylvania State University, University Park, PA.

Tennekes, H. & Lumley, J. (1974). A First Course in Turbulence. The MIT Press.

Tomiyama, A., Kataoka, I., Zun, I., & Sakaguchi, T. (1998). Drag coefficients of single bubbles under normal and microgravity conditions. *JSME International Journal Series B Fluids and Thermal Engineering*,41(2),472-479.

Tomiyama, A., Tamai, H., Zun, I., & Hosokawa, S. (2002). Transverse migration of single bubbles in simple shear flows. *Chemical Engineering Science*,57(11),1849-1858.

Tran-Cong, S., Marie, J. L., & Perkins, R. J. (2008). Bubble migration in a turbulent boundary layer. *International Journal of Multiphase Flow*,34,786-807.

Vaidheeswaran, A., Fullmer, W. D., & Lopez de Bertodano, M. (2017). Effect of collision force on well-posedness and stability of the two-fluid model for vertical bubbly flows. *Nuclear Science and Engineering*(Accepted for publication).

Vaidheeswaran, A., Prabhudharwadkar, D., Guilbert, P., Buchanan, Jr., J. R., & Lopez de Bertodano, M. (2017). New two-fluid model near-wall averaging and consistent matching for turbulent bubbly flows. *Journal of Fluids Engineering*,139(1),011302-1,011302-11.

Wang, S. K., Lee, S. J., Jones, O. C., Jr., & Lahey, R. T., Jr. (1987). 3-D turbulence structure and phase distribution measurements in bubbly two-phase flows. *International Journal of Multiphase Flow*, *13*, 327–343.

Zhang, D., N. G. Deen and J. A. Kuipers (2006). "Numerical Simulation of the Dynamic Flow Behavior in a Bubble Column: A study of Closures for Turbulence and Interface Forces," *Chemical Engineering Science*, *61*: 7593–7608.

附录 A
一维两流体模型

A.1 一维两流体模型的推导

为了推导出一维 TFM,由适当的时间平均或统计平均得到的完整三维 TFM 须通过面积平均处理。Ishii 和 Hibiki(2006)的三维 TFM 如下:

$$\frac{\partial}{\partial t}\alpha_k \rho_k + \nabla \cdot \alpha_k \rho_k \bar{u}_k = \Gamma_k \tag{A.1}$$

$$\frac{\partial}{\partial t}\alpha_k \rho_k \bar{u}_k + \nabla \cdot \alpha_k \rho_k \bar{u}_k \bar{u}_k = -\alpha_k \nabla p_k + \nabla \cdot \alpha_k (\bar{\tau}_k + \bar{\tau}_k^{\mathrm{T}}) + \alpha_k \rho_k g + M_{ki} +$$
$$(p_{ki} - p_k)\nabla \alpha_k - \bar{\tau}_{ki} \cdot \nabla \alpha_k + \bar{u}_{ki}\Gamma_k \tag{A.2}$$

式中:$\alpha_k, \rho_k, \bar{u}_k, p_k$ 分别为 k 相的体积分数、密度、速度场和压力;额外的源项 Γ,$\bar{\tau}_k, \bar{\tau}_k^{\mathrm{T}}, g, \bar{u}_{ki}, \bar{\tau}_{ki}, p_{ki}, M_{ki}$ 分别为交界面处的质量传输、剪切应力张量、湍流雷诺应力、体积力、界面传质速度、界面剪切力、界面压力和广义曳力。

基于不可压缩和等温的假设,焓或能量方程已被忽略。除此以外,不可压缩的假设

$$\frac{\mathrm{D}_k \rho_k}{\mathrm{D}t} = \frac{\partial \rho_k}{\partial t} + \bar{u}_k \cdot \nabla \rho_k = 0 \tag{A.3}$$

将会在求平均值之前用于简化公式。

假设流体处于热平衡状态,因此,$\Gamma_k = 0$ 并将其从式(A.1)和式(A.2)中消除。然后将式(A.3)代入式(A.1)中,得到简化后的连续性方程为

$$\frac{\partial \alpha_k}{\partial t} + \nabla \cdot (\alpha_k \bar{u}_k) = 0 \tag{A.4}$$

此外,当前的工作将只关注分层流量,因此 $M_{ki} = 0$。最终得到的公式只对

没有弥散相结构的例子有效。通过湍流黏度求解雷诺应力，以便可以使用单个有效应力来代替黏滞和湍流应力。最后，相压力项被归类为守恒的形式。最终简化后的动量方程为

$$\rho_k\left(\frac{\partial}{\partial t}\alpha_k \bar{\boldsymbol{u}}_k + \nabla \cdot \alpha \bar{\boldsymbol{u}}_k \bar{\boldsymbol{u}}_k\right) = -\nabla \alpha_k p_k + \nabla \cdot \alpha_k \bar{\boldsymbol{\tau}}_k^{\text{eff}} - \nabla \alpha_k \bar{\boldsymbol{\tau}}_{ki} + p_{ki}\nabla \alpha_k + \alpha_k \rho_k \boldsymbol{g}$$

(A.5)

现在，为了得到合适的一维TFM，三维场方程需要在通道横截面上进行面积平均，如图A.1所示。假设通道为矩形，那么面积平均值可定义为

$$\langle \phi \rangle = \int_0^W \int_0^H \phi \mathrm{d}y\mathrm{d}z$$

(A.6)

式中：W, H 分别为通道的宽和高。

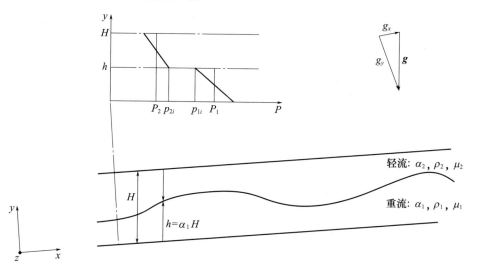

图A.1 矩形通道倾斜条件下分层两相流的几何结构和横向压力分布
（转载自 Lopez de Bertodano 等（2013），经 Begell House 许可）

空泡加权平均值同样也会被采用，表达式如下：

$$\langle\langle \phi \rangle\rangle = \frac{\langle \alpha \phi \rangle}{\langle \alpha \rangle}$$

(A.7)

应该指出的是，一维模型对波状分层两相流的适用性构成了限制性的长波长假设，这是因为流体的横向分量将会丢失。尽管在构建伪二维模型方面进行了一些尝试，例如 Ransom 和 Hicks（1984），之后推导出的方程尽可能保持常规，符合分析全部流动条件所需的标准热工水力学模型。当应用传统假设 $v = w = 0$ 时，压力场的横向分量将被保留。包含横向分量并采用一种不影响一维TFM最

终形式的方式十分重要,即需要构建一个单压模型,这是绝大多数一维 TFM 程序中使用的形式。

通过对式(A.4)和式(A.5)的面积平均处理,得到一维 TFM,如下所示:

$$\frac{\partial \langle \alpha_k \rangle}{\partial t} + \frac{\partial}{\partial x} \langle \alpha \rangle \langle\langle u_k \rangle\rangle = 0 \tag{A.8}$$

$$\rho_k \left(\frac{\partial}{\partial t} \langle \alpha_k \rangle \langle\langle u_k \rangle\rangle + \frac{\partial}{\partial x} C_{uk} \langle \alpha_k \rangle \langle\langle u_k \rangle\rangle^2 \right) = -\langle \alpha_k \rangle \frac{\partial \langle\langle p_k \rangle\rangle}{\partial x} + (p_{ki} - \langle\langle p_k \rangle\rangle)$$

$$\frac{\partial \langle \alpha_k \rangle}{\partial x} \cdot \frac{\partial}{\partial x} \langle \alpha_k \rangle \langle\langle \tau_{kxx}^{\text{eff}} \rangle\rangle -$$

$$\frac{4\alpha_{kw}}{D_H} \tau_{kw} - \frac{1}{H} \tau_{ki} + \langle \alpha_k \rangle \rho_k g_x \tag{A.9}$$

$$-\langle \alpha_k \rangle \frac{\partial \langle\langle p_k \rangle\rangle}{\partial y} + \langle \alpha_k \rangle \rho_k g_y = 0 \tag{A.10}$$

式中:C_{uk},α_{kw},D_H,τ_{kw},τ_{ki} 为动量通量分布参数、平均壁面空泡份额、水力直径、壁面剪切力和界面剪切力。

以保守的形式面积平均后,压力空泡份额项再次重新设置为非保守形式。一维动量方程中的附加壁面项是通道区域内平面内剪切力分量平均后的结果。这种形式包括每个方向的壁面剪切力大致相等的近似值。在 z 方向无重力作用的假设下,展向动量方程变得微不足道。分布参数均是形状因子,即它们考虑了平均平面上的速度分布,并且不能作为一维 TFM 的一部分进行预测,因此需要封闭方程。在本研究中,所有的通量形状系数项都被忽略,统一假设为一个值,这是基于两相都处于湍流区中的合理假设(Ishii 和 Hibiki(2006))。更多复杂的模型,尤其是针对层流的模型可以通过横向速度平面图中的实验数据和分析方法得到。感兴趣的读者可以参考 Kocamustafaogullari(1985)或 Biberg(2007)以及 Picchi 等(2014)的研究。一些项需要额外的封闭方程,因为这 4 个场方程只能求解 4 个自变量,尤其是空泡份额、速度和压力。为简单起见,在这一点上,平均括号会被删除。为了让模型适合于一般模型的框架,需要一个单独的压力模型使其能够用于所有类型的流动形式。这里采用一个一阶近似,简单地假设压力相等,即 $p_1 = p_2 = p_i$,其中,下角标 1 和 2 分别代表较重和较轻的流体。这种假设可能适用于纵向流动,当重力向量作用于横向方向时,压力相等的假设就不成立了。式(A.10)给出了相压力一个横向方向上的静压分布,因此,它可以用来预测平均的相压力。相位线交界面压力与平均相压力之间的区别为

$$p_k = p_{ki} \pm \frac{1}{2} \rho_k g_y h_k \tag{A.11}$$

式中：$h_k = \alpha_k H$ 代表相的高度，是一种空泡份额和通道高度的乘积。静压效应的 $\mp$ 假设重力作用于负 y 方向和更轻的相的上方，其中，$k = 2$。

式（A.11）可以直接带入式（A.9）中的交界面压差项里，即

$$(p_{ki} - p_k)\frac{\partial \alpha_k}{\partial x} = \pm \frac{1}{2}\alpha_k \rho_k g_y H \frac{\partial \alpha_k}{\partial x} \tag{A.12}$$

此外，轴向压力梯度也可以用相间压力作为参考压力，即

$$-\alpha_k \frac{\partial p_k}{\partial x} = -\alpha_k \frac{\partial}{\partial x}\left(p_{ki} \pm \frac{1}{2}\alpha_k \rho_k g_y H\right) = -\alpha_k \frac{\partial p_{ki}}{\partial x} \pm \frac{1}{2}\rho_k g_y H \frac{\partial \alpha_k}{\partial x} \tag{A.13}$$

式（A.13）中的第二项代入式（A.12）中相同的交界面压力项里，这使得公式系数变为 1。然后，交界面的压力跳跃条件与 Ramshaw 和 Trapp（1978）得到的表面张力联系起来，则有

$$p_{2i} - p_{1i} = \sigma \frac{\partial^2 h_1}{\partial x^2} \tag{A.14}$$

将（更轻的）相 2 侧交界面压力作为参考压力，则相 1 的压力梯度为

$$-\alpha_1 \frac{\partial p_{1i}}{\partial x} = -\alpha_1 \frac{\partial}{\partial x}\left(p_{2i} - \sigma H \frac{\partial^2 \alpha_1}{\partial x^2}\right) = -\alpha_1 \frac{\partial p_{2i}}{\partial x} + \alpha_1 \sigma H \frac{\partial^3 \alpha_1}{\partial x^3} \tag{A.15}$$

每一相的综合总压力效应为

$$\begin{aligned}-\alpha_2 \frac{\partial p_2}{\partial x} + (p_{2i} - p_2)\frac{\partial \alpha_2}{\partial x} &= -\alpha_2 \frac{\partial p_{2i}}{\partial x} + \alpha_2 \rho_2 g_y H \frac{\partial \alpha_2}{\partial x} \\ -\alpha_1 \frac{\partial p_1}{\partial x} + (p_{1i} - p_1)\frac{\partial \alpha_1}{\partial x} &= -\alpha_1 \frac{\partial p_{2i}}{\partial x} - \alpha_1 \rho_1 g_y H \frac{\partial \alpha_1}{\partial x} + \alpha_1 \sigma H \frac{\partial^3 \alpha_1}{\partial x^3}\end{aligned} \tag{A.16}$$

Drew 和 Passman（1998）给出了总的或有效的黏性应力：

$$\tau_{kxx}^{\text{eff}} = \rho_k v_k^{\text{eff}} \frac{\partial u}{\partial x} \tag{A.17}$$

将 Fullmer 等（2011）的有效黏度带入并应用，有

$$v_k^{\text{eff}} = C_\varepsilon(v_k + v_k^t) \tag{A.18}$$

式中：v_k^t 为湍流黏度；C_ε 为缩放剪切力的调整因子，使得一维耗散大致相当于其多维对应值。

Fullmer 等（2011）通过一阶近似计算对 Thorpe（1969）的实验进行了 CFD 模拟，在不同的两个相里，均为 $v_k^t = 1.3 \times 10^{-5} \text{m}^2/\text{s}$ 和 $C_\varepsilon = 8.1$。在用于线性稳定性分析的方程中，仅考虑速度的二阶导数，因为空泡份额的一阶导数和速度的乘积是扰动的非线性产物。然而，对于使用 TFIT 程序的非线性分析，黏性项的保

守形式如下：

$$\frac{\rho_k v_k^{\text{eff}}}{\Delta x}\left[(\alpha_k)_{j+\frac{1}{2}}^n \frac{(u_k)_{j+1}^n - (u_k)_j^n}{\Delta x} - (\alpha_k)_{j-\frac{1}{2}}^n \frac{(u_k)_j^n - (u_k)_{j-1}^n}{\Delta x}\right] \quad (\text{A.19})$$

它取代了式(A.17)和式(A.18)所示的线性化形式。

界面和壁面剪切项将用一个简单的 Darcy 模型来封闭，即

$$\tau_{ki} = \frac{1}{2} f_i \rho_2 |u_R|(u_k - u_{nk}) \quad (\text{A.20})$$

和

$$\tau_{kw} = \frac{1}{2} f_k \rho_k u_k^2 \quad (\text{A.21})$$

式中：$u_R \equiv u_2 - u_1$ 为相对速度；u_k 为某一相的速度；f_i, f_k 分别为界面和壁面摩擦因数。虽然它们通常被表示为相位雷诺数的函数（Andritsos 和 Hanratty (1987)、Kowalski (1987)、Hurlburt 和 Hanratty (2002)、Ullmann 和 Brauner (2006)、Biberg(2007)），但是在本书中它们将被视为常量。壁面的平均空泡份额由相 k 占据的湿周长的部分给定，即 $\alpha_{wk} = P_{wk}/P_w$。然而对于目前纯分层流的情况，通常 $\alpha_{wk} \neq \alpha_k$ 而是 $\alpha_{wk} = (W + 2\alpha_k H)/P_w$。

最后，综合式(A.12)～式(A.21)中的各项，最终得到的适用于矩形通道中水平分层流的不可压缩、绝热、一维 TFM 方程如下：

$$\frac{D_1 \alpha_1}{Dt} + \alpha_1 \frac{\partial u_1}{\partial x} = 0 \quad (\text{A.22})$$

$$\frac{D_2 \alpha_2}{Dt} + \alpha_2 \frac{\partial u_2}{\partial x} = 0 \quad (\text{A.23})$$

$$\rho_1 \frac{D_1 u_1}{Dt} = -\frac{\partial p_{2i}}{\partial x} - \rho_1 g_y H \frac{\partial \alpha_1}{\partial x} + \sigma H \frac{\partial^3 \alpha_1}{\partial x^3} + \frac{\rho_1}{\alpha_1} \frac{\partial}{\partial x}\left(\alpha_1 v_1^{\text{eff}} \frac{\partial u_1}{\partial x}\right) +$$

$$\rho_1 g_x - \frac{W + 2\alpha_1 H}{\alpha_1 A} \frac{f_1}{2} \rho_1 |u_1| u_1 - \frac{1}{\alpha_1 H} \frac{f_i}{2} \rho_2 |u_2 - u_1|(u_2 - u_1) \quad (\text{A.24})$$

$$\rho_2 \frac{D_2 u_2}{Dt} = -\frac{\partial p_{2i}}{\partial x} - \rho_2 g_y H \frac{\partial \alpha_2}{\partial x} + \frac{\rho_2}{\alpha_2} \frac{\partial}{\partial x}\left(\alpha_2 v_2^{\text{eff}} \frac{\partial u_2}{\partial x}\right) \sigma H \frac{\partial^3 \alpha_1}{\partial x^3} + \rho_2 g_x -$$

$$\frac{W + 2\alpha_2 H}{\alpha_2 A} \frac{f_2}{2} \rho_2 |u_2| u_2 - \frac{1}{\alpha_2 H} \frac{f_i}{2} \rho_2 |u_2 - u_1|(u_2 - u_1) \quad (\text{A.25})$$

附录 B
数 学 背 景

B.1 引 言

  本附录中展示的流体波分析的主旨是介绍本书中用于分析 TFM 稳定性的数学方法。由于在流体力学或本科数学的介绍性文章里较少介绍这些内容,所以在这里将其归纳和总结。

  一维 TFM 线性稳定性分析基于波动力学(如傅里叶分析)。因此,这里从最简单的线性数学波模型即单向波动方程开始阐述。这样一个基本模型可提供分析解,但 TFM 通常不具有分析解。此外,线性稳定性分析非常简单,因此可以更容易地理解整本书中使用的特征值和色散分析。单向波动方程还允许使用色散关系对不适定模型进行数学定义。TFM 部分是本书的核心内容之一。在这一点上,我们只会将其定义为模型的数学属性,即作为波长接近零时扰动增长率的奇异点。本书探讨了这种行为的更多物理原理。最后,本书主张 TFM 在任何情况下都不需要是不适定的,本书追求的是问题而不是结果,从而更好地理解 TFM 的稳定性。从这个意义上说,这个不适定的问题是非常有价值的。

  另一个关键点是非线性波分析,所以最基本的地方就是 Burgers 方程,它是现代数学的一个很好理解的方程,并且它有一个分析解。由于它与 Burgers 方程的相似性,漂移流空泡传输方程紧随其后。任何熟悉两相流分析的人都会喜欢介绍漂移流模型,它是两相流最成功的理论之一。可能不那么熟悉的是空泡传输方程与 Burgers 方程相似性的证明,这意味着物质激波和膨胀波在一维 TFM 的物质波行为中无处不在。

  我们很少能够获得 TFM 的解析解,因此数值方法在两相流模拟中起着核心作用,所以第三个部分是有限差分格式的数值稳定性。这里将数值稳定性与模型的稳定性分开讨论,其中冯·诺依曼稳定性分析至关重要。冯·诺依曼分析是根据增长矩阵定义的,该增长矩阵与从微分模型的色散分析中获得的增长率不同,但幸运的是,它们仅仅是相关的。本书还分析了工业程序中使用的不同显式和隐式一阶有限差分方法,同时也对一些众所周知更为适合非稳定波流动的二阶方法进行了分析。需要强调的是,在数值计算中总是有意或无意做出折中。

然后引入 Whitham(1974)的浅水理论(SWT),并进行色散分析以识别运动学不稳定性。这个模型对我们来说意义重大,因为它与 TFM 物质波的线性稳定性和各章进行的非线性模拟密切相关。第 2 章说明了这个关系有多接近,其中不可压缩的 TFM 使用固定通量假设精确地降低到与 SWT 一致。SWT 的稳定性在过去得到了广泛的研究,这些重要结果现在可以直接应用于 TFM。

最后,本书对混沌理论做一个简单的介绍。这方面的研究在过去几十年中取得了长足的进步,详细的论述见 Strogatz(1994)。

B.2 线性稳定性

B.2.1 单向波动方程

单向波动方程是最简单的双曲型方程,或者是偏微分方程初值:

$$\frac{\partial u}{\partial t} + c\frac{\partial u}{\partial x} = 0 \tag{B.1}$$

式中:u 为一个未指定的无量纲变量,由特征线法得到的解是 $u(x,t) = u_0 \times (x - ct)$,因此,振幅沿特征线保持不变,即 $x - ct = x_0$。

例如,图 B.1 展示了一个 $c = 1\text{m/s}, u_0(x) = \frac{1}{\sqrt{2\pi}}e^{-\frac{1}{2}x^2}$ 的例子,即正态分布函数沿特征线传播不变。

增加一个源项,波动方程就变为

$$\frac{\partial u}{\partial t} + c\frac{\partial u}{\partial x} = au \tag{B.2}$$

式中:a 为一个常数,在这种情况下,解为

$$u(x,t) = u_0(x - ct)e^{at} \tag{B.3}$$

如图 B.2 所示,其中 $a = 0.02$。波的幅度呈指数增长,宽度保持不变。这种情况导致了不稳定性条件为:如果 $a > 0$,则方程不稳定,否则稳定。

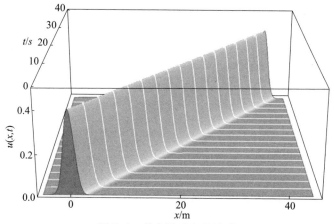

图 B.1　单向波动方程波形

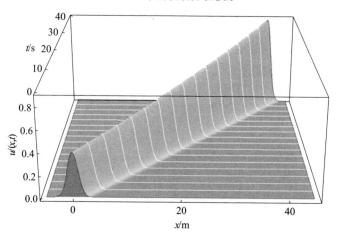

图 B.2　带源项波的单向波动方程

单向波动方程也许包括扩散项,而不是著名的对流-扩散方程:

$$\frac{\partial u}{\partial t} + c\frac{\partial u}{\partial x} = v\frac{\partial^2 u}{\partial x^2} \tag{B.4}$$

该等式为抛物线型,而非双曲线型,并且具有一般性解(Strang(2007)):

$$u(x,t) = \frac{1}{\sqrt{4\pi t}} \int_{-\infty}^{\infty} u_0(s) e^{-\frac{(x-s-ct)^2}{4vt}at} ds \tag{B.5}$$

$v = 0.01\text{m}^2/\text{s}$ 时,式(B.5)的解如图 B.3 所示。在这种情况下,波沿着一定的特征线变化,波的幅度减小并且宽度增加。

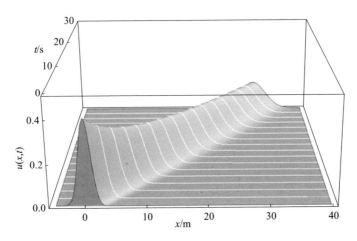

图 B.3 带黏性扩散波的单向波动方程

B.2.2 特征方程和色散关系

在之前章节中,对于所有情况,特征方程表示为 $x - ct = x_0$,其中 c 为特征速度,对于双曲型方程是实部。当然,这种简单的解决方案是可能的,因为方程式是线性的。然而,由于特性分析不足以满足 TFM 稳定性的某些重要方面,因此也必须获得色散关系。对于初始值问题,可以根据边界提出傅里叶级数或傅里叶积分解,并使用 $u = u_0 e^{i(kx-\omega t)}$ 形式的傅里叶分量,其中,k 为与波长相关的波数,其定义为 $k = \dfrac{2\pi}{\lambda}$。

将其带入式(B.4)中,可得频率与波数相关的色散关系为

$$\omega = ck - i\upsilon k^2 \tag{B.6}$$

这实际上是解决方案的一部分。另一部分是傅里叶分量的幅度以匹配初始条件。

从色散关系导出的两个量是波速和群速度。波速定义为 $c_{\text{wave}} = \dfrac{\omega}{k}$,即

$$c_{\text{wave}} = c - i\upsilon k \tag{B.7}$$

在这种情况下,波速具有与波数成比例的负虚部,这意味着短波分量正在被消散。波速的虚部与波的衰减速度有关,而波的衰减是由于黏性耗散而不是波的平移速度。从色散关系获得的波速的一个重要方面是在极限 $k \to \infty$ 时,实部变为特征速度,并且如果虚部等于或小于零,则方程是适定的。这可以概括为特征速度是从无穷小波长极限的色散分析中获得的。

群速度定义为 $c_{\text{group}} = \dfrac{d\omega}{dk}$,即

$$c_{group} = c - 2i\upsilon k \tag{B.8}$$

图 B.4 中的虚线表示波长方面的色散关系，$\lambda = \frac{2\pi}{k}$。当 $\upsilon > 0$，由式（B.6）可得 $e^{-\omega_i t} = e^{-\upsilon k^2 t}$，因此波的增长为负，波幅随黏性耗散而减小，如图 B.3 所示。这是对流 - 扩散方程的理想特征，例如抛物线问题，该模型认为是"适定的"。当 $\upsilon = 0$ 时，如虚线所示，该等式变为双曲线，并且所有波长的增长率为零。现假设因变量有一个虚部，$u = u_r + iu_i$，这是电磁波理论中的常见做法，同样的，$c = c_r + ic_i$，其中，c_i 代表人为规定的波增长速度。然后，$e^{-\omega_i t} = e^{(c_i k - \upsilon k^2)t}$。当 $\upsilon = 0$ 和 $c_i > 0$ 的时候，波增长率达到无限大，因为 $\lambda \to 0$。这被称为"不适定"的问题，当然它没有任何物理意义。由于 Kelvin – Helmholtz 的不稳定性，类似的不适定以更微妙的方式出现在不完整的 TFM 中。最后考虑 $\upsilon > 0$ 和 $c_i > 0$ 的情况。现在，图 B.4 显示了截止波长，低于该截止波长，波长增长率变为负值，这称为"适定的"问题；对于大于截止值的波长，它是不稳定的。区分不稳定问题和"不适定"之间的区别很重要，例如虽然不稳定的流动表现出超过截止波长的波长，但是由于 $\lambda \to 0$，不适定的问题会导致无限的增长。

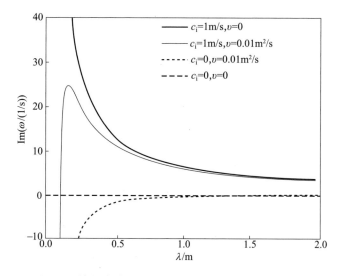

图 B.4　单向波动方程与人工施加波浪生长的色散关系

当然，色散关系的主要优点是它可以预测所有波长的波长增长。考虑线性化的 Korteweg – de Vries 方程，有

$$\frac{\partial u}{\partial t} + c \frac{\partial u}{\partial x} = -\sigma \frac{\partial^3 u}{\partial x^3} \to \omega = ck - \sigma k^3 \tag{B.9}$$

实际波速 $c_{wave} = c - \sigma k^2$ 不是恒定的，而是取决于波长，以便不同波长的波"色

散"。例如,表面张力会引起波纹的色散。

B.3 非线性模型

B.3.1 Burgers 方程

运动激波的形成是一维 TFM 的重要现象。运动激波是众所周知的,它们被 Wallis(1969)描述为两相流,Whitham(1974)描述了这种类型的表面非线性波,即

$$\frac{\partial u}{\partial t} + c(u)\frac{\partial u}{\partial x} = 0 \tag{B.10}$$

与 TFM 相关的一个简单例子是 Burgers 方程:

$$\frac{\partial u}{\partial t} + u\frac{\partial u}{\partial x} = v\frac{\partial^2 u}{\partial x^2} \tag{B.11}$$

当 $v=0$ 时,式(B.11)的解如图 B.5 所示。初始条件是一般(高斯)波,其表达式为 $u(x,0) = \frac{1}{\sqrt{2\pi}\sigma_s}e^{-(x-\mu)^2/2\sigma_s^2}$,其中心位于 $\mu=0$ 且标准偏差 $\sigma_s=1$。可以看到两个非线性特征:激波和同时发展的扇动。Burgers 方程的一般解可以使用 Whitham(1974)描述的特征线方法获得。方程解沿着特征线 $x-\mu t = x_0$ 一直传播,因此,有

$$\frac{\mathrm{d}x}{\mathrm{d}t} = u(x,t), \quad \frac{\mathrm{d}u}{\mathrm{d}t} = 0 \tag{B.12}$$

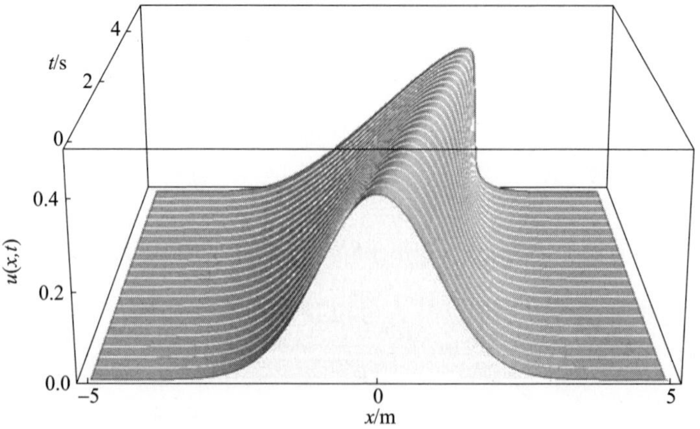

图 B.5 Burgers 方程波

这对等式的解是 $x(t) = x_0 + u(x_0,0)t, u(x,t) = u(x_0,0)$ 或

$$u(x_0,0) = u(x_0 + u(x_0,0)t) \tag{B.13}$$

只要特征线不相交，这是一个有效的隐式解。但是，如果 $\dfrac{du(x_0,0)}{dx_0} < 0$，则特征线相交并形成激波，这可以通过 Riemann 问题来说明。这是 Burgers 方程的一般解，用于阶梯函数初始条件的简单情况。例如，在 $x < 0$ 时, $u_0(x) = 0,1$；在 $x \geqslant 0$ 时, $u_0(x) = 1,0$，图 B.6 显示了两组不同特征线，解沿着特征线传输。

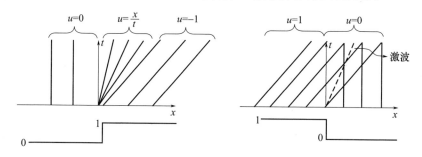

图 B.6　阶梯函数初始条件的 Burgers 方程特征线

左边的情况是扇动，右边的情况是激波。激波或扇动之外的左右场保持不变，如式(B.11)所规定。通过将守恒形式的 Burgers 方程在固定区间 $[x_L, x_R]$ 中积分来获得冲击的速度，有

$$\int_{x_L}^{x_R} \left(\frac{\partial}{\partial t} u + \frac{\partial}{\partial x} \frac{u^2}{2} \right) dx = 0 \tag{B.14}$$

或者

$$\frac{\partial}{\partial t} \int_{x_L}^{x_R} u dx + \frac{u_R^2}{2} - \frac{u_L^2}{2} = 0 \tag{B.15}$$

如果激波的位置是 $x(t)$，那么积分方程式(B.15)可以由以下部分组成：

$$\frac{\partial}{\partial t} [(X - x_L) u_L + (x_R - X) u_R] + \frac{u_R^2}{2} - \frac{u_L^2}{2} = 0 \tag{B.16}$$

式中: x_L, x_R, u_L, u_R 为常数。

然后

$$\frac{dX}{dt}(u_L - u_R) + \frac{u_R^2}{2} - \frac{u_L^2}{2} = 0 \tag{B.17}$$

式(B.17)有简单的解，即

$$\frac{dX}{dt} = \frac{1}{2}(u_L + u_R) \tag{B.18}$$

当 $v>0$ 时可以使用 Cole – Hopf 变换求解 Burgers 方程,该变换将其转换为热方程,即

$$u = -2v \frac{1}{\phi} \frac{\partial \phi}{\partial x} \to \frac{\partial \phi}{\partial t} = v \frac{\partial^2 \phi}{\partial x^2} \quad (\text{B.19})$$

其解为

$$u(x,t) = -2v \frac{\partial}{\partial x} \ln\left[\frac{1}{\sqrt{4\pi t}} \int_{-\infty}^{\infty} e^{\frac{(x-s)^2}{4vt} - \frac{1}{2v}\int_0^s u(\xi,0)\,\mathrm{d}\xi} \mathrm{d}s\right] \quad (\text{B.20})$$

考虑具有额外源项的下一个 Burgers 方程:

$$\frac{\partial u}{\partial t} + u \frac{\partial u}{\partial x} = au + v \frac{\partial^2 u}{\partial x^2} \quad (\text{B.21})$$

将 Burgers 方程的非线性行为与线性单向波方程进行比较时,存在显著差异。非线性稳定性分析可以通过各种方法如扰动理论(Whitham(1974))进行分析。这种分析需要本书中未使用的数学工具。同样,也可以使用数值模拟来证明非线性效应。

为了说明线性波和非线性波之间的差异,图 B.7 和图 B.8 显示了线性波方程和 Burgers 方程的孤立波演化,其中 $c=1/4, a=0.02$ 和 $v=0.01\mathrm{m}^2/\mathrm{s}$。在线性情况下,波以指数方式增长,但在非线性情况下,仅在短的初始时间间隔内有效。之后,振幅朝着渐近值减小,因为源项 au 产生的波的增长在激波处通过黏性扩散而耗散并达到准平衡。从傅里叶分析的角度来看,这可以被视为从产生能量的长波长到耗散的短波长的能量传递,即在激波处发生大量耗散。这严格来说是非线性现象,并且与众所周知的湍流涡流级联机制有些相似,只是在一维中发生了激波。

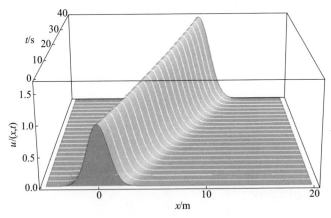

图 B.7 单向波动方程($c=1/4, a=0.02, v=0.01\mathrm{m}^2/\mathrm{s}$)

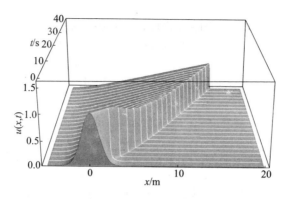

图 B.8 Burgers 方程（$c=1/4, a=0.02, v=0.01\text{m}^2/\text{s}$）

B.3.2 漂移流空泡传输方程

在第 6 章中从用于气泡流的 TFM 的严格简化中获得漂移流空泡传输方程：

$$\frac{\partial \alpha}{\partial t} + \left(C_0 j + V_{gj} + \alpha \frac{\mathrm{d} V_{gj}}{\mathrm{d} \alpha_2} \right) \frac{\partial \alpha}{\partial x} = 0 \tag{B.22}$$

式中：α 为气体体积分数或空泡份额；j 为总容积流密度。

分布参数 C_0 和漂移速度 V_{gj} 最先由 Zuber 和 Findlay（1965）定义，这在第 6 章中讨论过。任意选择 $C_0 = 1$，和 $V_{gj} = V_{gj0}(1-\alpha)^n$。这里重要的是有一个从 TFM 得到的单向波动方程模型，它表现出非线性波传播行为。考虑一个简单的空泡孤立波沿鼓泡塔传播，其均匀空泡份额为 10%。对于大气压下上升泡状流，漂移速度关系式可表示为 $V_{gj} = 0.162(1-\alpha)^{1.75}\text{m/s}$，其与式（6.32）一致。波沿着通道向上传播，如图 B.9 所示，并非线性地演变成向后的激波。与图 B.5

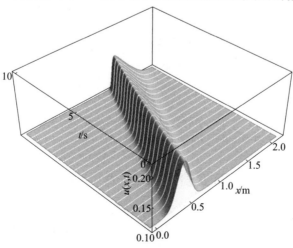

图 B.9 空泡传输方程波

相比，这是 Burger 解的镜像，这是由于 V_{gj} 的非线性特性是 α 的递减函数。这个模型在局部意义上是稳定的，因为已经消除了所有不稳定的行为。

B.4 计算的稳定性

鉴于 TFM 很难得到解析解，现在考虑计算的稳定性。在任何一个计算求解过程中，有必要选择一个与最短波长现象一致的空间节点。空间节点间隔两倍解的分量波长是可以在数值格式中表示的最短波长。

这个截止点和相关联的节点间距应该作为对初始条件和系统行为的一些额外知识的结果而建立（Richtmeyer 和 Morton(1967)）。最短波长可以表示为 $\lambda = 2\Delta x$，大多数数值格式方案也会严重影响较长的波长。在构建数值格式和判断其特征值时，首先有必要决定感兴趣的物理范围并建立一个波长 λ_0，小于这个值，不需要表示。该范围应该选择足够小，使得被忽略的分量不会严重影响感兴趣的较长波长的现象。截止波长应该小于某一点，使得微分方程系统的放大因子小于1。

一旦一个截止波长建立起来，就必须构造出具有 $\lambda > \lambda_0$ 的解分量的差分方程组近似的数值格式。由于任何数值格式在 $2\Delta x$ 阶波长处都有一些失真，因此截止点 λ_0 应该在长于 $2\Delta x$ 的波长处。

尽管渐近稳定性仅需要一个数值格式以具有阶数统一的放大因子，但是存在一些原因，在最短波长 $\lambda = 2\Delta x$ 处需要小于1的放大因子。首先，假设短于 λ_0 的波长是不重要的并且没有准确表示。因此，为了防止这些波增长并影响感兴趣的解，$\lambda = 2\Delta x$ 的数值格式的放大系数应小于1。其次，为了获得系统的精确数值描述，在该系统中，能量从长波长模式转移到较短波长模式，并且被耗散，需要在短波长的数值格式中具有能量阱，即 $\lambda \sim 2\Delta x$。如果所有数值波长的放大系数都大于1，则不会产生耗散，甚至长波模式的精度也会受到影响。

试验和理论表明，较"好"的数值格式中，有限 Δx 应具有以下属性：
(1) 对于所有的 $\lambda > 2\Delta x$，增长率都是有限的。
(2) 在最短波长下的耗散，即 $|G(2\Delta x)|_{max} < 1$。
(3) 对于所有波长 $\lambda > \lambda_0$ 尽可能准确。

B.4.1 一阶显式迎风格式

在数值上求解单向波动方程的最简单方法是显式一阶迎风格式（FOU），即欧拉格式，有

$$\frac{u_j^{n+1} - u}{\Delta t} + c \frac{u_j^n - u_{j-1}^n}{\Delta x} = 0 \tag{B.23}$$

其中 u 为正。该格式的截断误差相对于离散区间是一阶的，即 $\frac{1}{2}\Delta t \frac{\partial^2 u}{\partial t^2} + \frac{1}{2} c\Delta x \frac{\partial^2 u}{\partial x^2}$。

下面进行冯·诺依曼分析。定义 Courant 数 $Co = \frac{c\Delta t}{\Delta x}$，式（B.23）可写为

$$u_j^{n+1} = (1 - Co) u_j^n + Co u_{j-1}^n \tag{B.24}$$

插入 $u_j^n = u_0 e^{i(kj\Delta x - \omega_I^\Delta n \Delta t)}$，得到色散关系：

$$e^{-i\omega_I^\Delta \Delta t} = 1 - Co + Co e^{-ik\Delta x} \tag{B.25}$$

RHS 术语上被称为冯·诺依曼增长因子，$G = e^{-i\omega_{FD}\Delta t}$，因此，有

$$G = 1 - Co + Co e^{-ik\Delta x} \tag{B.26}$$

故

$$u_j^{n+1} = G u_j^n \tag{B.27}$$

图 B.10 所示为在 $0 < \Delta x < 2\pi$ 和 $Co = 0.5, 1, 1.5$ 的虚平面上绘制的增长因子。

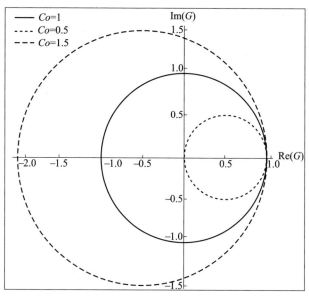

图 B.10　FOU 单向波动方程的增长率图

图 B.10 最重要的特征是，当 $|Co|\leqslant 1$ 时，$|G|\leqslant 1$。事实证明，当 $|Co|>1$ 时，增长因子大于 1。这是 Courant – Friedricks – Lewy 稳定状态。下面确定方程不稳定时的情况。

考虑以下关于不稳定波动方程的显式格式：

$$\frac{u_j^{n+1}-u_j^n}{\Delta t}+c\frac{u_j^n-u_{j-1}^n}{\Delta x}=au_j^n \tag{B.28}$$

该等式的增长因子为

$$G=1+a\Delta t-Co+Coe^{-ik\Delta x} \tag{B.29}$$

这与添加 $a\Delta t$ 的稳定波的增长因子相同。因此，对于不稳定的方程，冯·诺依曼稳定性标准要求一阶格式的增长因子的大小满足不等式

$$|G|\leqslant 1+a\Delta t \tag{B.30}$$

然而，为了比较数值方法的稳定性和差分模型的稳定性，使用增长率比增长因子更方便。增长因子与增长率 ω_{FD} 之间的关系为

$$G=e^{-i\omega_1^\Delta \Delta t}\rightarrow \omega_1^\Delta=-i\frac{\ln G}{\Delta t} \tag{B.31}$$

图 B.11 所示为网格尺寸 $\Delta x=0.001\mathrm{m},0.01\mathrm{m}$ 时与在 $Co=0.5,a=2$ 条件下的色散关系的增长率比较。可以看出，迎风格式抑制了短波长的增长率，但是长波长的增长率往往是正确的渐近值。这种效应称为数值黏度。

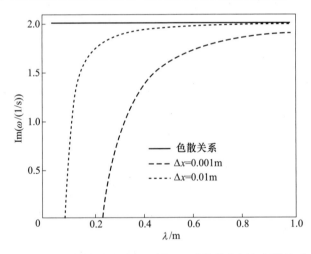

图 B.11　FOU 单向波动方程的冯·诺依曼分析与色散关系

图 B.12 所示为波速 ω/k 与通过色散关系得到的波速的比较（$c_{wave}=1\mathrm{m/s}$）。这里，波速以超过最小分辨波长 $2\Delta x$ 的速度非常快地接近精确值，因此波的色散是最小的。

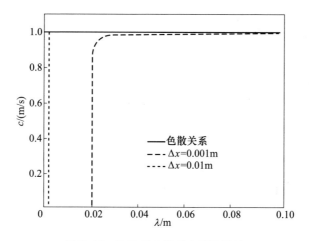

图 B.12 FOU 单向波动方程的波速

下一步是考虑扩散系数的影响,有

$$\frac{u_j^{n+1}-u_j^n}{\Delta t}+c\frac{u_j^n-u_{j-1}^n}{\Delta x}=au_j^n+v\frac{u_j^{n+1}-2u_j^{n+1}-u_{j-1}^{n+1}}{\Delta x^2} \quad (\text{B.32})$$

其中,RHS 的二阶导数隐含为无稳定性约束。这是一维 TFM 程序的标准做法。定义扩散数 $N_\text{D}=\dfrac{v\Delta t}{\Delta x^2}$,色散关系为

$$G=\frac{1+a\Delta t-Co+Coe^{-ik\Delta x}}{1+2N_\text{D}[1-\cos(k\Delta x)]} \quad (\text{B.33})$$

图 B.13 所示为冯·诺依曼增长率与没有扩散系数模型的色散分析比较。除了将扩散系数加到已经存在的数值黏度之外,结果类似于前一种情况。

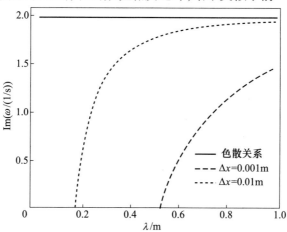

图 B.13 具有黏性的 FOU 单向波动方程的冯·诺依曼分析和色散关系

B.4.2 一阶隐式迎风格式

单向波动方程也可以用隐式迎风格式数值求解,即

$$\frac{u_j^{n+1} - u_j^n}{\Delta t} + c\frac{u_j^{n+1} - u_{j-1}^{n+1}}{\Delta x} = 0 \quad (B.34)$$

上式可以写为

$$(1 + Co)u_j^{n+1} - u_{j-1}^{n+1} = u_j^n \quad (B.35)$$

冯·诺依曼增长因子变为

$$G = \frac{1}{1 + Co + Coe^{-ik\Delta x}} \quad (B.36)$$

很明显,G 总是小于 1。图 B.14 所示为在虚平面 $0 < k\Delta x < 2\pi$ 和 $Co = \frac{1}{2}$,1,5 上绘制的增长因子。

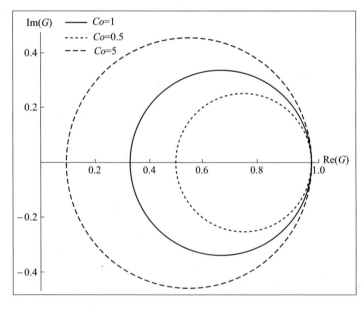

图 B.14　隐式 FOU 单向波动方程的增长率图

该图最重要的特征是所有圆圈都位于单位圆内,因此 $|G| \leq 1$ 无条件地成立。

现在考虑不稳定波动方程的隐式格式:

$$\frac{u_j^{n+1} - u_j^n}{\Delta t} + c \frac{u_j^{n+1} - u_{j-1}^{n+1}}{\Delta x} = u_j^{n+1} \quad (B.37)$$

这个等式的增长因子最终为

$$G = \frac{1}{1 - a\Delta t + Co + Coe^{-ik\Delta x}} \quad (B.38)$$

对于一个不稳定的方程,冯·诺依曼稳定性标准要求一阶格式增长因子的大小满足不等式:

$$|G| \leq 1 + a\Delta t \approx \frac{1}{1 - a\Delta t} \quad (B.39)$$

与显式结果不同,其结果是令人满意。

图 B.15 所示为有限差分模型和微分模型的增长率,微分模型中,$a = 2$,网格尺寸 $\Delta x = 0.001\mathrm{m}, 0.01\mathrm{m}, Co = \frac{1}{2}, 5$。当 $Co = \frac{1}{2}$ 时,可以看出,对于较小的 Co 值,迎风格式以与显式格式类似的方式抑制短波长的增长率,但当 $Co = 5$ 时,数值阻尼效应要大得多。

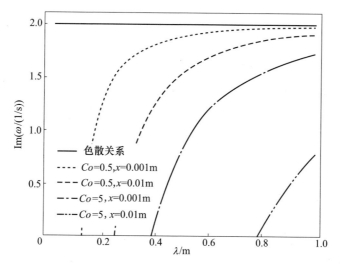

图 B.15 隐式 FOU 单向波动方程的冯·诺依曼分析与色散关系

图 B.16 所示为色散关系的波速。与显式格式相比,隐式格式为解增加了更多的扩散,并且当 $Co = 5$ 时的效果再次变大。因此,$Co > 1$ 的数值稳定性的代价是波传播预测中保真度的损失。为了说明这一点,图 B.17 显示了当 $Co = 0.9$ 时显式和隐式格式的波的模拟。波向右移动,数值扩散随波的传播而传播。很明显,隐式解的保真度较差。

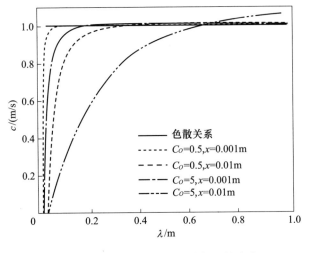

图 B.16　隐式 FOU 单向波动方程的波速

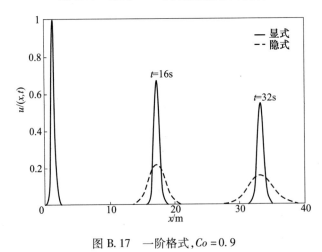

图 B.17　一阶格式，$Co = 0.9$

B.4.3　二阶显式格式

单向波动方程可以用显式二阶 Lax – Wendroff 格式数值求解（Strang(2007)），即

$$\frac{u_j^{n+1} - u_j^n}{\Delta t} + c\frac{u_{j+1}^n - u_{j-1}^n}{2\Delta x} = c^2 \frac{\Delta t}{2}\frac{u_{j+1}^n - 2u_j^n + u_{j-1}^n}{\Delta x^2} \qquad (B.40)$$

该格式中对流项是采用中心差分的，并且在 RHS 上没有扩散项，该格式将无条件地不稳定。尽管数值扩散的幅度要大得多，但使用与此类似的数值扩散项是稳定工业程序中不适定 TFM 的常用做法。式（B.40）可以写为

$$u_j^{n+1} = u_j^n - \frac{Co}{2}(u_{j+1}^n - u_{j-1}^n) + \frac{Co^2}{2}(u_{j+1}^n - 2u_j^n + u_{j-1}^n) \qquad (\text{B.41})$$

增长因子为

$$G = 1 - Co^2 + \frac{1}{2}(Co^2 - Co)\mathrm{e}^{ik\Delta x} + \frac{1}{2}(Co^2 + Co)\mathrm{e}^{-ik\Delta x} = 0 \qquad (\text{B.42})$$

图 B.18 所示为在实 – 虚平面 $0 < k\Delta x < 2\pi, Co = 0.5, 1.0, 1.5$ 中绘制的增长因子。稳定性条件在与单位圆的接触点处跟踪椭圆,这反映了该格式的二阶精度(Richtmyer 和 Morton(1967))。图 B.19 所示为 $Co = 0.5$ 和 $\Delta x = 0.01\text{m}$,0.001m 的增长率,应该与图 B.11 进行比较,以了解一阶和二阶数值格式之间精度的提高。

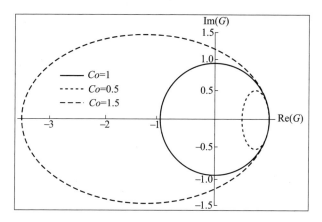

图 B.18　Lax – Wendroff 单向波动方程的增长率图

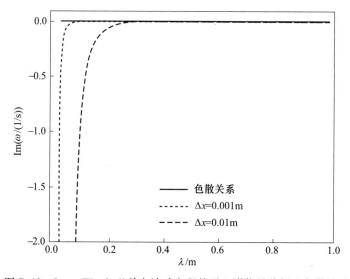

图 B.19　Lax – Wendroff 单向波动方程的冯·诺依曼分析和色散关系

B.4.4 二阶隐式格式

二阶隐式 Crank – Nicholson 或梯形格式为

$$u_j^{n+1} = u_j^n - \frac{Co}{4}(u_{j+1}^{n+1} + u_{j+1}^n - u_{j-1}^{n+1} - u_{j-1}^n) \qquad (B.43)$$

当 $Co=0.9$ 时,数值计算结果如图 B.20 所示。将 Crank – Nicholson 格式与 Lax – Wendroff 格式进行比较是有益的。虽然与显式和隐式格式的一阶格式相比,数值扩散显著减少,但隐式格式为方程解引入了大量的数值色散,其在二阶格式中变为不同的振荡特征。

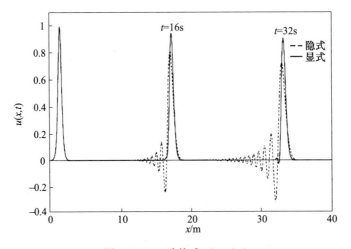

图 B.20 二阶格式,$Co=0.9$

图 B.21 所示为 $Co=5$ 时的数值计算结果。数值色散已经成为解的主要部

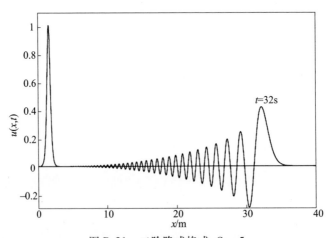

图 B.21 二阶隐式格式,$Co=5$

分,结果是保真度差。结论是显式或半隐式格式对于波传播问题更好。另外,当需要长时间步长并且波传播现象不重要时,隐式格式对于准静态问题更方便。

虽然二阶格式的收敛速度比一阶格式快得多,但很少用于反应堆安全程序,因为程序中使用的 TFM 是不适定的。工程解一直是采用一阶迎风格式,它提供了显著的数值黏度来抑制解中的短波长成分,但只有粗网格才能达到必要的数值黏度水平。

B.5 浅水理论

SWT 或河流流动方程是具有重要意义的一维两方程模型,是第 2 章中提出的 TFM 物质波稳定性分析的基础。Whitham(1974) 对其进行了详细的描述,使用非线性分析来获得已经为 Burgers 方程提出的激波和扇动。

B.5.1 色散关系

浅水理论方程如下(Wallis(1969),Whitham(1974)):

$$\frac{\partial \alpha}{\partial t} + u \frac{\partial \alpha}{\partial x} + \alpha \frac{\partial u}{\partial x} = 0 \tag{B.44}$$

$$\frac{\partial u}{\partial t} + u \frac{\partial u}{\partial x} - C \frac{\partial \alpha}{\partial x} = F \tag{B.45}$$

式中:C 和 F 为自变量的未指定函数。

正如在第 2 章中看到的,C 与 KH 稳定条件有关,F 包括界面和壁面阻力以及重力。同样重要的是运动学波速度的定义,或从运动学条件获得的连续波速度(Wallis(1969)),即 $F=0$,有

$$v_w = u + \alpha \left(\frac{\partial u}{\partial \alpha} \right)_F \tag{B.46}$$

现在需要考虑式(B.44)和式(B.45)的线性稳定性。第一个方程用矩阵表示法写为

$$\underline{A} \frac{d}{dt} \underline{\phi} + \underline{B} \frac{d}{dx} \underline{\phi} + \underline{F} = 0 \tag{B.47}$$

其中

$$\underline{\phi} = \begin{bmatrix} \alpha \\ u \end{bmatrix}, \quad \underline{A} = \underline{I}, \quad \underline{B} = \begin{bmatrix} u & \alpha \\ -C & u \end{bmatrix}, \quad \underline{F} = \begin{bmatrix} 0 \\ F \end{bmatrix} \tag{B.48}$$

这些方程的色散关系由下式得到:

$$\det[-\mathrm{i}\omega\boldsymbol{A}+\mathrm{i}k\boldsymbol{B}+\boldsymbol{F}']=0 \tag{B.49}$$

其中

$$\boldsymbol{F}'=\frac{\partial \boldsymbol{F}}{\partial \boldsymbol{\phi}}=\begin{bmatrix} 0 & 0 \\ \dfrac{\partial F}{\partial \alpha} & \dfrac{\partial F}{\partial u} \end{bmatrix} \tag{B.50}$$

最终得到:

$$\omega = uk + \mathrm{i}\frac{1}{2}\frac{\partial F}{\partial u} \pm \sqrt{\left(\mathrm{i}\frac{1}{2}\frac{\partial F}{\partial u}\right)^2 - \mathrm{i}\frac{\partial F}{\partial u}v_w k - (ck)^2} \tag{B.51}$$

其中,$v_w = u + \alpha\left(\dfrac{\partial u}{\partial \alpha}\right)_F = u - \alpha\dfrac{\partial F/\partial \alpha}{\partial F/\partial u}$ 和 $c = u \pm \sqrt{-Ca}$ 为动态波速。

色散关系可以重写为

$$\omega = uk + \mathrm{i}\frac{1}{2}\frac{\partial F}{\partial u} \pm \sqrt{\left(ck + \mathrm{i}\frac{1}{2}\frac{\partial F}{\partial u}\right)^2 + \mathrm{i}\frac{\partial F}{\partial u}(c-v_w)k} \tag{B.52}$$

如果 $v_w = c$,则平方根中的最后一项删去,两个根变为

$$\omega_1 = (u+c)k, \quad \omega_2 = (u-c)k + \mathrm{i}\frac{\partial F}{\partial u} \tag{B.53}$$

第一个根具有零虚部,第二个根具有耗散虚部。可以证明这是边界稳定性条件,对于 $v_w > c$,第一个根 ω_1 产生正的虚部,因此运动学波将增长。

B.5.2 在溢洪道上的滚动波

现在考虑导致简单表面运动学波的物理学,在动量方程中加入壁面摩擦因数和重力,例如

$$C = \frac{g_y H}{\alpha}, \quad F = -\frac{1}{H\alpha}\frac{f}{2}|u|u + g_x \tag{B.54}$$

式中:f 为壁面摩擦因数,g_x 为流动方向上的重力分量。

$$\boldsymbol{F}' = \begin{bmatrix} 0 & 0 \\ \dfrac{f|u|u}{2H\alpha^2} & -\dfrac{fu}{H\alpha} \end{bmatrix} \tag{B.55}$$

该式的前提是 $v_w = u + \dfrac{u}{2}$,$c = u + \sqrt{gH\alpha}$,以及

$$\omega = uk + \mathrm{i}\frac{fu}{\alpha} \pm \sqrt{\left(ck + \mathrm{i}\frac{fu}{H\alpha}\right)^2 + \mathrm{i}\frac{fu}{H\alpha}(c-v_w)k} \tag{B.56}$$

当 $\frac{u}{2} > \sqrt{gH\alpha}$ 时,这种理论导致了滚动波,Jeffreys(1925)首次对其进行了研究。当 $u = 0.2 \text{m/s}$,$g_x = 0.8 \text{m/s}^2$,$\alpha = 0.5$,$H = 0.05\text{m}$,$f = 0.01$ 和 $C = -1$ 时,图 B.22 中所示的不稳定系统中的色散关系表明这个问题是适定的,例如,即使它是最大值,在零波长下增长率也不是无限大。那么,运动不稳定性是适定的,但是缺少一些短波长机制(如表面张力)使其更符合自然规律。在 B.5.4 部分将使用非线性分析显示运动学波发展成激波和扇动,如 Burgers 方程。接下来将考虑这些激波的行为。

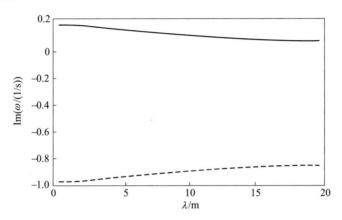

图 B.22　运动不稳定性下的 SWT 色散关系

B.5.3　运动激波

为了获得运动学冲击的解析表达式,在有限域 $x_1 < x < x_2$ 中对连续性方程进行积分,其中包括激波,正如在 B.3.1 节中用 Burgers 方程所做的那样,得到

$$\frac{\partial}{\partial t}\int_{x_1}^{x_2} \alpha \mathrm{d}x + \alpha_2 u_2 - \alpha_1 u_1 = 0 \qquad (\text{B.57})$$

结果为

$$\frac{\mathrm{d}X}{\mathrm{d}t}(\alpha_1 - \alpha_2) + \alpha_2 u_2 - \alpha_1 u_1 = 0 \qquad (\text{B.58})$$

或

$$\frac{\mathrm{d}X}{\mathrm{d}t} = \frac{\alpha_2 u_2 - \alpha_1 u_1}{\alpha_2 - \alpha_1} \qquad (\text{B.59})$$

在小波的极限中,等式减少到

$$\frac{\mathrm{d}X}{\mathrm{d}t} = \frac{\partial \alpha u}{\partial \alpha} = u + \alpha \frac{\partial u}{\partial \alpha} \qquad (\text{B.60})$$

或

$$\frac{dX}{dt} = v_w \tag{B.61}$$

如图 B.23 所示,激波的可持续性取决于两侧的运动学波是否流向它,否则激波成扇形散开。

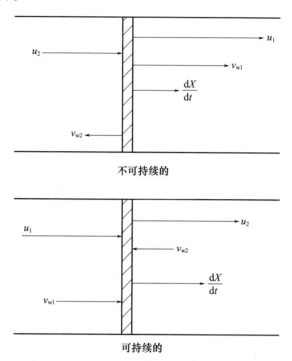

图 B.23　激波示意图(Wallis(1969))

它可以方便地重写为动量形式,即通过将连续性方程乘以 u,将其加到动量方程上,忽略力,设置 $C = -1$ 并重新组合项来实现的,得

$$\frac{\partial}{\partial t}\alpha u + \frac{\partial}{\partial x}\left(\alpha u^2 + \frac{\alpha^2}{2}\right) = 0 \tag{B.62}$$

整合,得

$$\frac{dX}{dt}(\alpha_1 u_1 - \alpha_2 u_2) + \alpha_2 u_2^2 - \alpha_1 u_1^2 + \frac{\alpha_2^2}{2} - \frac{\alpha_1^2}{2} = 0 \tag{B.63}$$

式(B.59)和式(B.63)适用于激波正在移动的河流和河道中的孔,当激波静止时也称为水跃条件。此外,这里描述了陡峭的波阵面,这对于不稳定的 TFM 的非线性分析非常重要。

从式(B.59)与式(B.63)中的3个未知数 α_2、u_2 和 $\dfrac{dX}{dt}$ 可知,很容易得到激波速度和上游一侧液体速度的表达式:

$$u_2 = \frac{\alpha_2 - \alpha_1}{\alpha_2}\sqrt{\frac{\alpha_2(\alpha_1 + \alpha_2)}{2\alpha_1}} \quad (B.64)$$

$$\frac{dX}{dt} = \sqrt{\frac{\alpha_2(\alpha_1 + \alpha_2)}{2\alpha_1}} \quad (B.65)$$

B.5.4 非线性浅水理论

考虑简化形式的浅水理论(SWT),见式(B.44)和式(B.45),其中 $F=0$ 且 $C<0$。SWT 用类似 Burgers 方程的解预测破碎波和扇动,例如,在 Peregrine(1967)预测的一个长波在一个倾斜的海滩上破裂形成的一维激波导致波浪破碎具有显著的非线性特征。Whitham(1974)利用非线性分析对激波的形成进行了分析,将稳定流 α_0、u_0 的解扩展为 $\xi = x - ct$ 的幂级数。

$$\alpha = \alpha_0 + \xi\alpha_1(t) + \frac{1}{2}\xi^2\alpha_2(t) + O(\xi^3) \quad (B.66)$$

$$u = u_0 + \xi u_1(t) + \frac{1}{2}\xi^2 u_2(t) + O(\xi^3) \quad (B.67)$$

零阶方程变为

$$(u_0 - c)\alpha_1 + \alpha_0 u_1 = 0 \quad (B.68)$$

$$-C\alpha_1 + (u_0 - c)u_1 = 0 \quad (B.69)$$

这可以求解波的传播速度:

$$(u_0 - c)^2 + C\alpha_0 = 0 \rightarrow c = u_0 \pm \sqrt{-C\alpha_0} \quad (B.70)$$

同样可求得

$$u_1 = \left(\frac{c - u_0}{\alpha_0}\right)\alpha_1 \quad (B.71)$$

一阶方程为

$$(u_0 - c)\alpha_2 + \alpha_0 u_2 + \frac{d\alpha_1}{dt} + 2\alpha_1 u_1 = 0 \quad (B.72)$$

$$-C\alpha_2 + (u_0 - c)u_2 + \frac{du_1}{dt} + 2u_1^2 = 0 \quad (B.73)$$

将式(B.72)乘以 C,式(B.73)乘以 $u_0 - c$,并结合式(B.70)消去变量 α_2、u_2,得

$$C\frac{d\alpha_1}{dt} + 2C\alpha_1 u_1 + (u_0 - c)\left(\frac{du_1}{dt} + 2u_1^2\right) = 0 \quad (B.74)$$

式(B.74)代入式(B.71),替换为 u_1 并与式(B.70)结合,得

$$\frac{d\alpha_1}{dt} + \frac{3}{2}\left(\frac{c-u_0}{\alpha_0}\right)\alpha_1^2 = 0 \quad (B.75)$$

解为

$$\alpha_1(t) = \frac{1}{\dfrac{1}{\alpha_1(0)} + \dfrac{3}{2}\left(\dfrac{c-u_0}{\alpha_0}\right)t} \quad (B.76)$$

对于 $\alpha_1(0) > 0$,解是单数的,如果 $c - u_0 < 0$,反之亦然。那么 $\dfrac{d\alpha}{dx}$ 就是奇异的并且发生激波。否则就会出现扇动。这个重要的结果是本书中唯一的非线性分析;其余的采用数值模拟,一部分原因是 TFM 更复杂,另一部分原因是因为可以进一步模拟。

B.5.5 水龙头问题

对于具有不连续或激波的情况,SWT 方程可得到解析解。例如,当模拟海滩上的破碎的波浪,该模型会产生一维激波。实际上,即使模型所基于的长波长近似并非严格有效,该模型在某些情况下也能够非常准确地预测破碎。这些运动激波由 Wallis(1969)和 Whitham(1974)描述,类似于 Burgers 方程的波浪。原型案例为 Riemann 或溃坝问题。Ransom(1984)的水龙头问题是 Riemann 问题的变化,其中 $C = 0$ 由最初均匀的液流组成,其中固定的水流从顶部进入垂直管。入口处的边界条件保持恒定在 α_0 和 u_0,即液柱的初始条件。瞬态的开始是由于动量源的不连续变化,即重力被"打开"。因此,瞬态解也将是不连续的。随着液柱在重力作用下的加速,射流变窄,运动不连续向下传播,如图 B.24 所示。最终得到稳态解,该解描述了由于重力引起的液柱的加速以及液体轮廓的相关变窄的横截面。该问题可以等同地描述为从一个稳态解到另一个稳态解的转变,即初始条件到最终条件。该问题用于验证核反应堆 TFM 程序。它是一个很严格的收敛实验,因为它是一种接触间断,这意味着在它周围区域特征线是平行的,所以数值误差积累,与激波不同,误差会卷入其中形成特征融合,即激波是一种数值的"垃圾收集器"。

该问题通过特征线方法解决,动量方程(B.46)简单表示为

$$\frac{Du}{Dt} = g \quad (B.77)$$

因此,当 $t_0 \geq 0$ 时,解为

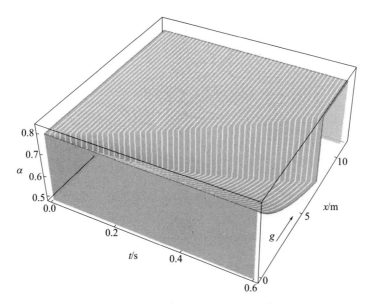

图 B.24 水龙头问题波传播达到 $t = 0.6\text{s}$

$$u = u_0 + g(t - t_0) \tag{B.78}$$

从式(B.51)获得的特征速度为

$$\frac{\mathrm{d}y}{\mathrm{d}t} = u \tag{B.79}$$

因此,特征值为 $x = u_0(t - t_0) + \frac{1}{2}g(t - t_0)^2$。特别是 $t_0 = 0$ 时不连续的特征线将特征平面(图 B.25)分成两个区域。在区域 1 中,波没有到达,因此 $\alpha(x,t) = \alpha_0$, $u(x,t) = u_0 + gt$。在区域 2 中,波已经过去,因此方程解仅取决于位置即 $\frac{\partial \alpha}{\partial t} = 0$。因此,区域 2 中的连续性式(B.44)化简为

$$\frac{\partial \alpha u}{\partial x} = 0 \tag{B.80}$$

其解为 $\alpha(x,t) = \frac{\alpha_0 u_0}{u(x,t)}$。最终,结合式(B.79)和式(B.80)整合得 $u(x,t) = \sqrt{u_0^2 + 2gx}$,这样水龙头问题的解为

$$x < u_0 t + \frac{1}{2}gt^2 \rightarrow \alpha(x,t) = \frac{\alpha_0 u_0}{\sqrt{u_0^2 + 2gx}} \tag{B.81}$$

或者

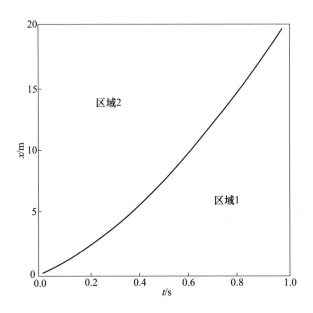

图 B.25　水龙头问题的分界特征线

$$\alpha(x,t) = \alpha_0 \tag{B.82}$$

图 B.24 显示了式(B.81)和式(B.82)的 $\alpha(x,t)$，其中 $L=12\mathrm{m}$，$t_{\max}=0.6\mathrm{s}$，$\alpha_0=0.8$ 和 $u_0=10\mathrm{m/s}$。

B.5.6　运动学不稳定性

现在寻求具有黏性项的浅水理论方程的解：

$$\frac{\partial \alpha}{\partial t} + u\frac{\partial \alpha}{\partial x} + \alpha \frac{\partial u}{\partial x} = \varepsilon \frac{\partial^2 \alpha}{\partial x^2} \tag{B.83}$$

$$\frac{\partial u}{\partial t} + u\frac{\partial u}{\partial x} - C\frac{\partial \alpha}{\partial x} = v\frac{\partial^2 u}{\partial x^2} + F \tag{B.84}$$

其中，$u=2\mathrm{m/s}$，$g_x=0.8\mathrm{m/s}^2$，$\alpha=0.5$，$H=0.05\mathrm{m}$，$f_1=0.01$ 以及 $\varepsilon=v=0.02\mathrm{m}^2/\mathrm{s}$。将人工黏度添加到式(B.44)和式(B.45)中以获得数值稳定性。$C=-1$，因此系统处于 B.5.2 节中分析的运动学不稳定条件。该模拟相对于线性分析的优点是可以理解非线性效应。初始空泡份额的扰动是 $\alpha(x,0)=0.5+0.1\times\frac{1}{\sqrt{2\pi}\sigma}e^{-(x-x_0)^2/2\delta^2}$，其中 $x_0=5\mathrm{m}$，$\delta=1\mathrm{m}$。结果如图 B.26 所示。根据 B.5.2 节，存在两个波，最慢向前移动的波消散得很快，以至于在图中看不到，这可以从图 B.22 所示的增长率推断出来。同时，最快向前移动的波最初如线性稳定性

理论所预测的那样呈指数增长,即式(B.56)。最终波浪发展成激波,而波浪的后部扇出,正如 B.5.4 节讨论的那样。运动激波的形成类似于 Burger 方程。此外,尾随波浪的持续发展最终形成推移波浪线结果。这样的滚波通常出现在溢洪道和河流中。由于波前的非线性黏性耗散,图中的波已停止增长。

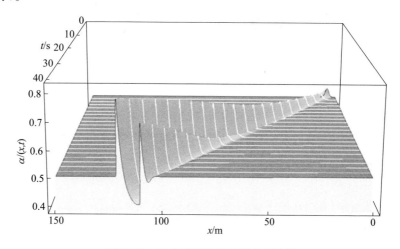

图 B.26　运动不稳定下的浅水理论波

B.6　非线性动力学和混沌

B.6.1　谐波振荡器

振荡器最简单的方程是线性谐振子,即

$$m\ddot{x} + \beta\dot{x} + kx = 0 \quad (B.85)$$

可模拟一个质量 m 通过弹簧连接到墙壁的动力学,其中 k 和 β 分别为弹性和阻尼系数。如果所有常数都是正的,解 $x(t)$ 趋于零。将解进行几何可视化是在平面中绘制 x 和 $\dot{x}$ 的瞬时值,该平面称为相空间(图 B.27)。

如果用周期性励磁强制振荡器,可以得到如下等式:

$$m\ddot{x} + \beta\dot{x} + kx = \sin(\omega t) \quad (B.86)$$

在这种情况下,振荡器倾向于持续的状态,最终以励磁频率 ω 振荡,振荡的幅度取决于 ω,并且与初始条件无关。在相平面(图 B.28)中,随着 $t \to \infty$,振荡表现为椭圆,称为"极限环"。

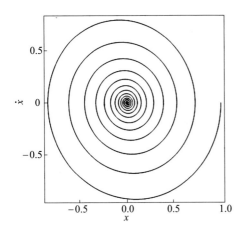
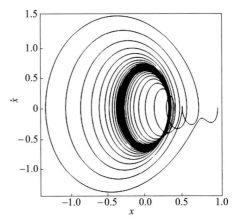

图 B.27　阻尼谐振子的相平面轨迹
（$m=1, \beta=0.1, k=1$）

图 B.28　强迫谐振子的相空间轨迹
（$m=1, \beta=0.1, k=1, \omega=2$）。暗椭圆
是渐近的持续机制，称其为极限环

B.6.2　Van der Pol 振荡器

现在考虑一个不稳定的谐振子：

$$\ddot{x} + a\dot{x} + x = 0 \tag{B.87}$$

当 $a>0$ 时，相应的解为

$$x = A\mathrm{e}^{at}\sin(t-t_0) \tag{B.88}$$

相平面公式（B.88）对应于从原点（图 B.29）旋出的轨迹。

限制轨迹发散的一种方法是控制与 x 成比例的项，当 x 增加超过某个值时将其定为正。满足该要求的一个例子是 Van der Pol 振荡器，由下式给出：

$$\ddot{x} + (x^2 - a)\dot{x} + x = 0 \tag{B.89}$$

在这种情况下，存在极限周期（图 B.30），但是由振荡器状态 x 本身自主产生，没有外部干预，即没有明确的时间项。极限周期与初始条件无关。阻尼谐振子中的点（0,0）是吸引子，称为"点吸引子"；限制周期称为"周期性吸引子"。

从数学的观点来看，吸引子是一组点，如果将该组的任何点作为相应微分方程的初始条件，则该点不会改变，因此称为微分方程的'不变量'。图 B.31 所示为在时间域和相平面中 Van der Pol 振荡器的极限周期的不同演变，对于 $a=0.2,1,5$ 可以看出，a 为低较值时吸引子的形状类似于椭圆，并在 a 超过 1 后显著变化。

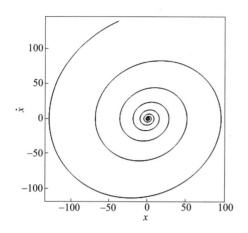

图 B.29 式(B.88)给出的不稳定谐振子的相空间轨迹($a=0.1$)

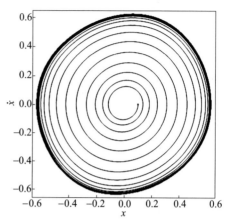

图 B.30 Van der Pol 振荡器的相空间轨迹($a=0.1$)

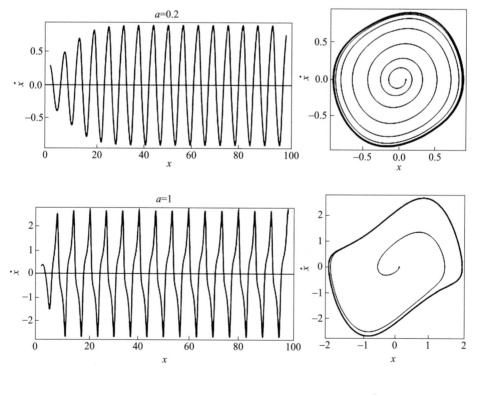

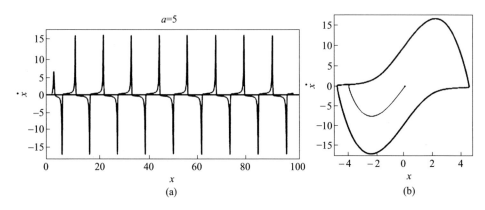

图 B.31　Van der Pol 振荡器在(a)时间域和(b)相平面中对于极限环的演变

B.6.3　Rössler 振荡器

控制不稳定谐振子的另一种方法是通过附加变量,可以得到不稳定谐振子的微分方程为

$$\ddot{x} + a\dot{x} + x = 0 \tag{B.90}$$

例如,作为一组两个一阶微分方程

$$\dot{x} = y \tag{B.91}$$

$$\dot{y} = -x + ay \tag{B.92}$$

由式(B.91)可以看出,当 y 变为正时 x 会增长。然后,可以通过引入变量 z 来控制 x 的增长,该变量 z 在超过某个值时与其增长相反。例如

$$\dot{x} = y - z \tag{B.93}$$

$$\dot{y} = -x + ay \tag{B.94}$$

$$\dot{z} = 2 + z(x - 4) \tag{B.95}$$

因此,当 x 接近 4 时(参见式(B.95)),$\dot{z}$ 为正,然后 z 增长,这有望阻止 x 的增长。图 B.32 给出了相应的情况。对于 $a = 0.3$,系统有效地受到限制,并且倾向于周期限制,如在 Van der Pol 振荡器。然而,随着 a 的进一步增加,系统显示出更复杂的动态,在混沌区域之间连续地周期倍增、混沌甚至是周期性行为的窗口。

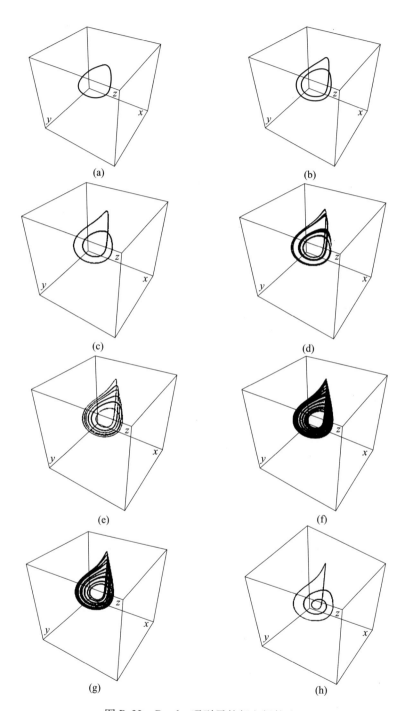

图 B.32 Rössler 吸引子的相空间轨迹

(a)$a=0.3$；(b)$a=0.35$；(c)$a=0.375$；(d)$a=0.386$；(e)$a=0.3909$；(f)$a=0.398$；(g)$a=0.4$；(h)$a=0.411$。

B.6.4 Poincaré 映射

Poincaré 映射,也称为回归映射,是探索混沌动力学本质的工具,基本的概念是在时间演化中识别一类事件。例如,对于 Rössler 系统,其由坐标 $x(t)$、$y(t)$ 和 $z(t)$ 给出的三维相空间中的轨迹表示,通常使用轨迹与相空间的给定平面的交点(图 B.33(a))定义一系列离散的状态,例如,每个交点 n 的逐次值 y_n 可以在返回图中显示 (y_n, y_{n+1}),如图 B.33(b) 所示。因此,这是一种探索给定交叉点是否确定或至少与下一个交叉点有关系的方法。如果存在关系,则应在返回图中以某种模式反映。

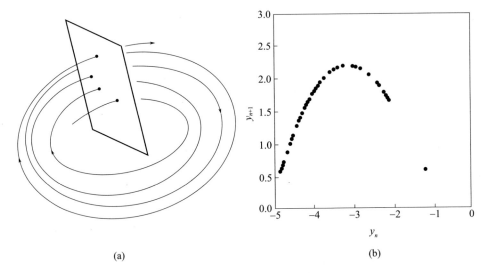

(a)　　　　　　　　　　(b)

图 B.33　(a) Poincaré 映射与吸引子的相空间轨迹相交的点的集合以及 (b) $a = 0.398$ 时,返回 Rössler 吸引子回归映射,给出了连续成对的切割 $z = 0(x > 0)$ 平面的 Poincaré 点

在 $a = 0.398$ 的 Rössler 系统中,轨迹是一个混沌带(图 B.32)。如图 B.33(b) 所示,相应的回归映射产生什么? 具有最大值的曲线(实际上缩放将显示出曲线由紧束形成)。这表明在某些情况下应该可以使用如下类型的离散迭代映射产生类似的动态:

$$y_{n+1} = f(y_n) \tag{B.96}$$

式中: $f(\cdot)$ 为一些具有最大值的曲线,如抛物线。

事实证明,不仅对于抛物线函数而且对于呈现至少一个最大值的许多其他函数也是如此,最著名的是 Logistic 映射。

B.6.5 Logistic 映射

Logistic 映射的一般形式(Strogatz(1994))为

$$x_{n+1} = \mu x_n (1 - x_n) \tag{B.97}$$

式中:μ 为恒定控制参数。

迭代结果可以在平面(x_{n+1}, x_n)中显示,其中45°角线$(x_{n+1} = x_n)$用于每次迭代后传输 x_{n+1} 给 x_n,即 $x_{n+1} \to x_n$(图 B.34)。通过这种方式,映射可以视为从抛物线到45°角线水平连续弹跳,从45°角线垂直到抛物线。从小的 μ 值开始,映射首先收敛到固定点,然后收敛到极限周期(周期 2),然后周期加倍(周期 4),最终收敛到混沌(图 B.35)。

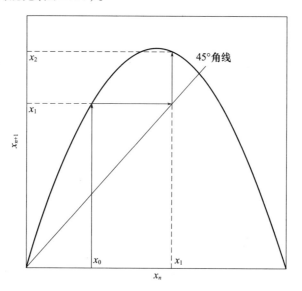

图 B.34　平面(x_{n+1}, x_n)中 Logistic 映射的可视化

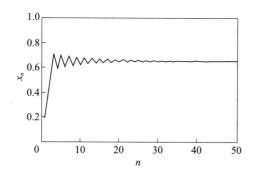
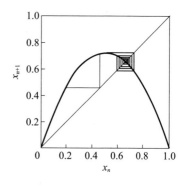

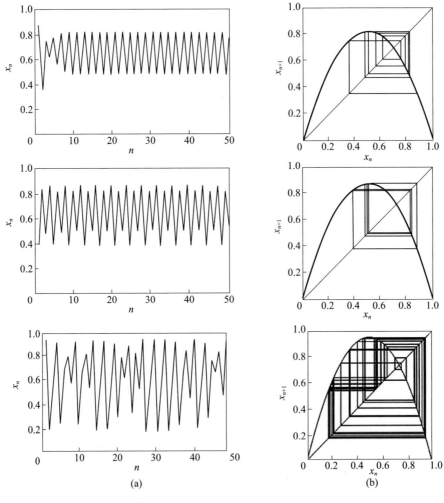

图 B.35 Logistic 映射,(a)伴随迭代步骤 n 的演化,(b)(x_{n+1},x_n) 平面中几何可视化。控制参数从上到下的值:$\mu=2.9,3.3,3.5,3.83$

为了检验参数 μ 对 Logistic 映射行为的影响,将几次迭代后达到的渐近吸引子与控制参数图形化,称为分叉图(图 B.36)。对于 μ 在 1 和 3 之间的值,解被吸引到固定点,即周期 1 循环。随着 μ 的增加,这些周期 1 的固定点值增加。在 $\mu=3$ 处,解决方案分叉(由于图的形式称为干草分叉)。对于 3 和 3.44949 之间的 μ 值,存在 2 个吸引子,在 3.44949 和 3.54409 之间,周期为 4,依次为第 8 周期,第 16 周期,第 32 周期的吸引子,依此类推。该序列每次进行一次,每次加倍,直到达到临界值 $\mu=3.569945$ 的无限时期。其行为变得混沌,存在一个奇怪的吸引子。这个序列称为混沌的倍增周期路径。

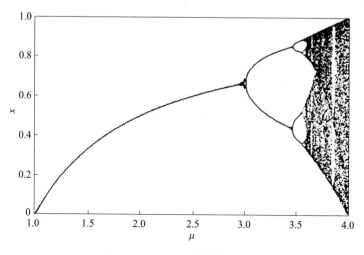

图 B.36　Logistic 映射的分岔图

B.6.6　李雅普诺夫指数

混沌特征的最重要指标是动态演化对初始条件的指数敏感性。考虑具有初始条件 0.5 和 $0.5+10^{-4}$ 的 Logistic 方程定义的两个序列的绝对误差。这些一连串的连续点之间的绝对距离定义如下：

$$|\Delta x| = |x_n(0.5) - x_n(0.5+10^{-4})| \tag{B.98}$$

当 n 较小时，有

$$|\Delta x| \approx e^{\omega_L n} \tag{B.99}$$

图 B.37 所示为 3 个不同 μ 值所对应的式(8.98)曲线。当 $\mu=3.56$ 时，吸引子是周期 8 循环，同时还可以看出 $|\Delta x|$ 随着 n 减小，这表明 ω_L 是负的，另外，对于 $\mu=3.59$ 时，吸引子是混乱的，$|\Delta x|$ 随 n 呈指数增长，这表明 ω_L 是正的。在大约迭代次数 $n=80$ 时，$|\Delta x|$ 趋于平稳，这意味着解决方案是有限的。这种界限称为李雅普诺夫稳定性。混沌开始于 $\mu \sim 3.57$，其中 $\omega_L \cong 0$。参数 ω_L 称为李雅普诺夫指数。这种特征被非正式地称为"蝴蝶效应"，由爱德华·洛伦兹(Edward Lorenz)在大气模型中定义一个混沌的吸引子，这暗示飓风的形成将取决于一只遥远的蝴蝶是否在数周之前拍过翅膀(图 B.38)。

一般来说，N 个变量和 N 个方程的系统将具有 N 个李雅普诺夫指数，这是线性系统特征值概念的一种推广，例如李雅普诺夫指数是从线性色散关系得到的增长率的非线性等价物。一个正的李雅普诺夫指数表示吸引子在一个方向上的扩展。混沌吸引子的特征是至少存在一个正的李雅普诺夫指数，所有其他指数

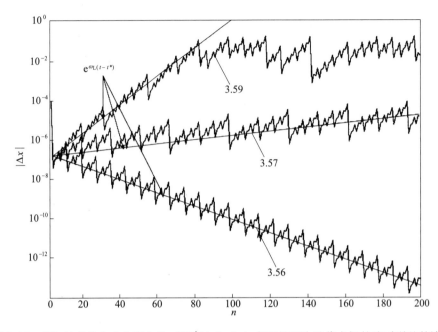

图 B.37　当初始条件为 0.5 和 $0.5+10^{-4}$ 时,Logistic 方程的两次迭代之间的绝对误差的演变

图 B.38　蝴蝶效应(经 J. L. Westover 许可)

为负或零。换句话说,极限环具有一个零指数而其他指数为负,因此极限环之外的所有轨迹都被它吸引。有些系统有几个无效的李雅普诺夫指数和所有其他负数。在这种情况下,系统通常被限制在环面中的轨迹吸引,称为准周期性吸引子。极限环和准周期轨迹的傅里叶谱通常是离散的,而混沌系统的傅里叶谱覆盖连续谱范围。可以在图 B.39 中看出,其中 Rössler 系统的傅里叶频谱显示为极限环情况和混沌情况。

对于高维方程组,可以找到具有许多正指数的李雅普诺夫谱。然而,混沌只需要一个正的李雅普诺夫指数,因此检查一个是否为正已足够。如果是这种情

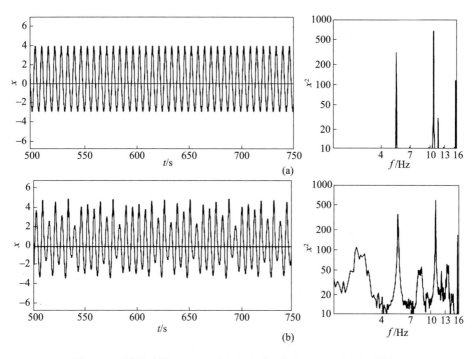

图 B.39 傅里叶谱：$a=0.35$（(a)：极限环）和 $a=0.4$（(b)：混沌）

况,那么系统是混沌的。

可以使用以下程序评估最大李雅普诺夫指数（图 B.40）：

（1）从吸引盆内的任何初始条件开始,计算进化的重要时间。

（2）确定轨迹已经到达吸引子的那一刻。

（3）在这一点上,产生一个小的扰动 δ_0,然后计算新的轨迹,直到与参考轨迹的偏差超过一定值。一旦分离变得过大,选择另一个附近的轨迹,并依此类推（图 B.40）。

（4）李雅普诺夫指数是在扰动开始的位置 k 处计算的：

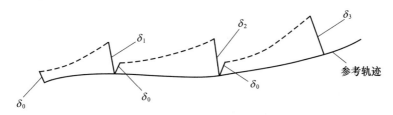

图 B.40 计算最大李雅普诺夫指数的过程示意图。虚线轨迹对应于接近每个参考点的初始条件

$$\omega_{Lk} = \frac{1}{\Delta t_k} \ln \frac{\delta_k}{\delta_0} \tag{B.100}$$

式中:Δt_k 为扰动计算的持续时间;δ_k,δ_0 为轨迹之间的最终和初始间隔。

然后计算最大李雅普诺夫指数的估计值作为所有 k 的平均值。

B.6.7 分形维数

分形维数是另一个有助于表征混沌吸引子的量级。分形维数是给定几何对象的欧几里得维度概念的推广,即:点具有维度 0,曲线具有维度 1,表面具有维度 2,等等。一种方法来导出对象的欧几里得维度通过计算完全覆盖物体所需的盒子数(图 B.41)。当然,这取决于盒子的大小。尺寸越小,所需的盒子数量越多,后者与前者之间的关系为

$$C(r) \propto r^{-D} \tag{B.101}$$

式中:r 为盒子的特征长度;D 为容量维,定义为

$$D = \lim_{r \to 0} \frac{\lg N}{\lg \frac{1}{r}} \tag{B.102}$$

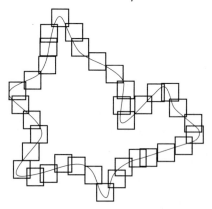

图 B.41 盒子计数。根据式(B.102),覆盖物体所需的最小箱数随着单元箱的尺寸而增加

现在,考虑如下定义的几何对象:取一个线段并将其分成 3 个相等的部分,取下中间部分。然后持续以相同的方式对每个剩余的段进行处理,直至无穷,所得到的离散点集称为 Cantor 集(图 B.42)。

考虑到覆盖每组结构所需的箱数,这里可以计算 Cantor 集的容量维数。第一步,在移除第一个 1/3 后,需要 2 个长度为 1/3 的盒子(即 2^1 个长度为 1/3 的盒子);第二步,需要 $4 = 2^2$ 个长度为 $1/9 = 3^{-2}$ 的盒子;然后,在第 n 步中,需要 2^n 个长度为 3^{-n} 的盒子。则 Cantor 集的容量维度为

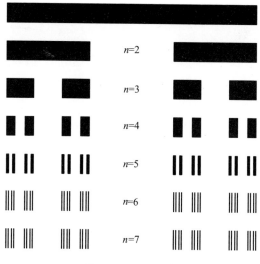

图 B.42　Cantor 集

$$D = \lim_{n \to 0} \frac{\lg 2^n}{\lg 3^n} = \frac{\lg 2}{\lg 3} = 0.63 \tag{B.103}$$

维度是分数的,意味着对象既不是有限的点集(具有维度0)也不是线(具有维度1)。

分形是具有自相似性的奇怪物体,也就是说,缩放成分形,将在任何尺度上找到相同或相似的结构。在相空间中绘制的动力系统的轨迹形成的吸引子集也可以被视为几何对象。像阻尼谐振子的最后阶段一样稳定点吸引子具有维度0。极限周期具有维度1,并且混沌吸引子具有分形维数。对这个维度的评估可以用明显随机的行为来表征,类似于热力学的方式,如温度,来表征粒子的混沌运动。

一个更实用的分形维数定义,更方便地表征由微分方程的数值解产生的混沌吸引子的几何。如果有一个 N 维常微分方程组,则该解决方案在相应的 N 维相空间中定义了一个点云。如果将 N 维球放在云的一个点上,球中包含的点数将取决于球的半径 r,即

$$C(r) \propto r^d \tag{B.104}$$

指数 d 称为相关维度,并且在点或极限周期的情况下与欧几里得维度一致。但是在混沌吸引子的情况下,这将变为分数,并且其值在大多数情况下类似于容量维度。

包含在半径为 r 的 N 维球中点的量仅计算为满足标准的点数,即

$$\sum_{i=1}^{n} (x_i - x_{oi})^2 < r^2 \tag{B.105}$$

式中: x_i, x_{oi} 分别为点和中心点的 i 坐标。

B.6.8 嵌入维数

在流体力学和其他工程问题中,通常涉及偏微分方程。在这些情况下,场是描述系统的状态变量,即空间和时间的标量或矢量函数(如密度、温度、速度)。假设对场的时间演化有一个混沌的解,由于物理空间是连续的,因此相空间的坐标数原则上是无限的。然而,如果吸引子由有限数量的主要模式支配,仍然可以计算分形维数。模式可被视为时空功能,其持续存在并优先于其他功能,例如持续波。如果有限数量的模式是主导和持久的,那么原则上应该能够用有限数量的变量描述动力学。按照这种思维方式,可以按步骤计算分形维数,类似于对 Cantor 集的处理方式。在第一步中,首先选择从场的演化构建的两个变量的演化。这种选择通常由一些物理洞察力引导,例如两个给定位置的速度大小(图 B.43(a))。利用这些变量,在相空间中构建轨迹,并评估关联维数。然后引入一个额外的变量,并再次计算关联维数,依此类推(图 B.43(b))。最终发现分形维数随着为轨迹选择的变量数量的增加而增加。然而,最有趣的特征是,如果动力学由少数模式支配,则由斜率给出的分形维数将在一定值处饱和;如果继续添加更多变量,分形维数将不再变化。分形维数饱和的变量数称为嵌入维数,这是非常有用的,因为嵌入维数表示原则上足以模拟该动态模式的常微分方程的最小数量。

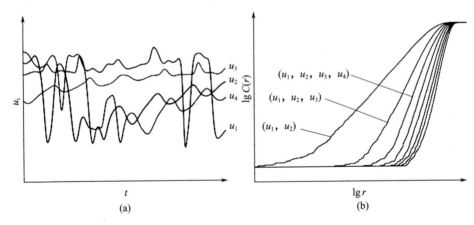

图 B.43　(a)在通道的不同点 x_i 处的速度信号 u_i 以及(b)包含在相位空间半径为 r 的球中的点数,其中 u_i 的数量越来越多。图(b)中每条曲线中间部分的斜率是相关维数

参考文献

Andritsos, N. ,& Hanratty, T. J. (1987). Influence of interfacial waves in stratified gas-liquid flows. *AIChE*

Journal, *33*(3), 444 – 454.

Biberg, D. (2007). A mathematical model for two-phase stratified turbulent duct flow. *Multiphase Science and Technology*, *19*(1), 1 – 48.

Drew, D. A., & Passman, S. L. (1998). *Theory of multicomponent fluids* (Applied Mathematical Sciences). Berlin: Springer.

Fullmer, W., Lopez De Bertodano, M., & Ransom, V. H. (2011). The Kelvin-Helmholtz instability: Comparisons of one and two-dimensional simulations. In *The 14th International Topical Meeting on Nuclear Reactor Thermal Hydraulics* (NURETH – 14), Toronto, Ontario, Canada, September 25 – 29.

Hurlburt, E. T., & Hanratty, T. J. (2002). Prediction of the transition from stratified to slug and plug flow for long pipes. *International Journal of Multiphase Flow*, *28*, 707 – 729.

Ishii, M., & Hibiki, T. (2006). *Thermo-fluid dynamics of two-phase flow* (1st ed.). New York: Springer.

Jeffreys, H. (1925). The flow of water in an inclined channel of rectangular bottom. *Philosophical Magazine*, *49*, 793.

Kocamustafaogullari, G. (1985). Two-fluid modeling in analyzing the interfacial stability of liquid film flows. *International Journal of Multiphase Flow*, *11*(1), 63 – 89.

Kowalski, J. E. (1987). Wall and interfacial shear stress in stratified flow in a horizontal pipe. *AIChE Journal*, *33*(2), 274 – 281.

Lopez de Bertodano, M. A., Fullmer W., Vaidheeswaran, A. (2013) One-Dimensional Two-Equation Two-Fluid Model Stability, Multiphase Science and Technology, 25(2): 133 – 167.

Peregrine, D. H. (1967). Long waves on beach. *Journal of Fluid Mechanics*, *27*(4), 815 – 827.

Picchi, D., Correra, S., & Poesio, P. (2014). Flow pattern transition, pressure gradient, hold-up predictions in gas/non-Newtonian power-law fluid stratified flow. *International Journal of Multiphase Flow*, *63*, 105 – 115.

Ransom, V. H. (1984). Benchmark numerical tests. In G. F. Hewitt, J. M. Delhay, & N. Zuber (Eds.), *Multiphase science and technology*. Washington, DC: Hemisphere.

Ransom, V. H., & Hicks, D. L. (1984). Hyperbolic two-pressure models for two-phase flow. *Journal of Computational Physics*, *53*, 124 – 151.

Richtmyer, R. D., & Morton, K. W. (1967). *Difference methods for initial-value problems* (2nd ed.). New York: Interscience.

Strang, G. (2007). *Computational science and engineering*. Wellesley, MA: Wellesley-Cambridge Press.

Strogatz, S. H. (1994). *Nonlinear dynamics and chaos: With applications to physics, biology, chemistry, and engineering* (Studies in Nonlinearity). Boulder, CO: Westview Press.

Thorpe, J. A. (1969). Experiments on the instability of stratified shear flow: Immiscible fluids. *Journal of Fluid Mechanics*, *39*, 25 – 48.

Ullmann, A., & Brauner, N. (2006). Closure relations for two-fluid models for two-phase stratified smooth and stratified wavy flows. *International Journal of Multiphase Flow*, *32*, 82 – 105.

Wallis, G. B. (1969). *One-dimensional two-phase flow*. New York: McGraw-Hill.

Whitham, G. B. (1974). *Linear and nonlinear waves*. New York: Wiley.

Zuber, N., & Findlay, J. (1965). Average volumetric concentrations in two-phase flow systems. *Journal of Heat Transfer*, *87*, 453.

内 容 简 介

本书共分为9章。第1章对本书的写作思路与主要内容进行了概述;第2章~第4章主要针对水平/近似水平分层波状流流型,分别对定通量模型、两流体模型以及定通量模型中的混沌进行了详细阐述;第5章~第7章主要针对垂直泡状流流型,分别对定通量模型、漂移流模型以及漂移流模型的非线性动力学特性与混沌进行了详细说明;第8章和第9章主要借助RELAP5程序和CFD程序,分别对两流体模型在泡状流中的应用进行了详细介绍。

本书主要面向两相流研究方向的学者,可为核能、航天、海洋等领域中从事两相流研究的相关科研人员与工程技术人员提供有益的参考与帮助。

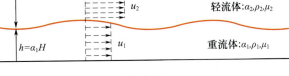

图 2.4 两相 KH 不稳定性

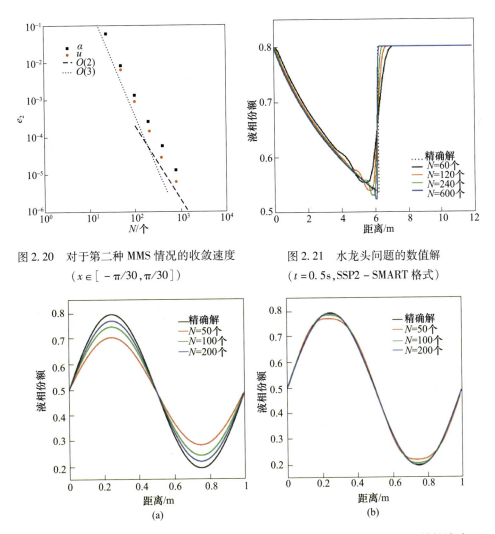

图 2.20 对于第二种 MMS 情况的收敛速度 ($x \in [-\pi/30, \pi/30]$)

图 2.21 水龙头问题的数值解 ($t = 0.5s$, SSP2 – SMART 格式)

彩页 1

图 3.5 (a) 线性波动方程一阶迎风格式所得解与精确解之间的比较以及 (b) 线性波动方程 SSP2 – MM 格式所得解与精确解之间的比较

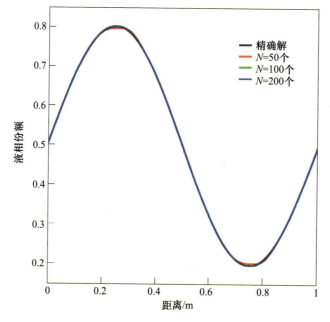

图 3.6 线性波动方程 SSP2 – SMART 格式所得解与精确解之间的比较

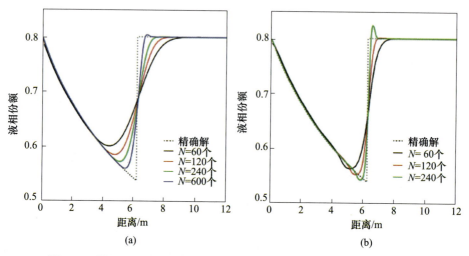

图 3.7 采用(a)一阶迎风格式与(b)SSP2 – MM 格式求解的水龙头问题在 $t=0.5s$ 时的模拟结果与 SWT 精确解之间的比较

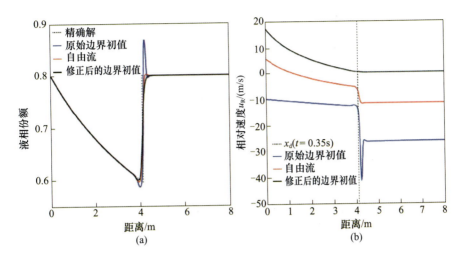

图3.8 不同的初值边界条件对于利用SSP2-MM格式求解的水龙头问题($N=600$个,$t=0.35s$)在(a)液相份额与(b)相对速度方面的比较

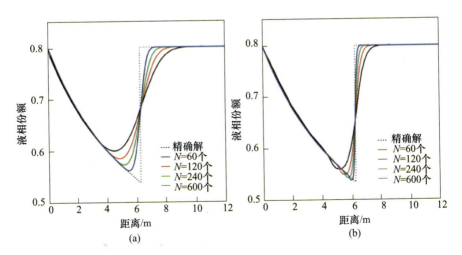

图3.9 采用(a)FOU与(b)SSP2-MM求解修正后的水龙头问题在$t=0.5s$时的模拟结果与SWT精确解之间的对比

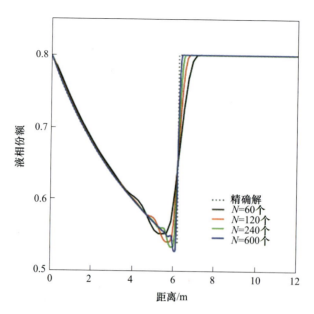

图 3.10 利用 SSP2-SMART 求解修正后的水龙头问题在 $t=0.5\mathrm{s}$ 时的模拟结果与 SWT 精确解之间的对比

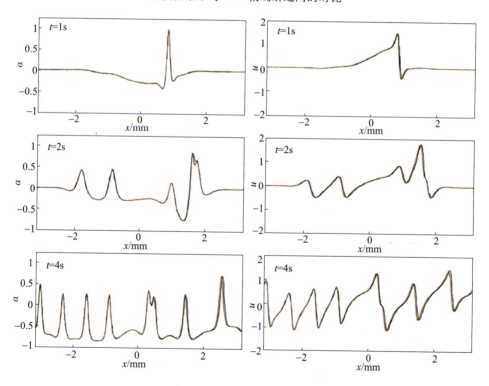

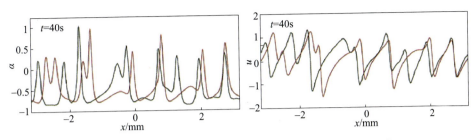

图 4.1 KY 方程数值解(红线)与原始结果(黑线)之间的比较

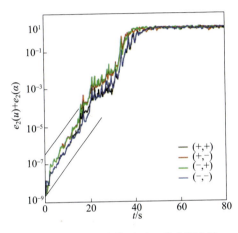

图 4.3 初值的小扰动对 4 种求解方法所造成的偏差

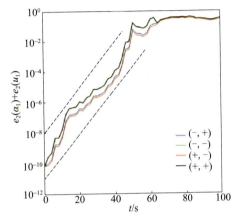

图 4.20 初值的小扰动对 $\theta=2.4°$ 时 4 种求解方法所造成的偏差

(转载自 Vaidheeswaran 等(2016),经 ASME 许可)

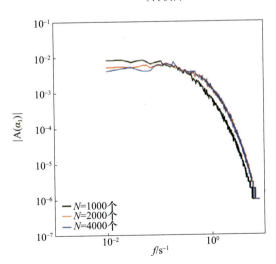

图 4.21 $\theta=2.4°$ 时混沌现象的傅里叶变化

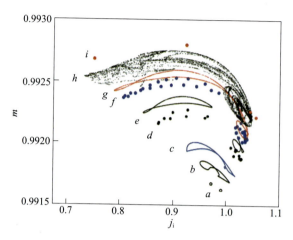

图 7.17 Poincaré 映射,参数见表 7.1,$V_{gj}=0.05$;图中点对应每次沸腾边界穿过稳态位置 $\bar{j}=N_{SUB}/N_{PCH}$ 时入口速度 j 和通道质量 m 的瞬态值,表示每一个吸引子字母均与图 7.16 中箭头相对应

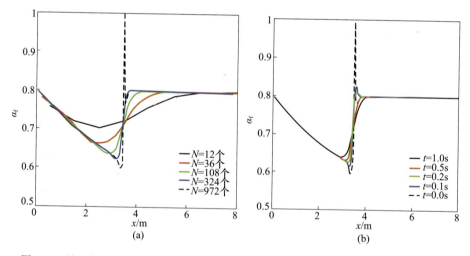

图 8.8 利用高阶 TFIT 程序求解水龙头问题,(a)无人工黏度项,(b) $N=972$ 个利用了带有米级滤波器长度的式(8.31)的人工黏度模型
(转载自 Fullmer 和 Lopez de Bertodano(2015),经 ANS 许可)

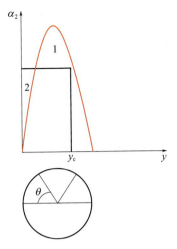

图 9.13　几何模型，y_c 的位置简图（转载自 Vaidheeswaran 等（2016），经 ASME 许可）

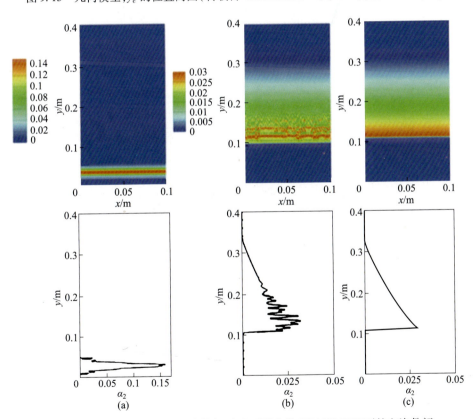

图 9.22　(a) 初始条件下的空泡份额，(b) 不适定的 URANS TFM 下的空泡份额，(c) 适定的 URANS TFM 下的空泡份额，$\Delta x = 1.25$ mm

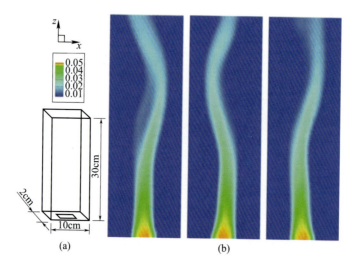

图 9.23 瞬态空泡份额等值线，$\Delta x = 5\text{mm}$

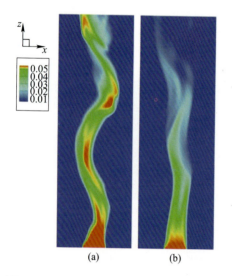

图 9.24 利用不适定和适定的 URANS TFM 分别得到的湍流状态下气泡羽流的空泡份额等值线，$\Delta x = 1.25\text{mm}, j_g = 2\text{mm/s}$

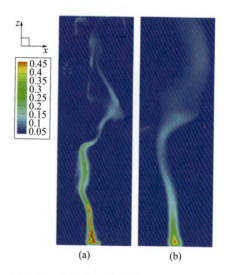

图 9.28 空泡份额等值线，URANS TFM，(a) 不含碰撞，(b) 含碰撞，$j_g = 6\text{mm/s}, \Delta x = 1.25\text{mm}$